普通高等教育"十四五"规划教材

冶金工业出版社

采矿系统工程

主　　编　顾清华　汪　朝
参编人员（按姓氏笔画排序）
　　　　　王李管　卢才武　刘晓明　江　松
　　　　　李　宁　李角群　阮顺领　杨　震
　　　　　荆永滨　聂兴信　郭　黎

U0341776

北　京
冶金工业出版社
2023

内 容 提 要

本书主要介绍了采矿系统工程的基本概念、基础理论与方法。书中围绕目前常用的三维矿业软件，讲述了矿床可视化建模与资源评估的原理与方法；针对矿山设计中的一些问题，如矿区开发规划、生产规模与品位确定、露天矿最终境界圈定、露天矿采剥计划编制、地下矿采矿方法选择、结构参数选取、采掘计划编制等，讲述了其优化原理；针对露天矿、地下矿的开采工艺优化问题，介绍了包括设备规划、爆破优化、装运系统优化、通风优化等，同时简要介绍了矿山管理系统优化等。

本书为高等学校采矿工程专业的教材，也可供矿山技术人员和研究人员参考。

图书在版编目 (CIP) 数据

采矿系统工程/顾清华，汪朝主编. —北京：冶金工业出版社，2021.9
(2023.11 重印)
普通高等教育"十四五"规划教材
ISBN 978-7-5024-8881-9

Ⅰ.①采… Ⅱ.①顾… ②汪… Ⅲ.①矿山开采—系统工程—高等学校—教材 Ⅳ.①TD8

中国版本图书馆 CIP 数据核字 (2021) 第 152324 号

采矿系统工程

出版发行	冶金工业出版社	**电 话**	(010)64027926
地 址	北京市东城区嵩祝院北巷 39 号	**邮 编**	100009
网 址	www.mip1953.com	**电子信箱**	service@ mip1953.com

责任编辑 杨 敏 美术编辑 吕欣童 版式设计 禹 蕊
责任校对 郑 娟 责任印制 窦 唯
北京虎彩文化传播有限公司印刷
2021 年 9 月第 1 版，2023 年 11 月第 2 次印刷
787mm×1092mm 1/16；17.5 印张；422 千字；268 页
定价 45.00 元

投稿电话 (010)64027932 投稿信箱 tougao@cnmip.com.cn
营销中心电话 (010)64044283
冶金工业出版社天猫旗舰店 yjgycbs.tmall.com
(本书如有印装质量问题，本社营销中心负责退换)

前　言

采矿系统工程是一门交叉学科，它以系统工程的理论思想为指导，将运筹学、应用数学、计算机与信息科学等前沿技术应用于采矿工程中，对矿山的规划、设计、建设、生产和管理等进行总体优化。近年来，随着"智能矿山"建设的提出，利用计算机与物联网技术改造传统采矿业已越来越受到采矿界的重视。与"数字矿山"不同，"智能矿山"的核心在于"优化"，即用最经济的方式、最高效的方法、最安全及最环保的方式对矿山生产全过程进行规划、执行与管控，这与采矿系统工程学科的内涵不谋而合。要发展智慧矿山技术，需要培养高层次的采矿工程人才。采矿工程专业毕业的学生不仅要懂得采矿学的基本原理与技术，还要学习相关的跨学科知识，以满足矿业工程发展的需要。"采矿系统工程"课程承担了此项任务。

西安建筑科技大学从 1985 年起，在采矿工程专业本科生中开设了"采矿系统工程"课程。2008 年恢复专业后，编者在云庆夏教授编写的《采矿系统工程》教材的基础上，结合当时的最新成果，重新编写了"采矿系统工程"课程讲义，这便是本书的初稿。其经过十多年的教学实践，在吸取了最新的矿山优化方法与技术，并经过数位从事采矿系统工程研究，有着丰富教学经验的教师的审阅和指点，几经修改后形成如今的结构形式与教学内容，力求将最新的、最前沿的采矿系统工程方法呈现在读者面前。

本书在结构体系上，采用"纵横交织"的方式。在章节安排上，按照矿山建设的四个基本流程（资源评估、开采规划、采矿工艺与生产管理）进行划分；在讲述每一部分的具体优化问题时，选取采矿工程中的重点环节、关键技术进行讲解。希望这种方式能够达到以点概面、抛砖引玉的效果，并对学生树立优化理念有所启发。

采矿系统工程应用的范围很广，涉及的学科也很多，本书只介绍其中比较实用而又较为成熟的一些理论与方法。全书共分为 7 章：第 1 章为绪论，主要介绍采矿系统工程的基本概念、基础理论与方法；第 2 章讲述矿床模型及矿产资源评估方法，主要围绕目前常用的三维矿业软件，讲述其地质建模原理；第 3 章讲述矿山开采设计优化，主要针对矿山设计中的一些优化问题，如矿区开发规划、生产规模与品位优化、露天矿最终境界圈定、露天矿采剥计划编制、地下矿采矿方法优选、结构参数优化、采掘计划编制等展开论述；第 4、5 章分别针对露天矿、地下矿的开采工艺优化问题展开叙述，包括设备规划、爆破优化、装运系统优化、通风优化等；第 6 章介绍矿山管理系统优化，包括露天矿生产管理系统、地下矿生产管理系统、矿山施工管理与优化等；第 7 章为展望。本书建议授课学时为 32~48 个。

　　本书由顾清华、汪朝主编。顾清华编写第 1、4、6、7 章；汪朝编写第 2、3、5 章；聂兴信、郭黎、杨震等老师参与了部分章节的编写。

　　本书的编写得到了采矿工程系卢才武教授、陈永锋教授的大力支持，他们对书稿进行了认真细致的审阅，提出了许多宝贵的意见与建议，在此表示衷心的感谢！在编写过程中，参考了有关文献，在此向文献作者表示感谢！

　　由于编者水平有限，书中不足之处，恳请读者批评指正。

编　者

2021 年 2 月

于西安建筑科技大学

目　　录

1 绪　　论

1.1　系统工程概述

1.1.1　系统工程的产生、发展及应用

1.1.1.1　系统思想的产生

社会实践的需要是系统工程产生和发展的动因。系统工程作为一门学科，虽形成于20世纪50年代，但系统思想及其初步实践可以追溯到古代。了解系统思想的产生与发展过程，有助于加深对系统的概念、系统工程产生的背景和系统科学全貌的认识。

A　朴素的系统思想

自从人类有了生产活动以后，由于不断地和自然界打交道，客观世界的系统性便逐渐反映到人的认识中来，从而自发地产生了朴素的系统思想。这种朴素的系统思想反映到哲学上，主要是把世界当作统一的整体。

古希腊的唯物主义哲学家德谟克利特曾提出"宇宙大系统"的概念，并最早使用"系统"一词；辩证法奠基人之一的赫拉克利特认为"世界是包括一切的整体"；后人把亚里士多德的名言归结为"整体大于部分的总和"，这是系统论的基本原则之一。

在古代中国，春秋末期的思想家老子曾阐明了自然界的统一性；西周时代，出现了世界构成的"五行说"（金、木、水、火、土）；东汉时期张衡提出了"浑天说"。

虽然古代还没有提出一个明确的系统概念，没有也不可能建立一套专门的、科学的系统方法论体系，但对客观世界的系统性及整体性却已有了一定程度的认识，并能把这种认识运用到改造客观世界的实践中去。

中国人做事善于从天时、地利、人和中进行整体分析，主张"大一统""和为贵"。如中医诊病讲究形、气、色综合辩证；中国人吃饭讲究色、香、味、鲜一体。公元前6世纪，中国古代著名的军事家孙武，在他的《孙子兵法》中，阐明了不少朴素的系统思想和运筹方法。该书共十三篇，讲究打仗要把道（义）、天（时）、地（利）、将（才）、法（治）等五个要素结合起来考虑。

秦汉之际成书的中国古代最著名的医学典籍《内经》，包含着丰富的系统思想。它根据阴阳五行的朴素辩证法，把自然界和人体看成由金、木、水、火、土五种要素相生相克、相互制约而形成的有秩序、有组织的整体。人与天地自然又是相应、相生而形成的更大系统。《易经》也被认为是朴素系统思想的结晶。

在古代的工程建设上，都江堰最具代表性和系统性。都江堰于公元前256年由蜀郡太守李冰父子组织建造，至今仍发挥着重要作用。该工程由鱼嘴（岷江分流）、飞沙堰（分洪排沙）和宝瓶口（引水）等三大设施组成，整个工程具有总体目标最优、选址最优、

自动分级排沙、利用地形并自动调节水量、就地取材及经济方便等特点。

另外，还有宋真宗年间的皇宫修复工程、中国古代铜的冶炼方法、万里长城的修建等，也都应用了系统的方法。

B　科学系统思想的形成

古代朴素的系统思想用自发的系统概念考察自然现象，其理论是想象的，有时是凭灵感产生出来的，没有也不可能建立在对自然现象具体剖析的基础上，因而这种关于整体性和统一性的认识是不完全和难以用实践加以检验的。早期的系统思想具有"只见森林"和比较抽象的特点。

15世纪下半叶以后，力学、天文学、物理学、化学、生物学等相继从哲学的统一体中分离出来，形成了自然科学。从此，古代朴素的唯物主义哲学思想就逐步让位于形而上学的思想。这时的系统思想具有"只见树木"和具体化的特点。

19世纪自然科学取得了巨大成就。尤其是能量转化、细胞学说、进化论这三大发现，使人类对自然过程相互联系的认识有了质的飞跃，为辩证唯物主义的科学系统观奠定了物质基础。这个阶段的系统思想具有"先见森林，后见树木"的特点。

辩证唯物主义认为，世界是由无数相互关联、相互依赖、相互制约和相互作用的过程所形成的统一整体。这种普遍联系和整体性的思想，就是科学系统思想的实质。恩格斯对此曾有过精辟的论述。

1.1.1.2　系统理论的形成与发展

从古希腊和中国古代的哲学家、军事家到近、现代许多伟大的思想家，都有过关于系统思想的深刻论述。但从系统思想发展到（一般）系统论、控制论、信息论等系统理论，是和近代、现代科学技术的兴起与发展紧密联系的，直到20世纪初、中叶才实现。

系统论或狭义的一般系统论，是研究系统的模式、原则和规律，并对其功能进行数学描述的理论。其代表人物为奥地利理论生物学家贝塔朗菲。

控制论是研究各类系统的控制和调节的一般规律的综合性理论，"信息"与"控制"等是其核心概念。它是继一般系统论之后，由数学家维纳在20世纪40年代创立的。

信息论是研究信息的提取、变换、存储与流通等特点和规律的理论。

从20世纪60年代中后期开始，国际上又出现了许多新的系统理论。

20世纪下半叶以来，系统理论对管理科学与工程实践产生了深刻的影响。系统工程学的创立，则是发展了系统理论的应用研究，它为组织管理系统的规划、研究、设计、制造、试验和使用提供了一种有效的科学方法。系统工程所取得的积极成果，又为系统理论的进一步发展提供了丰富的实践材料和广阔的应用天地。

1.1.1.3　系统工程的发展概况

系统工程从准备、创立到发展的阶段、年代（份），重大工程实践或事件及重要的理论与方法贡献等如表1-1所示。

表1-1　系统工程的产生与发展概况

阶段	年代（份）	重大工程实践或事件	重要理论与方法贡献
I	1930年	美国发展与研究广播电视公司	正式提出系统方法（systems approach）的概念

阶段	年代（份）	重大工程实践或事件	重要理论与方法贡献
I	1940 年	美国实施彩电开发计划	采用系统方法、并取得巨大成功
		美国 Bell 电话公司开发微波通信系统	正式使用系统工程（systems engineering）一词
II	第二次世界大战期间	英、美等国的反空袭等军事行动	产生军事运筹学（military operation-research），也即军事系统工程
	20 世纪 40 年代	美国研制原子弹的"曼哈顿计划"	运用系统工程，并推动了其发展
	1945 年	美国空军建立研究与开发（R&D）机构，此即兰德（RAND）公司的前身	提出系统分析（systems analysis）的概念，强调了其重要性
III	20 世纪 40 年代后期到 50 年代初期	运筹学的广泛运用与发展、控制论的创立与应用、电子计算机的出现，为系统工程奠定了重要的学科基础	
IV	1957 年	H. Good 和 R. E. Machol 发表第一部名为《系统工程》的著作	系统工程学科形成的标志
	1958 年	美国研制北极星导弹潜艇	提出 PERT《网络优化技术），这是较早的系统工程技术
	1965 年	R. E. Machol 编著《系统工程手册》	表明系统工程的实用化和规范化
		美国自动控制学家 L. A. Zedeh 提出"模糊集合"的概念	为现代系统工程奠定了重要的数学基础
	1961~1972 年	美国实施"阿波罗"登月计划	使用多种系统工程方法并获得巨大成功，极大地提高了系统工程的地位
V	1972 年	国际应用系统分析研究所（IIASA）在维也纳成立	系统工程的应用重点开始从工程领域进入到社会经济领域，并发展到了一个重要的新阶段
	20 世纪 70 年代	系统工程的广泛应用在国际上达到高潮	
VI	20 世纪 80 年代	系统工程在国际上稳定发展。在中国的研究与应用达到高潮	

1.1.1.4 系统工程在中国的发展及应用

20 世纪 50 年代至 60 年代，中国的一些研究机构和著名学者为系统工程的研究与应用作了理论上的探讨、应用上的尝试和技术方法上的准备。其主要标志和集中代表是钱学森的《工程控制论》、华罗庚的《统筹法》和许国志的《运筹学》。

中国大规模地研究与应用系统工程是从 20 世纪 70 年代末、80 年代初开始的。1978年 9 月 27 日，钱学森、许国志、王寿云在《文汇报》上发表了题为《组织管理的技术——系统工程》的长篇文章；从 1978 年起，西安交通大学、天津大学、清华大学、华中科技大学（原华中工学院）、大连理工大学（原大连工学院）等国内著名大学开始招收第一批系统工程专业硕士研究生；1980 年 11 月，中国系统工程学会在北京成立；1980 年 10 月至 1981 年 1 月，中国科协、中央电视台同中国系统工程学会、中国自动化学会联合举办"系统工程电视普及讲座（45 讲）"，取得了良好的社会效果。

20 世纪 70 年代末以来，应用系统工程理论和方法来研究与解决中国的重大现实问题，在许多领域和方面取得了较好的效果，如：人口问题的定量研究及应用（始于 1978 年）、2000 年中国的研究（1983~1985 年）、全国和地区能源规划（始于 1980 年）、全国人才和教育规划（始于 1983 年）、农业系统工程（始于 1980 年）、区域发展战略（始于 1982 年）、投入产出表的应用（1976 年）、军事系统工程（始于 1978 年）、水资源的开发利用（始于 1978 年）等。在第一届国际系统科学与系统工程会议（北京，1988 年 7 月）上，国外学者对中国系统工程在工业、农业、军事、人口、能源、资源、社会经济等领域的应用给予了极高的评价。

20 世纪 90 年代以来，系统工程在国内外的发展及应用出现了许多新的特点，主要有：

（1）研究与应用的范围或对象系统的规模会越来越大，并将继续朝着"巨系统"发展。

（2）各类专门系统工程日益形成自己的特色，如特有的方法论、模型体系及专用计算机软件等。

（3）系统工程在企业改革与发展中初步得到有效运用。现代工业工程（IE）就是系统工程在企业生产系统和产业经济系统中运用的结果。

（4）系统工程与计算机系统的结合将变得异常紧密，如常用系统工程软件包、决策支持系统及政策模拟实验室的开发与建立等。

（5）系统工程方法论有新的发展，通过集成化、专业化等途径，不断形成新的技术应用综合体。

（6）关注并着力于系统工程工作成果的真正和有效实施。

进入新的世纪，系统工程在与经济转型、国际化及企业发展结合，与新一代信息及网络技术结合，与落实科学发展观、实施可持续发展战略结合，与思维科学结合等方面，将会有新的发展和较好的前景。系统工程会更加注意追踪国内外的"热点"问题，并力争取得适宜而满意的研究及应用结果。

1.1.2　系统工程的研究对象

系统工程的研究对象是组织化的大规模复杂系统。而"系统"作为系统理论、系统工程和整个系统科学的基本研究对象，需要正确理解和深刻认识。

1.1.2.1　系统的定义

系统是由两个以上有机联系、相互作用的要素所组成，具有特定功能、结构和环境的整体。该定义有以下四个要点：

（1）系统及其要素。系统是由两个以上要素组成的整体，构成这个整体的各个要素可以是单个事物（元素），也可以是一群事物组成的分系统、子系统等。系统与其构成要素是一组相对的概念，取决于所研究的具体对象及其范围。

（2）系统和环境。任一系统又是它所从属的一个更大系统（环境或超系统）的组成部分、并与其相互作用，保持较为密切的输入输出关系。系统连同其环境或超系统一起形成系统总体。系统与环境也是两个相对的概念。

（3）系统的结构。在构成系统的诸要素之间存在着一定的有机联系，这样在系统的内部形成一定的结构和秩序。结构即组成系统的诸要素之间相互关联的方式。

（4）系统的功能。任何系统都应有其存在的作用与价值，有其运作的具体目的，也即都有其特定的功能。系统功能的实现受到其环境和结构的影响。

1.1.2.2 系统的一般属性

（1）整体性。整体性是系统最基本、最核心的特性，是系统性最集中的体现。

具有相对独立功能的系统要素以及要素间的相互关联，是根据系统功能依存性和逻辑统一性的要求，协调存在于系统整体之中。系统的构成要素和要素的机能、要素的相互联系和作用要服从系统整体的目的和功能，在整体功能的基础上展开各要素及相互之间的活动，这种活动的总和形成了系统整体的有机行为。在一个系统整体中，即使每个要素并不都很完善，但它们也可以协调、综合成为具有良好功能的系统；反之，即使每个要素都是良好的，但作为整体却不具备某种良好的功能，也就不能称为完善的系统。任何一个要素都不能离开整体去研究，要素间的联系和作用也不能脱离整体的协调去考虑。

集合的概念就是把具有某种属性的一些对象作为一个整体而形成的结果，因而系统集合性是整体性的具体体现。

（2）关联性。构成系统的要素是相互联系、相互作用的；同时，所有要素均隶属于系统整体，并具有互动关系。关联性表明这些联系或关系的特性，并且形成了系统结构问题的基础。

（3）环境适应性。系统的开放性及环境影响的重要性是当今系统问题的新特征，日益引起人们的关注。任何一个系统都存在于一定的环境之中，并与环境之间产生物质、能量和信息的交流。环境的变化必然会引起系统功能及结构的变化。系统必须首先适应环境的变化，并在此基础上使环境得到持续改善。管理系统的环境适应性要求更高，通常应区分不同的环境类（技术环境、经济环境、社会环境等）和不同的环境域（外部环境、内部环境等）。

除以上三个基本属性之外，很多系统还具有目的性、层次性等特征。

根据系统的属性，可以归纳出系统的若干思想或观点。比如，综合系统的整体性和目的性，可以归纳出整体最优的思想等。

1.1.2.3 系统的类型

认识系统的类型，有助于人们在实际工作中对系统工程对象系统的性质有进一步的了解并进行分析。系统类型划分的方法很多，按系统组成要素的自然属性，可将系统分为自然系统、人工系统；按系统形态可划分为实体系统与概念系统；按系统所处的状态可划分为静态系统与动态系统；按系统与环境的关系可划分为开放系统与封闭系统等。

（1）自然系统与人造系统。

自然系统是主要由自然物（动物、植物、矿物、水资源等）所自然形成的系统，像海洋系统、矿藏系统等；人造系统是根据特定的目标，通过人的主观努力所建成的系统，如生产系统、管理系统等。实际上，大多数系统是自然系统与人造系统的复合系统。近年来，系统工程越来越注意从自然系统的关系中探讨和研究人造系统。

（2）实体系统与概念系统。

凡是以矿物、生物、机械和人群等实体为基本要素所组成的系统称为实体系统；凡是由概念、原理、原则、方法、制度、程序等概念性的非物质要素所构成的系统称为概念系统。在实际生活中，实体系统和概念系统在多数情况下是结合在一起的。实体系统是概念系统的物质基础；而概念系统往往是实体系统的中枢神经，指导实体系统的行动或为之服务。系统工程通常研究的是这两类系统的复合系统。

（3）动态系统和静态系统。

动态系统就是系统的状态随时间而变化的系统；而静态系统则是表征系统运行规律的模型中不含有时间因素，即模型中的量不随时间而变化，它可视作动态系统的一种特殊情况，即状态处于稳定的系统。实际上多数系统是动态系统，但由于动态系统中各种参数之间的相互关系非常复杂，要找出其中的规律性有时是非常困难的，这时为了简化起见而假设系统是静态的，或使系统中的各种参数随时间变化的幅度很小，而视同稳态的。也可以说，系统工程研究的是在一定时期、一定范围内和一定条件下具有某种程度稳定性的动态系统。

（4）封闭系统与开放系统。

封闭系统是指该系统与环境之间没有物质、能量和信息的交换，因而呈一种封闭状态的系统；开放系统是指系统与环境之间具有物质、能量与信息的交换的系统。这类系统通过系统内部各子系统的不断调整来适应环境变化，以保持相对稳定状态，并谋求发展。开放系统一般具有自适应和自调节的功能。系统工程研究的是有特定输入、输出的相对孤立系统。

1.1.3　系统工程的概念与特点

1.1.3.1　系统工程的概念

我国著名科学家钱学森曾指出："系统工程是组织管理系统的规划、研究、设计、制造、试验和使用的科学方法，是一种对所有系统具有普遍意义的科学方法。"他还指出："系统工程是一门组织管理的技术。"

英国的《大英百科全书》定义系统工程是一门把已有学科分支中的知识有效地组织起来用以解决综合工程问题的技术。

美国著名学者切斯纳（Chestnut）指出："系统工程认为虽然每个系统都是由许多不同的特殊功能部分所组成，而这些功能部分之间又存在着相互关系，但是每一个系统都是完整的整体，每一个系统都要求有一个或若干个目标。系统工程则是按照各个目标进行权衡，全面求得最优解（或满意解）的方法，并使各组成部分能够最大限度地互相适应。"

日本学者秋山穰和西川智登把系统工程定义为："系统工程是为了把对象创造出来或者在改善的时候，最优地并且最有效地达到该对象的目的，根据系统的思考方法，把它作为系统而进行开发、设计、制造及运行的思考方法、步骤以及各种方法的综合性的工程体系。"

综上所述，系统工程是从总体出发，合理开发、运行和革新一个大规模复杂系统所需思想、理论、方法论、方法与技术的总称，属于一门综合性的工程技术。它是按照问题导向的原则，根据总体协调的需要，把自然科学、社会科学、数学、管理学、工程技术等领域的相关思想、理论、方法等有机地综合起来，应用定量分析和定性分析相结合的基本方法，采用现代信息技术等技术手段，对系统的功能配置、构成要素、组织结构、环境影响、信息交换、反馈控制、行为特点等进行系统分析，最终达到使系统合理开发、科学管理、持续改进、协调发展的目的。

1.1.3.2　系统工程是一门交叉学科

系统工程是一门工程技术，但它与机械工程、电子工程、水利工程等其他工程学的某些性质不尽相同。各门工程学都有其特定的工程物质对象，而系统工程的对象，则不限定于某种特定的工程物质对象，任何一种物质系统都能成为它的研究对象；而且还不只限于物质系统，它可以包括自然系统、社会经济系统、经营管理系统等。由于系统工程处理的对象主要是信息，并着重为决策服务，国内外很多学者认为系统工程是一门"软科学"。

系统工程在自然科学与社会科学之间架设了一座沟通的桥梁。现代数学方法和计算机技术等，通过系统工程为社会科学研究增加了极为有用的量化方法、模型方法、模拟方法和优化方法。系统工程也为从事自然科学的工程技术人员和从事社会科学的研究人员的相互合作开辟了广阔的道路。

钱学森曾提出了一个清晰的现代科学技术的体系结构，认为从应用实践到基础理论，现代科学技术可以分为几个层次：首先是工程技术这一层次，其次是基础科学这一层次，最后通过进一步综合、提炼达到最高概括的马克思主义哲学。在此基础上，他又进一步提出了一个系统科学的体系结构。他认为，系统科学是由系统工程这个工程技术、系统工程的理论方法（如运筹学、大系统理论）等一类技术科学组成的新兴科学。

人们比较一致的看法和共同的认识是，系统工程学是以大规模复杂系统问题为研究对象，在运筹学、系统理论、管理科学等学科的基础上逐步发展和成熟起来的一门交叉学科。系统工程的理论基础是由一般系统论及其发展、大系统理论、经济控制论、运筹学、管理科学等学科相互渗透、交叉发展而形成的。

1.1.3.3　系统工程方法的特点

系统工程既具有广泛而厚实的理论和方法论基础，又具有很明显的实用性特征。

在运用系统工程方法来分析与解决现实复杂系统问题时，需要确立系统的观点（系统工程工作的前提）、总体最优及平衡协调的观点（系统工程的目的）、综合运用方法与技术的观点（系统工程解决问题的手段）、问题导向和反馈控制的观点（系统工程有效性的保障）。这些集中体现了系统工程方法的思想及应用要求。

系统工程作为开发、改造和管理大规模复杂系统的一般方法，与各类专门的工程学（如机械工程、电气工程等）相比，有许多明显的差异，表现了相应的特征，主要有：（1）系统工程一般采用先决定整体框架，后进入内部详细设计的程序；（2）系统工程试图通过将构成事物的要素加以适当配置来提高整体功能，其核心思想是"综合即创造"；（3）系统工程属于"软科学"。软科学的基本特征是：人（决策者、分析人员等）和信息的重要作用；多次反馈和反复协商；科学性与艺术性的二重性及其有机结合等。

总体来看，系统工程方法具有如下比较明显的特点及相应的要求：科学性与艺术性兼容，这与系统工程主要作为组织管理的方法论和基本方法，在逻辑上是一致的；多领域、多学科的理论、方法与技术的集成；定性分析与定量分析有机结合；需要各有关方面（人员、组织等）的协作。

1.1.4　系统工程的应用领域

目前，系统工程的应用领域已十分广阔。主要有以下几个方面：

（1）社会系统工程。它的研究对象是整个社会，是一个开放的复杂巨系统。它具有多层次、多区域、多阶段的特点，如社会经济系统的可持续协调发展总体战略研究。

（2）经济系统工程。运用系统工程的方法研究宏观经济系统的问题，如国家的经济发展战略、综合发展规划、经济指标体系、投入产出分析、积累与消费分析、产业结构分析、消费结构分析、价格系统分析、投资决策分析、资源合理配置、经济政策分析、综合国力分析、世界经济模型等。

（3）区域规划系统工程。运用系统工程的原理和方法研究区域发展战略、区域综合发展规划、区域投入产出分析、区域城镇布局、区域资源合理配置、城市资源规划、城市公共交通规划与管理等。

（4）环境生态系统工程。研究大气生态系统、大地生态系统、区域生态系统、森林与生物生态系统、城市生态系统等系统分析、规划、建设、防治等方面的问题，以及环境检测系统、环境计量预测模型等问题。

（5）能源系统工程。研究能源合理结构、能源需求预测、能源开发规模预测、能源生产优化模型、能源合理利用模型、电力系统规划、节能规划、能源数据库等问题。

（6）水资源系统工程。研究河流综合利用规划、流域发展战略规划、农田灌溉系统规划与设计、城市供水系统优化模型、水能利用规划、防污指挥调度、水污染控制等问题。

（7）交通运输系统工程。研究铁路、公路、航运、航空综合运输规划及其发展战略、铁路调度系统、公路运输调度系统、航运调度系统、空运调度系统、综合运输优化模型、综合运输效益分析等。

（8）农业系统工程。研究农业发展战略、大农业及立体农业的战略规划、农业投资规划、农业综合规划、农业区域规划、农业政策分析、农产品需求预测、农产品发展速度预测、农业投入产出分析、农作物合理布局、农作物栽培技术规划、农业系统多层次开发模型等。

（9）企业系统工程。研究市场预测、新产品开发、CIMS及并行工程、计算机辅助设计与制造、生产管理系统、计划管理系统、库存控制、全面质量管理、成本核算系统、成本效益分析、财务分析、组织系统等。

（10）工程项目管理系统工程。研究工程项目的总体设计、可行性、国民经济评价、工程进度管理、工程质量管理、风险投资分析、可靠性分析、工程成本效益分析等。

（11）科技管理系统工程。研究科学技术发展战略、科学技术预测、优先发展领域分析、科学技术评价、科技人才规划等。

（12）教育系统工程。研究人才需求预测、人才与教育规划、人才结构分析、教育政策分析、学校系统化管理等。

（13）人口系统工程。研究人口总目标、人口参数、人口指标体系、人口系统数学模型、人口系统动态特性分析、人口政策分析、人口区域规划、人口系统稳定性等。

（14）军事系统工程。研究国防战略、作战模拟、情报、通信与指挥自动化系统、先进武器装备发展规划、综合保障系统、国防经济学、军事运筹学等。

（15）**信息系统工程**。运用系统工程理论和方法研究信息化及现代信息技术发展战略、规划、政策，各级各类信息系统分析、开发、运行、更新及管理等。

（16）**物流系统工程**。以供应链和社会经济系统结构优化及高效运营为基础，研究企业物流系统、社会物流系统及其集成系统的战略、规划、优化、控制、管理等，强调以物流为核心，实现物流、商流、信息流、价值流的一体化。

1.2　系统工程方法论

系统工程方法论就是分析和解决系统开发、运作及管理实践中的问题所应遵循的工作程序、逻辑步骤和基本方法。它是系统工程思考问题和处理问题的一般方法与总体框架。

1.2.1　系统工程的基本工作过程

霍尔三维结构是美国通信工程师和系统工程专家霍尔于 1969 年提出的。其内容反映在可以直观展示系统工程各项工作内容的三维结构图中，具体如图 1-1 所示。霍尔三维结构集中体现了系统工程方法的系统化、综合化、最优化、程序化和标准化等特点，是系统工程方法论的重要基础内容。

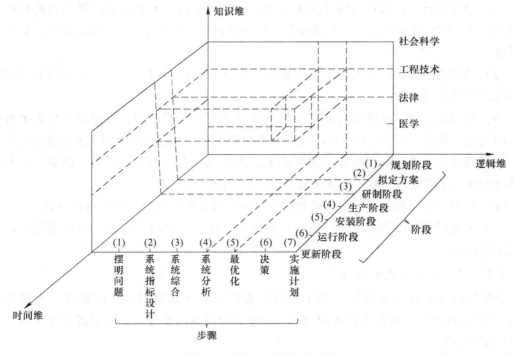

图 1-1　霍尔三维结构示意图

1.2.1.1　时间维

时间维表示系统工程的工作阶段或进程。系统工程工作从规划到更新的整个过程或寿命周期可分为以下七个阶段：

（1）规划阶段。根据总体方针和发展战略制定规划。

（2）设计阶段。根据规划提出具体计划方案。

（3）分析或研制阶段。实现系统的研制方案，分析、制定出较为详细而具体的生产计划。

（4）运筹或生产阶段。运筹各类资源及生产系统所需要的全部"零部件"，并提出详细而具体的实施和"安装"计划。

（5）系统实施或"安装"阶段。把系统"安装"好，制定出具体的运行计划。

（6）运行阶段。系统投入运行，为预期用途服务。

（7）更新阶段。改进或取消旧系统，建立新系统。

其中规划、设计与分析或研制阶段共同构成系统的开发阶段。

1.2.1.2　逻辑维

逻辑维是指系统工程每阶段工作所应遵从的逻辑顺序和工作步骤，一般分为以下七步：

（1）摆明问题。同提出任务的单位对话，明确所要解决的问题及其确切要求，全面收集和了解有关问题历史、现状和发展趋势的资料。

（2）系统设计。即确定目标并据此设计评价指标体系。确定任务所要达到的目标或各目标分量，拟定评价标准。在此基础上，用系统评价等方法建立评价指标体系，设计评价算法。

（3）系统综合。设计能完成预定任务的系统结构，拟定政策、活动、控制方案和整个系统的可行方案。

（4）模型化。针对系统的具体结构和方案类型建立分析模型，并初步分析系统各种方案的性能、特点，对预定任务能实现的程度以及在目标和评价指标体系下的优劣次序。

（5）最优化。在评价目标体系的基础上生成并选择各项政策、活动、控制方案和整个系统方案，尽可能达到最优、次优或合理，至少能令人满意。

（6）决策。在分析、优化和评价的基础上由决策者作出裁决，选定行动方案。

（7）实施计划。不断地修改、完善以上六个步骤，制定出具体的执行计划和下一阶段的工作计划。

1.2.1.3　知识维或专业维

该维的内容表征从事系统工程工作所需要的知识（如运筹学、控制论、管理科学等），也可反映系统工程的专门应用领域（如企业管理系统工程、社会经济系统工程、工程系统工程等）。

霍尔三维结构强调明确目标，核心内容是最优化，并认为现实问题基本上都可归纳成工程系统问题，应用定量分析手段，求得最优解答。该方法论具有研究方法上的整体性（三维）、技术应用上的综合性（知识维）、组织管理上的科学性（时间维与逻辑维）和系统工程工作的问题导向性（逻辑维）等突出特点。

1.2.2 系统分析原理

1.2.2.1 系统分析的概念及其要素

系统分析一词最早是作为第二次世界大战后由美国兰德公司开发的研究大型工程项目等大规模复杂系统问题的一种方法论而出现的。

1972 年，欧、美等 12 国的有关部门联合组成国际应用系统分析研究所（IIASA），从而使得系统分析的应用扩大到社会、经济、生态等领域，并有了新的意义。从狭义上理解，系统分析的重要基础是霍尔三维结构中逻辑维的基本内容，并与切克兰德方法论等有相通之处；从广义上理解，有时把系统分析作为系统工程的同义语使用。

A 系统分析的定义及内容

系统分析是运用建模及预测、优化、仿真、评价等技术对系统的各有关方面进行定性与定量相结合的分析，为选择最优或满意的系统方案提供决策依据的分析研究过程。在进行系统分析时，系统分析人员对与问题有关的要素进行探索和展开，对系统的目的与功能、环境、费用与效果等进行充分的调查研究，并分析处理有关的资料和数据，据此对若干备选的系统方案建立必要的模型，进行优化计算或仿真实验，把计算、实验、分析的结果同预定的任务或目标进行比较和评价，最后把少数较好的可行方案整理成完整的综合资料，作为决策者选择最优或满意的系统方案的主要依据。

B 系统分析的要素

系统分析有以下六个基本要素：

（1）问题。在系统分析中，问题一方面代表研究的对象，或称对象系统，需要系统分析人员和决策者共同探讨与问题有关的要素及其关联状况，恰当地定义问题；另一方面，问题表示现实状况（现实系统）与希望状况（目标系统）的偏差，这为系统改进方案的探寻提供了线索。

（2）目的及目标。目的是对系统的总要求，目标是系统目的的具体化。目的具有整体性和唯一性，目标具有从属性和多样性。目标分析是系统分析的基本工作之一，其任务是确定和分析系统的目的及其目标，分析和确定为达到系统目标所必须具备的系统功能和技术条件。目标分析可采用目标树等结构分析的方法，并要注意对冲突目标的协调和处理。

（3）方案。方案即达到目的及目标的途径。为了达到预定的系统目的，可以制定若干备选方案。例如，改造一条生产线可以有重新设计、从国外引进和在原有设备的基础上改造三种方案。通过对备选方案的分析和比较，才能从中选择出最优系统方案。这是系统分析中必不可少的环节。

（4）模型。模型是由说明系统本质的主要因素及其相互关系构成的。模型是研究与解决问题的基本框架，可以起到帮助认识系统、模拟系统和优化与改造系统的作用，是对实际系统问题的描述、模仿或抽象。在系统分析中常常通过建立相应的结构模型、数学模型或仿真模型等来规范分析各种备选方案。

（5）评价。评价即评定不同方案对系统目的的达到程度。它是在考虑实现方案的综合投入（费用）和方案实现后的综合产出（效果）后，按照一定的评价标准，确定各种待选方案优先顺序的过程。进行系统评价时，不仅要考虑投资、收益这样的经济指标，还必须综合评价系统的功能、费用、时间、可靠性、环境、社会等方面的因素。

（6）决策者。决策者作为系统问题中的利益主体和行为主体，在系统分析中自始至终具有重要作用，是一个不容忽视的重要因素。实践证明，决策者与系统分析人员的有机配合是保证系统分析工作成功的关键。

1.2.2.2　系统分析的程序

按照系统分析的定义、内容及要素，参照系统工程的基本工作过程，可将系统分析的基本过程归结为图 1-2 所示的几个步骤。

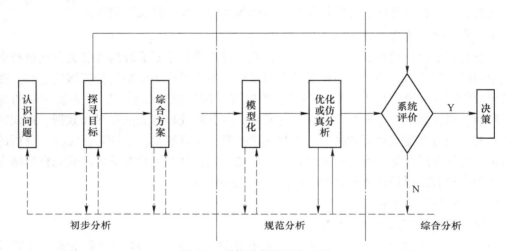

图 1-2　系统分析的基本过程

认识问题、探寻目标及综合方案构成了初步的系统分析。在初步系统分析阶段，为了尽快明确问题的总体框架，通常需要采用创造性技术，至少围绕以下六个方面的问题来展开：（1）What：研究什么问题，对象系统（问题）的要素是什么（问题与哪些因素有关）；（2）Why：为什么要研究该问题，目的或希望的状态是什么；（3）Where：系统边界和环境如何；（4）When：分析的是什么时候的情况；（5）Who：决策者、行动者、所有者等关键主体是谁（问题与谁有直接关系）；（6）How：如何实现系统的目标状态。这些既是使系统分析走上正轨的过程，又是使系统分析人员与决策者一起进入"角色"的过程。

环境分析几乎贯穿于系统分析的全过程，具有重要的作用。（1）在认识问题阶段，只有正确区分出各种环境要素，才能划定系统边界；（2）在探寻目标阶段，要根据环境对系统的要求建立系统的目标结构，以求得系统对环境的最优和最大输出；（3）在综合方案阶段，要考虑到环境条件及其变化对方案可行性的影响，选择出能适应环境变化的切实可行的行动方案；（4）在模型化及其分析阶段，要充分而正确地考虑到各主要环境条件（如人、财、物、政策等）对系统优化的约束；（5）在评价与决策阶段，要通过灵敏度分析和风险分析等途径，"减少"环境变化对最佳决策方案的影响，提高政策与策略的相对稳定性和环境适应性。

还需要指出的是，并非对所有问题进行系统分析的过程都要完全履行图 1-3 所示的几个环节，而是要根据实际问题的需要有所侧重或只涉及其中的一部分环节。但认识问题、综合方案、系统评价等过程通常是必不可少的。

1.2.2.3 应用系统分析的原则

系统分析适应实际问题的需要，坚持问题导向、着眼整体、权衡优化、方法集成等基本原则。其主要特点及相应的要求如下：

（1）坚持问题导向。系统分析是一种处理问题的方法，有很强的针对性，其目的在于寻求解决特定问题的最优或满意方案。系统分析人员要适应实际问题的需要，制定方案，选择方法，并通过适时调整使分析过程及结果对问题的不确定性变化具有较好的适应性。帮助决策者解决实际问题，是系统分析的目的。

（2）以整体为目标。系统分析是把问题作为一个整体来处理，全面考虑各主要因素及其相互影响，强调以最少的综合投入和最良好的总体效果来完成预定任务。系统中的各组成部分，都具有各自特定的功能和目标，只有相互分工协作，才能发挥出系统的整体效能。系统分析既要从系统整体出发，考虑系统中所要解决的各种问题及其多重因素，防止顾此失彼，又要注意不拘泥于细节，抓住主要矛盾及其方面，致力于提出解决主要矛盾的方法和措施，避免因小失大。以整体最优为核心的系统观点是系统分析的前提条件。

（3）多方案模型分析和选优。根据实际问题的需要和系统目标的要求收集各种信息，寻找多个方案，并对其进行模型化及优化或仿真计算，尽可能求得定量化的分析结果，这是系统分析的核心内容。

在系统方案综合（设计）中应注意的几个问题是：1）要搞多方案，但不要过多，通常以3~4个为宜；2）方案要有基本的合目的性（可替代性）、能实现性（方案详细可分）、可识别性（能评价系统目的、功能的达成度或优劣）等要求；3）在方案产生过程中要注意采用各种创造性技术。

（4）定量分析与定性分析相结合。系统分析采用定量分析与定性分析相结合的基本方法。分析中既要利用各种定量资料和模型化及优化或仿真计算的结果，使方案的优劣以定量分析为基础，又要同时充分利用分析者、决策者和其他有关人员的直观判断和经验，进行综合分析与判定。这是系统分析的基本手段。唯经验判断和唯定量分析，都是与系统分析的要求相违背的。

（5）多次反复进行。对复杂系统问题的分析，往往不是一次可以圆满完成的。它需要根据对象系统及其所处环境的可能变化，通过反复与决策者对话，适时、不断地修正分析的过程及其结果，形成分析过程中的多次及多重反馈，逐步得到与系统目标要求最接近、令决策者较为满意的系统方案。这是系统分析成功的重要保障。

1.3 采矿系统工程

1.3.1 采矿系统工程的研究对象

采矿系统工程就是系统工程在矿业工程的具体运用，把这种总体协调的精神贯彻于矿业工程全过程。根据《全国自然科学名词审定委员会·煤炭科技名词》，采矿系统工程定义为：矿业工程学与系统工程学相结合所形成的一个新的学科分支。采矿系统工程是根据矿业工程内在规律和基本原理，以系统论和现代数学方法研究和解决矿业工程综合优化问题的矿业工程学科分支。

此外，根据《中国冶金百科全书》，采矿系统工程定义为：采矿系统工程是从系统的观点出发，用定性与定量相结合的方法，根据经济、技术、社会因素对矿业系统的规划、设计、建设和生产进行优化分析或评价。采矿系统工程离不开现代数学方法与计算机应用，因此又称计算机在矿业中的应用、计算机和运筹学在矿业中的应用或计算机和数学方法在矿业中的应用。

综上所述，采矿系统工程是以现代数学和计算机技术为工具，对矿业工程的规划、设计、建设、生产和管理进行总体优化。应该说明，采矿系统工程是一门工程技术，但它与机械工程、电子工程、水利工程等其他工程学的某些性质不尽相同。上述各工程学都有其特定的工程物质对象，而采矿系统工程则不然，矿产资源开发系统中的任何一种物质系统都能成为它的研究对象，而且不只限于物质系统，还可以包括社会经济系统、经营管理系统等。

1.3.2 采矿系统工程的战略地位

采矿系统工程尽管是一门新兴学科，但已迅速得到广大矿业工作者的认可和重视。当前每当讨论矿业技术问题时，人们经常从"系统性""整体性""优化决策"等角度思考问题，这说明系统工程的观点已深入人心，并已取得重要的地位。

采矿系统工程的重要战略地位，主要表现在以下两方面：

（1）在广度上，采矿系统工程已覆盖整个矿业学科。

从行业上讲，采矿系统工程最早是围绕矿山的规划、设计问题展开。因此，国内外的各主要矿山设计院都围绕矿山设计中的优化决策和计算机应用首先开展研究，要求实现计算机计算、绘图及决策。与此同时，高等学校和科研部门也纷纷成立采矿系统工程研究所（室），组织广大师生开展相关研究，尤其是研究生的论文选题，系统工程常常是热门课题。随着计算技术的普及和推广，许多生产矿山都设立计算机中心开展工作，并建立大小不等的矿山管理信息系统（MIS），实现科学化管理向数字化矿山迈进。

从学科的角度看，采矿系统工程已渗透到矿业界的众多学科，出现"安全系统工程""边坡系统工程"等新的学科分支。作为采矿系统工程普遍采用的技术，如线性规划、计算机模拟、人工智能等，已广泛用于岩石力学、通风安全、采选工艺等学科，已演化为它们的常用工具。

（2）在深度上，采矿系统工程紧跟信息科学的发展，并有所创新。

采矿系统工程的特点是广泛应用现代数学和计算机技术，因此它紧跟这些科学技术的发展。以人工智能为例，它的三个研究热点问题——专家系统、人工神经网络、遗传算法——都依次在矿业界推广应用。又如运筹学中的多目标决策、层次分析技术和模糊决策，也迅速融入采矿系统工程中，成为它的常用方法。

采矿系统工程使用这些新技术，不仅仅是简单的照搬和模仿，而是结合矿业工程特点进行创新。例如在计算机模拟中，矿业科技人员根据工程上的需要，将动画显示、面向对象设计、并行模拟和分布式模拟技术融合成一体，提高仿真试验的效果。

采矿系统工程具有重要战略地位的原因主要有：

（1）整体性。矿业工程涉及面广、作业地点分散、影响因素众多，需要从总体上进行全面协调和规划，而这正是采矿系统工程的特长。过去的矿业工程，往往侧重于单个作业，如爆破工程、边坡工程、采矿方法、矿物加工数学模型等。借助系统的观点，使人们自觉地从总体上整合矿业问题，其中在矿山的规划、设计和评估中表现尤为突出。

（2）边缘性。矿业工程涉及许多学科，如地质、测量、矿山机械、矿山电气、环境安全、技术经济等。对于它们和矿业工程的结合，过去不够重视，有脱节的现象。通过系统工程，人们研究学科之间的相互渗透和交叉，出现安全系统工程、边坡治理系统工程、地质统计学等边缘学科。

（3）先进性。矿业工程是一门古老的技术，它更多地依赖于经验判断而不是精密计算。通过采矿系统工程的应用，引入各种现代数学和计算机技术，可以将许多定性分析转化为定量决策，大大提高了矿业工程的科学性。

1.3.3 采矿系统工程的历史与现状

电子计算机在矿山的应用始于 20 世纪 50 年代，运筹学及系统工程也随之在矿山得到应用。1955 年在巴黎举行的第二次世界大战后的第一次采矿国际大会上，美国人 T. H. Ware 在会上宣读《明日之运筹学和矿山》一文，全面探讨了运筹学在矿山应用的可能性。1957 年在英国牛津举行的第一届运筹学国际会议上，加拿大人 R. D. Hypher 宣读的《矿业中的运筹学》论文中，给出了一些运筹学分支在矿业中应用的建议，特别详细探讨了排队论和模拟方法的应用。1961 年在美国亚利桑那大学召开了第一次"计算机及其在矿业中应用国际会议"，会议涉及勘探、矿床评价、矿山规划设计、过程控制和运筹学应用等问题。1962 年召开的第二次会议已扩展为国际性会议，除东道主美国外，还有英国、法国、瑞典、南非、赞比亚参加。1972 年在南非召开的第十次会议，正式定名为"计算机和运筹学在矿业中的应用"（Applications of Computers and Operations Research in Mineral Industries，简称 APCOM）国际会议。此会议已成为采矿系统工程学科的最高学术会议，它集中反映采矿系统工程学科的最新进展。

在我国，将运筹学用于矿业工程始于 20 世纪 50 年代末期，当时鞍钢有人探索将线性规划的运输问题用于矿山运输调度中。由于历史原因，中间一度中断。1973 年马鞍山矿山研究院和中科院系统工程研究所用计算机模拟研究了露天矿运输问题。1976 年冶金系统大力开展矿山设计的计算机优化软件的研究。1979 年在安徽省召开了第一届冶金矿山系统工程讨论会，即"电子计算机在采矿工程应用报告会"。这次会议表明，系统工程方法和计算机技术已应用于中国矿山设计和生产。1981 年以后，各矿业高校相继开设了采矿系统工程的课程。在 1986 年召开的第 19 届 APCOM 会议上，中国成为该学术会议的组织委员会成员。2001 年的第 29 届 APCOM 会议，在中国北京举行。

经过 60 年的发展，采矿系统工程取得了长足进步，在采矿工程的各个领域已经得到广泛应用。采矿系统工程不再是单纯地依靠计算机和运筹学在矿山中进行应用，更是一种采矿全流程的优化思想和采矿智能化的实现手段。它不仅包括数学规划、网络流、多目标决策、数据库、CAD 辅助设计等传统数学方法和计算机技术的应用，还包括与物联网、大数据、云计算等现代化手段的结合，甚至还涉及到无人驾驶、机器人技术、生命科学等最前沿科技的探索。可以说，现代信息科学的任何新进展，都会很快在采矿系统工程中得到应用。从历届 APCOM 国际会议及涉及采矿系统工程相关的学术论文来看，目前采矿系统工程的研究呈现出以下几个特征：

（1）研究对象由单一工艺流程向全流程优化发展。相比早期以境界优化、采剥设计、生产调度等采矿工艺为主的系统优化，近几年采矿系统工程所涉及的研究领域更加宽广，采矿系统工程的研究已经渗透在矿业工艺流程的各个方面，单个工艺流程的整体优化研究已经得到重视，但是各流程相互之间的复杂关系还有待深入研究，优化的对象缺乏以整个矿山企业为对象的或对采—选—尾—冶全流程的整体优化。

（2）优化算法由常规、单一算法向智能化、算法融合发展。采矿系统工程从建立伊始就和算法模型有着千丝万缕的联系，不管是早期的线性规划、整数规划、网络流、多目标决策、存贮论、排队论等运筹学方法，还是后来盛行的遗传算法、人工神经网络、不确定向量机等计算智能理论和方法，都在采矿系统工程领域中大放异彩。近年来，由于解决问题对象的复杂性，运用单一算法的优化显得比较吃力，已经有许多学者在多算法融合改进方面做了大量工作。例如在评价方面出现了 HS-BP 算法、模糊层次-集对分析综合优化、小波变化-聚类算法等，在三维地质建模方面有 SFLA-Kriging 融合算法、TIN-GTP-TEN 混合算法、Kriging 与 IDW 进行融合等，都是从单一算法向多算法的融合发展。

（3）技术应用由传统信息技术向新兴技术发展。随着现代信息技术手段飞速发展，采矿系统工程的成长也十分迅猛。随着传统信息技术在采矿工程中应用的不断深入，新兴技术与采矿工程的结合也开始兴起，许多学者已经开始进行了探索式的研究。例如：为解决露天矿卡车调度及出入智能管控问题，文献［5］建立了基于 3PGS 和 GPS 的露天矿出入车辆运输智能管控系统；文献［6］针对边坡检测，开发了基于北斗卫星的露天矿边坡监控系统，在控制中心就可以进行在线分析和安全控制；文献［7，8］结合多网融合技术、智能融合分析技术，利用云计算和超级计算机实现了对海量数据的整理和分析，完成了矿山生产网络内的人员、机器、设备、物资、信息等的自动管理和控制，实现智慧矿山。随着物联网、大数据、云计算、3D 打印及虚拟现实等新一代信息技术在矿业领域中的应用，必然会给采矿系统工程的发展带来前所未有的机遇和挑战。

1.4　采矿系统工程的基础理论与方法

系统工程要使用许多数学方法和科学技术。这里着重介绍运筹学及有关的方法。应该指出，下述的每一种方法都是一门独立的学科或数学分支，内容很丰富，此处仅作简要介绍。

1.4.1　线性规划

线性规划是运筹学中应用最广泛的一个分支，特别是由于计算机技术的发展，使得线性规划可以解算具有成千上万个变量和方程的复杂课题。

1.4.1.1　数学模型

一般地，线性规划可表示为

目标函数：$\qquad\qquad Max\ z = c_1 x_1 + c_2 x_2 + \cdots + c_n x_n$

s. t.

$$\begin{cases} a_{11}x_1 + a_{12}x_2 + \cdots + a_{1n}x_n = b_1 \\ a_{21}x_1 + a_{22}x_2 + \cdots + a_{2n}x_n = b_2 \\ \quad\vdots \\ a_{m1}x_1 + a_{m2}x_2 + \cdots + a_{mn}x_n = b_m \\ x_1, \ x_2, \ \cdots, \ x_n \geqslant 0 \end{cases} \tag{1-1}$$

这里，我们把式（1-1）的表达方式称作线性规划的标准形式。当数学模型是其他形式时，用下述方法就能将它们转化为标准形式：

（1）若目标函数是最小化时，即有

$$\text{Min } z = c_1x_1 + c_2x_2 + \cdots + c_nx_n \tag{1-2}$$

这时，令 $z' = -z$，则目标函数变成

$$\text{Max } z' = -c_1x_1 - c_2x_2 - \cdots - c_nx_n \tag{1-3}$$

这就与标准形式的目标函数的形式一致了。

（2）约束条件为不等式时，这里有两种情况：1）是约束条件为"≤"形式的不等式，这时可在"≤"号的左端加入非负的松弛变量，把原"≤"形式的不等式变为等式；2）约束条件为"≥"形式的不等式，则可在"≥"号的左端减去一个非负的松弛变量（或称剩余变量），从而变成等式的约束条件。

（3）若存在无非负要求的变量，即变量 x_k 取正值或负值都可以时，可令 $x_k = x'_k - x''_k$，其中 $x'_k \geqslant 0$，$x''_k \geqslant 0$。

1.4.1.2 采矿中的应用

在采矿工程中，线性规划得到广泛的应用，其中主要有：

（1）配矿问题。将不同品级的矿石按要求混合。

（2）采掘进度计划的编制。在满足矿山各种生产技术约束条件的前提下，使采掘工作的经济效果最佳。

（3）露天矿排土工作组织。根据排土场的位置及容量，合理安排各工作面的排土路线，使排土工作的经济效果最佳。

（4）矿山生产调度。运用线性规划，合理调度矿山大型设备，提高矿山的经济效果。

（5）运输问题。根据货源产量、用户需求量及运输成本，合理安排运输计划使总的运输成本最低。

（6）生产布局。根据联合企业所属矿山、选厂、冶炼厂的生产能力、生产成本和运输费用，合理组织生产任务，使企业盈利最大。

此外，有关人力、设备、原料和产品的调配问题，都可以用线性规划处理。

1.4.2 整数规划

1.4.2.1 数学模型

整数规划是指变量只能取整数时的数学规划。例如，某矿山有两种型号的电铲，其挖掘能力、操作工人数和辅助工人数如表 1-2 所示。该矿山要求控制操作工人总数在 56 人/班以下、辅助工人总数在 70 人/班以下，问如何安排这两种电铲的工作台数，才能使矿山

的挖掘能力最大。

表 1-2 两种电铲的挖掘能力及要求

电铲 型号	挖掘能力 /万吨·(台·a)$^{-1}$	操作工人数 /人·班$^{-1}$	辅助工人数 /人·班$^{-1}$
Ⅰ型	40	9	7
Ⅱ型	90	7	20

为了解算这个问题，设Ⅰ型电铲工作 x_1 台、Ⅱ型电铲工作 x_2 台。这里的目标是使挖掘能力最大，即

$$\text{Max } z = 40x_1 + 90x_2 \tag{1-4}$$

要满足的约束条件是

$$9x_1 + 7x_2 \leqslant 56 \tag{1-5}$$
$$7x_1 + 20x_2 \leqslant 70 \tag{1-6}$$
$$x_1 、 x_2 \geqslant 0 \tag{1-7}$$
$$x_1 、 x_2 \in \mathbf{Z} \tag{1-8}$$

这也是一个线性规划问题，有目标函数式（1-4）及约束条件式（1-5）~式（1-8）。所不同的是，变量 x_1 及 x_2 是表示电铲的台数，只能是整数。假如用四舍五入的办法将不是整数的 x_1、x_2 之解变为整数，往往会破坏原来的约束条件。即使不破坏约束条件，它们也不一定是最优解。

一般地，当数学规划的变量要求是整数解时，称此规划为整数规划。具体地说，当所有变量都要求是整数时，此数学规划称作纯整数规划；当只有部分变量有这种整数要求时，称混合规划。特别地，当整数变量只在 0 或 1 这两个数进行选择时，称作 0-1 整数规划，这是一种简单而常见的整数规划。此外，在非线性规划中也可以有这种整数要求，称作非线性整数规划。不过这种数学规划的求解很复杂，应用不广。

1.4.2.2 采矿中的应用

在采矿过程中，有关人员、设备、线路的选择，都只能是整数而不是小数，常常需要应用整数规划。然而整数规划的解算远比线性规划复杂，其计算时间较长，因而限制了它的使用。目前应用整数规划的地方有：

（1）采掘进度计划的编制。矿山中，每个矿块是开采或不开采，可分别用 0 或 1 两个数表示，从而构成 0-1 整数规划。

（2）矿山设备和人员的安排。例如，露天矿中电铲的配车问题，其车数只能是整数，有人就使用整数规划求解。

（3）一次性费用的处理。在进行开采费用计算时，往往先要集中一次性地支出基建费用，然后才有经常性支出的生产费用。为了反映基建费用的这种一次性支出，也可用 0 或 1 来表示要支出或不支出，从而构成 0-1 整数规划问题。

1.4.3 非线性规划

1.4.3.1 数学模型

非线性规划是指目标函数或约束条件中存有非线性关系的数学规划。现在先用一个简

单例子予以说明。

设某准轨自翻车呈现长方形,其容积是 $44m^3$。假定原底板的费用是 150 元/m^2,四周侧板的费用是 100 元/m^2。问车厢尺寸如何才使它的造价最低。

为了解算这个问题,设车厢的长、宽、高各为 x_1、x_2、x_3 m。根据车厢造价最低这个目标,有

$$\text{Min } z = 100(2x_1x_3 + 2x_2x_3) + 150x_1x_2 \tag{1-9}$$

根据容积要求,有

$$\begin{cases} x_1 \cdot x_2 \cdot x_3 = 44 & (1\text{-}10) \\ x_1、x_2、x_3 \geqslant 0 & (1\text{-}11) \end{cases}$$

显然,这也是一个数学规划。其目标函数是式(1-9),约束条件是式(1-10)及式(1-11)。然而,这些关系式是非线性的,故称作非线性规划。

一般地,非线性规划的标准形式是

$$\text{Min } z = f(x)$$

$$\begin{cases} \text{s. t.} \quad g_i(x) \geqslant 0, \ i = 1, \cdots, m \\ h_j(x) = 0, \ j = 1, \cdots, l \\ x \in \mathbf{R} \end{cases} \tag{1-12}$$

其中 $f(x)$、$g_i(x)$ 或 $h_i(x)$ 中只要有一个函数是非线性关系,就构成非线性规划。这也就是非线性规划和线性规划的差别所在。

1.4.3.2 采矿中的应用

严格地讲,采矿工程中的许多关系是非线性关系而不是线性的,因此非线性规划有着广泛的使用前景。然而,由于解题上的困难,人们常常把非线性问题简化为线性问题来求近似解。目前,使用非线性规划的领域有:

(1)矿山总体规划。在大型联合企业里,采矿-选矿-冶炼三者的关系是一个非线性关系,为了合理安排采-选-冶各部门的生产能力,需要用非线性规划来求解。

(2)露天矿大型设备的选择。露天采剥设备的生产效率与其自身尺寸的关系,也是个非线性关系,可用非线性规划来解决设备选择问题。

(3)通风井直径的确定。通风井直径与通风效果的关系,也是非线性的,可用非线性规划处理。

1.4.4 动态规划

1.4.4.1 数学模型

动态规划是研究多阶段决策过程最优化的一种方法。现以管网铺设问题为例进行说明。

某矿山拟铺设一条从 A 到 N 的管道,两者之间可能有的连接路线及距离如图 1-3 所示,问如何选择管道线路才能使 A 到 N 的总长度最小。

从图 1-3 可以看出,从 A 到 N 的路线很多,可以是 $A—B_1—C_1—D_1—N$,也可以是 $A—B_1—C_2—D_2—N$ 以及其他等等。今把 A 到 N 分为四个阶段,从 A 点到 B 点为第一阶段,这时有两个选择,一是走到 B_1,一是走到 B_2。若我们选择 B_2 点出发,可以选择 C_1、

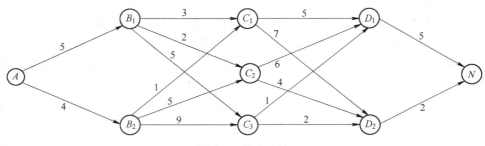

图 1-3　管道路线

C_2 或 C_3 点。若选择 C_2 点，则 C_2 就是第二阶段决策的结果，又是下一个阶段的始点。如此递推下去，各个阶段的决策不同，铺管的路线就不同。很明显，当某段的始点给定时，它直接影响着后面各阶段的路线，而后面各阶段路线的具体发展却不受这点以前各路线的影响。问题是在各阶段中都要选取一个恰当的路径，就叫做动态规划，如图 1-4 所示。

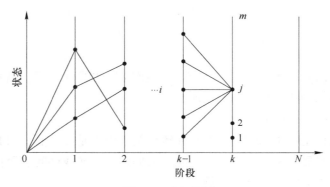

图 1-4　动态规划

　　一般地，动态规划把问题分成若干个相互联系的阶段（图 1-4 为 N 个阶段），每个阶段又有若干个状态（图 1-4 中第 k 阶段有 m 个状态），每个状态是该段某支路的始点，又是前一段某支路的终点。从某个状态演变到下一阶段另一状态的选择，称作决策。以 k 阶段的 j 状态为例，它可以来自第 $k-1$ 阶段的任一个状态。只有通过比较从原点 0 经各阶段到达 j 的距离后，才能选出最小者作为 j 状态的最优决策。假定是从 i 到 j，这就是说，一旦我们选用 j 状态，它一定要追溯至 i。以此方式搜索每个阶段的每一个状态，这样，由每一个阶段决策组成的决策序列就称作全过程的策略，衡量每种决策或策略优劣程度的数量指标，就叫作指标函数。很明显，动态规划的目的，就是要求出具有最优指标的最优策略。

1.4.4.2　采矿中的应用

　　采矿工程中的许多问题，具有明显的多阶段性，宜用动态规划处理。而且动态规划解算方法简单，更进一步促进它的应用。目前，主要的应用领域有：

　　（1）边际品位的确定。矿山的边际品位可以逐年变动。为此以年为单位构成不同的阶段，每年可以有不同的边际品位方案供选择（状态），借助动态规划的方法即可求出每年最优的边际品位。

（2）露天开采境界的确定。在以规则方块组成的矿床模型中，每一纵列可视作阶段，每列中的第一方块视作不同的状态，通过动态规划可以找出各列各方块间的联系，从而确定出露天矿境界。

（3）采掘进度计划的编制。这时以年（月）作为阶段划分整个计划时期，每一阶段又有不同的方案（状态），从而按动态规划的模式去安排采掘进度计划。

（4）库存控制。矿山设备的备品备件及主要材料，要有适当的库存量，根据每年的消耗、库存费用和购置费用，可以用动态规划的方法求解。

（5）设备更新。矿山设备到了使用后期，由于效率降低和维修费增加，应该用新设备代替。为了确定合理的设备更新策略，可用动态规划处理。

1.4.5 网络分析

网络分析是运筹学中的一个重要分支，它可以直观地解决工程技术和管理中的许多问题。

1.4.5.1 最短路问题

现以运输网络为例进行说明，图 1-5 表示某矿山 s 通往冶炼厂 t 可能有的运输线路及其运输费用，问哪一条路线可使运输费用最小。

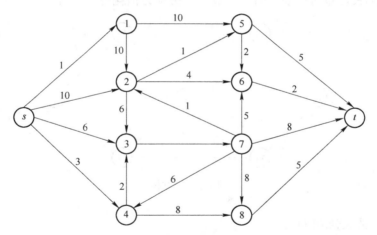

图 1-5 最短路问题

对于这种问题，假如我们把运输费用视作距离，它就变成求 s 到 t 的最短路问题，亦即要在图上找出一条 s 到 t 的路线，使其上数字（费用）之和为最小。

一般地，网络图上的点称作节点；点对点之间的连线称作边。当连线有方向标识时则称作弧，弧（边）上的数字表示权，它可以代表距离、时间、费用、人力消耗等。最短路问题，就是在网络图中找出权数总和为最小的一条路线。

1.4.5.2 最小支撑树问题

先举一个简单例子，设某矿山有 7 个矿区。其道路联系及距离如图 1-6 所示。现欲沿道路架设电话线沟通各工区，问如何选择线路才能使总长度最短。

很明显，电话线路要通到每一个工区，而且为了减少线路总长度，线路不需要闭合，

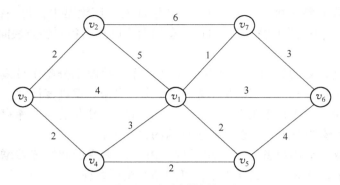

图 1-6　最小支撑树问题

以免重复连通工区。这就是一个典型的最小支撑树问题。

一般地，从网络图中删去一些弧，所构成的图称为部分图。当部分图的任意两个节点都由唯一的一条弧联结时，则这种部分图又称作支撑树。图 1-7 就是图 1-6 的一个支撑树。网络图中，总长度最短的支撑树，就称作图的最小支撑树。最小支撑树的特点：（1）保留原图中的每个节点；（2）两节点间有唯一的一条弧联结；（3）弧的总长度最短。当然，这里所说的长度也可以表示时间、成本、劳动力消耗等。

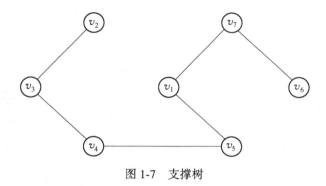

图 1-7　支撑树

1.4.5.3　最大流问题

设某矿山通风系统如图 1-8 所示。图中 s 表示入风井，t 表示出风井，箭头表示风流方向，其上数字表示该段巷道允许通过的最大流量。问这一通风系统最大允许通过的风量是多少。

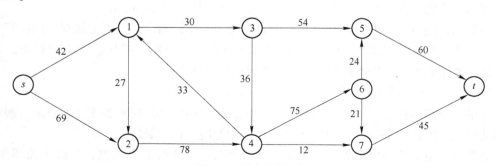

图 1-8　最大流问题

这是一个典型的最大流问题，在其他系统中也有类似的流量问题，如运输系统的车流、控制系统的信息流、供水系统的水流等。一般地，在一个有向网络图上，有发点 s、收点 t，已知每个弧 (i, j) 上最大允许通过的流量为 C_{ij}，最大流问题就是要找出允许从 s 点发出（或 t 点能收到）的最大流量 Q。

在这种网络流中，假设弧 (i, j) 通过的流量是 f_{ij}，根据物质不灭的原理，下述三种约束条件应得到满足：

（1）弧容量约束。对所有的弧 (i, j)，有 $0 \leq f_{ij} \leq C_{ij}$。

（2）点流量约束。除了 s、t 点以外，任何节点流入的流量等于流出的流量，即

$$\sum_i f_{ij} = \sum_i f_{ji} \tag{1-13}$$

（3）总流量约束。从 s 点发出的流量等于 t 点收到的流量，即

$$Q_s = -Q_t \tag{1-14}$$

网络中满足上述三种约束条件的弧流量的组合，称作可行流。

最大流问题，实质上是在满足上述三种约束条件下求 s 到 t 的最大流量，它可以表示成一个线性规划的形式，即

Max Q

s. t.

$$\begin{cases} \sum_i f_{ij} - \sum_j f_{ji} = \begin{cases} Q & \text{当 } i = s \\ 0 & \text{当 } i \neq s \text{ 或 } t \\ -Q & \text{当 } i = t \end{cases} \\ 0 \leq f_{ij} \leq C_{ij} \end{cases} \tag{1-15}$$

1.4.5.4 最小费用流问题

在上一节最大流问题中，没有涉及流的费用问题，然而在实际使用中，往往要考虑流的费用。

图 1-9 表示某矿一个运输系统。货物从 s 点运至 t 点，弧上的箭头表示输送的方向，括弧内的第一个数字表示单位货物的运输费用，第二个数字是最大允许通过的货运量。今欲从 s 点运送 4 个单位的货物至 t 点，问沿哪一条路线才能使费用最小。

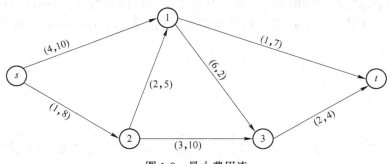

图 1-9 最小费用流

这是一个典型的最小费用流问题。一般地，在一个有向网络图中，如果有一个从 s 到 t 的流，它流经弧容量为 C_{ij} 的弧 (i, j) 的流量是 f_{ij}，而该弧的一个单位流量的运输费用

是 a_{ij}，那么流经该弧的费用就是 $a_{ij}f_{ij}$。同理，网络中由 s 到 t 的流的费用就是组成这个 s-t 流的各弧的费用之和。所谓最小费用流，就是在保证给定量 Q 的前提下使输送费用最小的那个从 s 到 t 的流。

特殊地，当流量 Q 是 s-t 的最大流，求输送费用最小问题就是最小费用最大流问题。

1.4.5.5 采矿中的应用

工程中有关网络流的问题，常常可以用线性规划来表示。然而，由于网络图比较直观，许多问题常常要用网络流法来求解。在采矿工程中，使用网络流的地方有：

（1）露天开采境界的确定。露天开采中各方块之间的上下超前关系，可以表示成树的形式。露天开采境界就是要在满足这种约束关系的前提下综合考虑矿石块和岩石块的价值，可采用 LG 图论法，寻找一个最大的闭包。

（2）地下开拓运输系统的确定。地下开采中的矿石运输，可视作物流。这一物流发自采场，经各种运输巷道运送至选厂或矿仓，因此，地下开拓运输系统可视作一个网络流，通过最小费用流的方法可求出最优布置。

（3）通风网络的计算。地下开采中的通风问题，也是一个典型的网络问题，可以采用网络流的方法去求解。

（4）运输线路的确定。在节点很多的运输网络系统中，为了求出运输费用最小的路线，可以采用最短路的方法。

1.4.6 统筹方法

1.4.6.1 数学模型

统筹方法又称网络计划技术，是组织施工和进行计划管理的科学方法。现以平巷掘进中的一个循环过程为例进行说明。

平巷掘进中一个循环可分为 10 个工作，即：A——进入工作面，C——安全检查，E——凿岩准备，D——装岩准备，F——凿岩，G——爆破准备，H——装岩，I——铺轨，J——装药爆破，K——通风。这些工作有些要单独进行，有些可以平行作业，它们的相互关系如图 1-10 所示。每项工作分别用箭头线表示，线上的数字表示该工作所需要的时间，箭头表示它们之间的相互关系，从这个图可以清楚看出，A—D—H—I—J—K 是平巷掘进的主要工作，它们决定了循环所需的时间。相反，C—F—G 工作稍稍延长，也无碍大局。

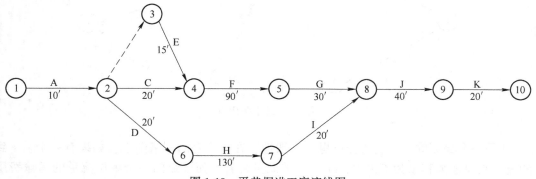

图 1-10 平巷掘进工序流线图

一般地，统筹方法用箭线表示一项工作。箭线所指的方向表示工作前进的方向，箭线的箭尾和箭头分别表示一项工作的开始和结束，并相应地用节点表示，称作箭尾事件和箭头事件。只有当进入某节点的箭线工作全部结束后，从该节点引出的新箭线才能开始工作，这样构成的图，叫作工序流线图。统筹方法的目的，就是要找出从始点到终点的关键路线和关键工序，并对网络进行调整，求得有关工期、资源与成本的最优化方案。

1.4.6.2 采矿中的应用

统筹方法在采矿工程中已得到广泛的应用。特别当工程项目比较多、相互衔接关系比较复杂时，更需要采用统筹方法。通过统筹方法，我们可以了解各工序之间的连接关系，及时作出调整及工作部署。目前，它常用于：

（1）露天矿新水平的准备。为了保证露天矿正常地延深，及时准备出新的开采水平是关键，在新水平准备的施工组织中可采用统筹方法。

（2）井巷掘进。在井巷掘进的施工组织中，特别是竖井掘进这样的复杂工程中，也广泛应用统筹方法。

（3）设备维修。矿山设备维修，通常是时间短、工序多、任务复杂，应用统筹方法，可以大大改善设备维修工作。

（4）设计工作组织。矿山企业设计，涉及地质、采矿、选矿，机电、总图、土建、技经等各专业的工作，为了把各个部门的工作有机地组织起来，曾运用了统筹的方法。

1.4.7 计算机模拟

1.4.7.1 基本模式

计算机模拟，就是在计算机上对客观系统的结构和行为进行仿真试验，研究有关系统性能的各种数据。一般地说，计算机模拟的过程是：

（1）系统分析。通过深入分析，明确模拟的目标及可控变量，并对其加以数量化。

（2）确定随机分布规律。根据实际的统计数据，确定所模拟事件发生的概率分布，并用计算机产生符合上述分布的随机数和随机变量。

（3）构造模型。根据所模拟对象的特点，选择合适的模拟方法，编写计算机程序。

（4）上机运算。在计算机上反复执行上述程序，得出所需要的模拟结果。

（5）分析决策。根据所得结果进行统计分析，从而得出结论。不过，计算机模拟是针对某一个特定系统而运行的，一旦系统的结构变动，模拟的结果也不同。因此，需要对众多的系统结构进行对比模拟后才能得到最佳的结论。

1.4.7.2 采矿中的应用

采矿中遇到的现象大多是随机现象，很难用简单的数学公式表达。因此，在采矿工程中，计算机模拟是一个非常有效的工具，可以研究各种复杂问题，主要有：

（1）开采工艺过程的配合。如采装和运输、运输与提升之间的配合等。

（2）开拓运输方案的选择。综合考虑各种随机因素，研究各种开拓运输方案的优劣。

（3）库存控制。矿山的零部件及材料消耗是个经常变化的随机变量，利用计算机模拟可以研究各种控制手段的效果。

（4）风险分析。矿山投资建设的效果受各种因素的影响，借助计算机模拟可以预测其结果。

1.4.8　排队论

1.4.8.1　基本概念

在采矿生产中，常常会遇到排队现象。例如，在露天矿中汽车在电铲前排队等待装载，工作面上损坏的设备排队等待修理等。用排队论的术语，我们把要求服务的对象称作"顾客"，把提供服务的机构称为"服务台"。图 1-11 表示这种抽象的排队现象。

图 1-11　排队现象

在实际生活中，顾客的到来时刻和服务台进行服务的时间常随条件的变化而变化。若服务台设立得太多，则会出现服务设施闲置浪费；反之，如果服务台太少，则顾客排队等待时间太长。因此，要求在顾客和服务台之间取得平衡，这就是排队论要解决的问题。

一般排队系统具有三要素，即顾客、排队规划和服务台。

（1）顾客。顾客的来源和到达排队系统的情况是多种多样的。顾客源（也称顾客总体）可能是有限的，也可能是无限的。顾客到达的方式可能是连续的或是离散的，也可能是一个一个的或是成批的。顾客相继到达的间隔时间可以是确定型的，也可以是随机型。后者服从某种统计规律，如泊松分布等。

（2）排队规划。顾客到达时，如果所有服务台都在工作，顾客可以当即离去，也可以排队等待。前者称为损失制，后者称为等待制。

等待制又分如下几种服务规划：

1）先到先服务。这是常用的服务规划。

2）后到先服务。在流水装配线上，后到的零件先装配。

3）在优先权的服务。重要的顾客优先服务。

4）随机服务。由服务台随机选取顾客。

排队的队列有单列和多列之分。在多队列排队情况下，各队列之间的顾客可以转移或不允许转移。

至于排队空间，有时是无限的，有时要限制顾客数。

（3）服务台。服务台有单个和多个之分。后者又有串联式和并联式。服务方式可以对单个顾客，也可以对成批顾客进行。服务时间有确定型和随机型。后者服从某种概率分布，如负指数分布。

为了描述排队系统，用下式表示：

$$[A/B/C]:[d/e/f] \tag{1-16}$$

式中，A 为顾客相继到达间隔时间的概率分布，常用 M 表示泊松分布，G 表示任意分布；

B 为服务时间的概率分布，常用 M 表示负指数分布，G 表示任意分布，D 表示确定型分布，Eh 表示参数为 K 的爱尔朗分布；C 为服务台的数目；d 为排队系统的最大容量；e 为顾客总体的数量；f 为排队规则。常用 FCFS 表示先到先服务原则。这里也用 G 表示任意规则。

例如，排队过程 $[M/M/1]：[\infty/\infty/\text{FCFS}]$ 表示顾客到达为泊松过程，服务时间服从负指数分布，只有一个服务台，系统最大容量无限，顾客总体无限，先到先服务原则。

1.4.8.2 采矿中的应用

在采矿工程中，排队论常常用于研究各工艺之间或设备之间的相互配合问题。主要有：

(1) 露天矿装运设备之间的配合，特别是电铲和汽车之间的配合问题，从而选择电铲、汽车的类型和数目。

(2) 地下采掘设备之间的配合，合理确定设备类型和数目。

(3) 矿山地面设施的研究，如贮矿仓尺寸的确定等。

应该指出，排队论的公式推导中作了一些简化，未能考虑各种复杂的随机现象。因此，采矿生产中的一些实际课题，常常依赖于计算机模拟。不过，若在模拟过程中局部地引用排队论，可以大大减少模拟时间及费用。

1.4.9 可靠性分析

可靠性分析是研究产品可靠性指标的一门新兴学科，它以产品的寿命特征为研究对象。这里，"产品"二字具有广义性，它可是一些元器件，也可以是部件，或是由元器件和部件组成的系统。"寿命"一词，则是指产品维持其性能的时间长短，这是一个随机变量。

1.4.9.1 基本概念

A 产品的可靠性

产品的可靠性，就是这个产品在规定的条件下和规定的时间内，完成规定功能的能力。在这个定义中，"规定的时间"是定义的核心，"规定的条件"是比较的基础，"规定的功能"用性能指标刻线，而"能力"大小，用不同的指标来量度。

B 不维修产品的可能性指标

所谓不维修产品，是指产品从开始工作到发生故障后，都不能对它进行任何维修。至于不维修的原因，或是经济上不值得，或是技术不允许。

(1) 寿命。不维修产品从开始工作到失效所经历的时间，称为该产品的寿命，用 ξ 表示。

(2) 失效分布。设 ξ 为产品寿命，对于给定的时间 t，事件 "$\xi \leq t$" 发生的概率称为产品的失效分布（函数）或寿命分布（函数），记为

$$F(t) = P\{\xi \leq t\} \tag{1-17}$$

它表示在规定的条件下产品的寿命 ξ 不超过 t 的概率。

如果存在函数 $f(t)$，使得

$$F(t) = \int_{-\infty}^{t} f(t)\,dt = \int_{0}^{t} f(t)\,dt \tag{1-18}$$

则 $f(t)$ 称为产品的失效密度（函数）。

（3）产品的平均寿命 MTTF（mean time to failure）。它是寿命的数学期望值，即

$$MTTF = E[\xi] = \int_{0}^{\infty} t\,dF(t) = \int_{0}^{\infty} tf(t)\,dt \tag{1-19}$$

（4）可靠度。若把前述可靠性的定义狭义地解释作"产品"在规定的条件下和规定的时间内，完成规定功能的概率，则这一定义称作可靠度，记为 $R(t)$，其数学表达式是

$$R(t) = P\{\xi > t\} = 1 - P\{\xi \leqslant t\} = 1 - F(t) \tag{1-20}$$

或者

$$R(t) = \int_{t}^{\infty} f(t)\,dt \tag{1-21}$$

（5）失效率。已工作到时刻 t 的产品，在时刻 t 后单位时间内发生失效的概率称为该产品在时刻 t 的失效率（函数），记为 $\lambda(t)$，即

$$\lambda(t) = \lim_{\Delta t \to 0} \frac{F(t + \Delta t) - F(t)}{R(t)\Delta t} = \frac{f(t)}{R(t)} \tag{1-22}$$

或者

$$\lambda(t) = -\frac{R'(t)}{R(t)} \tag{1-23}$$

进一步解这个微分方程，有

$$R(t) = e^{-\int_{0}^{t} \lambda(t)\,dt} \tag{1-24}$$

C 可维修产品的可靠性指标

所谓可维修产品，是指产品发生故障后花费一定时间对其维修，从而使产品恢复功能。

（1）寿命。可维修产品的寿命，就是它无故障工作的时间。

（2）首次故障分布与可靠度。对于可维修产品，在发生第一次故障以前的情况和不维修产品一样，设首次发生故障的时间是 ξ_1，其分布：

$$F_1(t) = P\{\xi_1 \leqslant t\} \tag{1-25}$$

称为首次故障分布，相应地有失效密度 $f_1(t)$。

首次故障前的平均时间 MTTFF（mean time to first failure）也是个数学期望值，即

$$MTTFF = E[\xi_1] = \int_{0}^{\infty} t\,dF_1(t) = \int_{0}^{\infty} tf_1(t)\,dt \tag{1-26}$$

可维修产品的可靠度 $R(t)$ 则是

$$R_1(t) = 1 - F_1(t) \tag{1-27}$$

（3）平均无故障工作时间。可维修产品在发生故障后仍可修复，假如每次无故障工作时间 $\xi_1(i = 1, 2, \cdots)$ 都服从一失效分布 $F(t)$，则平均无故障工作时间 MTBF（mean time between failure）是

$$MTBF = E[\xi_1] = \int_{0}^{\infty} t\,dF(t) = \int_{0}^{\infty} tf(t)\,dt \tag{1-28}$$

（4）维修分布与修复率。可维修产品从开始故障到维修完毕所经历的时间 $\eta_1(i = 1,$

2，…）称为可维修产品的维修分布。假如对于任意的 i，η_1 都服从同一分布 $G(t)$，则 $G(t)$ 称为可维修产品的维修度，它表示产品到时间 t 为止被恢复到原来的功能的概率。

相应地，平均修理时间 MTTR（mean time to repair）可表示成：

$$\text{MTTR} = E[\eta_1] = \int_0^\infty t\,\mathrm{d}G(t) = \int_0^\infty tg(t)\,\mathrm{d}t \tag{1-29}$$

式中，$g(t)$ 为 $G(t)$ 的密度函数。

类似于不维修产品的失效率概念，对可维修产品，把修理时间已到某个时间 t 的产品，在该时间后单位时间内完成修复的概率称为可维修产品的修复率，记为 $\mu(t)$，并有公式：

$$\mu(t) = \frac{G'(t)}{1 - G(t)} = \frac{g(t)}{1 - G(t)} \tag{1-30}$$

$$G(t) = 1 - \mathrm{e}^{-\int_0^t \mu(t)\,\mathrm{d}t} \tag{1-31}$$

（5）可用度。产品在某个时刻 t 具有或维持其规定功能的概率，称为产品在 t 时刻的瞬时可用度，或称有效度，并用 $A(t)$ 表示。令

$$X(t) = \begin{cases} 1, & \text{产品在时刻 } t \text{ 工作} \\ 0, & \text{产品在时刻 } t \text{ 不工作} \end{cases}$$

$$\text{则 } A(t) = P\{X(t) = 1\} = E[X(t)] \tag{1-32}$$

为了反映产品在（0，t）期间正常工作的时间与总的时间之比，工程中使用平均可用度 $\bar{A}(t)$。即

$$\bar{A}(t) = \frac{1}{t} \int_0^t A(t)\,\mathrm{d}t \tag{1-33}$$

进一步，若 $\lim_{t\to\infty} A(t) = A$，则 $\lim_{t\to\infty} \bar{A}(t) = A$，我们把这个共同的极限值 A 称为产品的稳定可用度，它是工程上最感兴趣的一个可靠性指标。

1.4.9.2 采矿中的应用

近年来，可靠性分析在采矿中得到足够的重视，主要应用领域有：

（1）设备可靠性分析。对于矿山水泵站、压气机站、运输线路等有多台设备同时运行的设施，可进行可靠性分析，进而确定合理的备用台数。

（2）工作面可靠性分析。矿山通常有多个工作面同时工作，借助可靠性分析，可得出矿山总产量的可靠性及备用工作面数目。

（3）设备维修和更新。通过可靠性分析，确定更换设备的零部件策略，使设备运行处于良好状态。

1.4.10 模糊数学

1.4.10.1 基本概念

在采矿工作中经常遇见许多含糊的概念。例如，关于岩石的"稳固性"、工作环境的"安全性"等，都没有明确的界限。为了使这些定性问题定量化，常常需要应用模糊数学。

模糊数学是用数学方法研究和处理具有"模糊性"现象的数学。这里所谓的模糊性，主要是指客观事物差异的中间过渡的不分明性。

为了用精确的数学语言描述模糊现象，模糊数学采用隶属函数的方法。设 A 是论域 U 上的一个模糊子集，对任意 $x \in U$，都指定一个数 $\mu_A(x) \in [0, 1]$，叫做 x 对 A 的隶属程度，而映射：

$$\mu_A : u \to [0, 1] \tag{1-34}$$

$$x \in U \to \mu_A(x) \tag{1-35}$$

叫做 A 的隶属函数。

例如，令 U 表示人体身高的集合。

$$U = \{1.5,\ 1.6,\ 1.7,\ 1.8,\ 1.9,\ 2.0,\ 2.1,\ 2.2,\ 2.3,\ 2.4\}$$

单位是 m，令 H 表示 U 的一个模糊子集。它代表"身材高大"的集合。H 的定义用隶属函数 μ 来实现。它的定义如表 1-3 所示。

表 1-3　隶属函数 μ 的定义

U/m	1.5	1.6	1.7	1.8	1.9	2.0	2.1	2.2	2.3	2.4
μ_H	0.2	0.2	0.4	0.6	0.9	0.95	0.96	0.98	1.00	1.00

表中数据说明，身高 2m 以上的人，是身材高大；而身高 1.5m 的人，说他是身材高大却只有 20% 的可靠性。

1.4.10.2　模糊数学的主要内容

模糊数学研究的主要内容有：

(1) 模糊数。它研究数的模糊性。

(2) 模糊关系。它研究模糊集合之间的关系。

(3) 模糊度。它研究集合的模糊性及其量度。

(4) 模糊聚类分析。它研究模糊事物的分类。

(5) 模糊综合评判。它研究模糊事物的评判方法。

(6) 模糊规划。它用模糊集合论的方法研究数学规划。

(7) 模糊逻辑。它对逻辑推理进行模糊处理。

(8) 模糊语言。它用模糊集合论的方法研究语言。

(9) 模糊控制。它用模糊集合论的方法研究控制论。

(10) 模糊识别。它用模糊集合论的方法识别各类事物。

1.4.10.3　采矿中的应用

近年来，采矿工程技术人员对模糊数学日益重视，已应用模糊数学的主要领域有：

(1) 岩石分级。根据岩石的物理力学指标，利用模糊聚类分析的方法进行分级。

(2) 采矿方法选择。根据矿床的开采技术条件，用模糊综合评判的方法选择采矿方法。

(3) 多目标决策。综合考虑各个方案的技术经济指标，用模糊综合评判的选择最佳方案。

1.4.11 专家系统

1.4.11.1 基本概念

采矿工程中许多问题的决定，都要依赖于工程技术人员的经验和判断，没有严格的数学计算方法。因此，对问题决策的好坏，在很大程度上取决于决策人员的智慧。为了把这些宝贵的经验总结出来，就要采用专家系统的技术。它是人工智能中目前最活跃的一个分支。

专家系统是一种计算机程序，它以人类专家的水平完成专门的、一般较困难的专业任务。研制专家系统的目的，是要在特定的领域中起该领域的人类专家的作用。因此，设计专家系统的基本思想是使计算机的工作过程竭尽全力地模拟人类专家解决实际问题的工作过程。

专家系统的基本结构，大致包括以下五个部分：

（1）知识库。知识库是专家知识、经验与书本知识、常识的存贮器。它是专家系统的基础。为了表达知识，可以采用谓词逻辑表示法，语义网络表示法、产生式表示法，框架表示法和过程表示法等。

（2）数据库。专家系统中的数据库不同于一般意义上的数据库（如关系数据库DBASE）。它用于存储领域内的初始数据和推理过程中得到的各种中间信息。

（3）推理机。推理机是专家系统的核心，用于控制协调整个系统。它根据当前输入的数据，利用知识库的知识，按一定的推理策略去得出结论。推理的方法可分为：

1）正向推理。它以已知的事实作出发点，利用规则推导出结论。

2）反向推理。它先假设结论成立，然后利用规则寻求支持这些结论的事实。

3）混合推理。上述二者的综合。

根据推理的确定性，又分精确推理和不精确推理。后者采用概率论或模糊数学的方法，描述事实、规则和结论的不确定性。

（4）解释部分。它负责对推理给出必要的解释，使用户易于理解和接受，并帮助用户向系统学习和维护系统。

（5）知识获取部分。它为修改、扩充知识库中的知识提供手段。

1.4.11.2 采矿中的应用

在采矿过程中应用专家系统，始于20世纪80年代前后。目前，国内外已建立的矿业专家系统有：

（1）矿床预测。它根据地质勘探资料，通过推理分析，预测矿体存在及其规律。著名的PROSPECTOR系统，拥有1100多条推理规则。

（2）岩体稳固性预报。它根据现场测试的岩石力学数据（应力、应变、位移等），通过综合分析，预报采场和巷道顶板的稳固性。

（3）设备故障分析。它根据设备发生故障的种种迹象，推断出故障发生的部位及原因。

（4）采矿设计。它总结矿山设计的经验，用计算机提出最优的采矿设计方案。

1.4.12　计算智能

1.4.12.1　概述

计算智能，广义地讲就是借鉴仿生学思想，基于生物体系的生物进化、细胞免疫、神经细胞网络等机制，用数学语言抽象描述的计算方法。是基于数值计算和结构演化的智能，是智能理论发展的高级阶段。计算智能有着传统的人工智能无法比拟的优越性，它的最大特点就是不需要建立问题本身的精确模型，非常适合于解决那些因为难以建立有效的形式化模型而用传统的人工智能技术难以有效解决，甚至无法解决的问题。

计算智能研究的主要问题包括：

（1）学习。学习是一个有特定目的的知识获取过程，并通过这一过程逐渐形成、修改新的知识结构或改善行为性能。获取知识的过程包括积累经验、发现规律、改进性能和适应环境。机器学习则是利用机器来完成学习这一过程，从而达到或部分达到学习的目的。

（2）搜索。搜索是对问题的一种求解方法、技术和过程。搜索是面向问题的，不同的问题有不同的搜索方法、技术和过程。

（3）推理。推理是人类基于逻辑的一种思维形式，也是计算机基于知识表示的一种知识利用。即根据一定的规则，从已知的断言或知识得出另一个新的断言或知识的过程。

计算智能研究的主要方法包括：

（1）模型。模型是具有生物背景知识并描述某一智能行为的数学模型。

（2）算法。算法是以计算理论、技术和工具研究对象模型的核心，它具有数值构造性、迭代性、收敛性、稳定性和实效性。

（3）实验。对许多复杂问题，难以进行理论分析，数值实验和实验模拟成为越来越重要的研究手段，并获得了很大的成功（分叉、混沌、孤波等）。

从方法论的角度和研究现状来看，计算智能的主要方法有：模拟退火算法、人工神经网络、群智能算法、模糊系统、进化计算、免疫算法、DNA 计算以及交叉融合的模糊神经网络、进化神经网络、模糊进化计算、进化模糊系统、神经模糊系统、进化模糊神经网络和模糊进化神经网络等。

1.4.12.2　采矿中的应用

计算智能在采矿中的应用主要有：

（1）矿石品位优化。利用遗传算法实现边界品位、最小工业品位、原矿品位及精矿品位的优化。在随机生成的一组品位基础上，通过编码、产生初始群体、反复进行复制、交换和突变等迭代计算，利用自适应作用调整品位，逐步逼近最优解。

（2）采矿方法设计。利用遗传规划进行采矿方法结构参数的优化。遗传规划类似于遗传算法，都遵循达尔文的优胜劣汰的原则。它们之间的区别主要是在问题的表达方式上，遗传算法采用定长的字符串表达问题，而遗传规划则采用层次式的可变字符串表达问题，这样可实现采场结构参数的优化。

（3）采掘进度计划。采矿两阶段法编制地下采掘进度计划。首先，利用遗传算法大致确定每年拟开采的矿块；其次，利用进化规划调整矿块的开采数量。

（4）矿石品位估计。人工神经网络模拟人脑的思维过程，用神经元组成的网络进行输入和输出之间的自适应调节，建立两者之间的函数关系，从而对矿石品位进行估计。

　　（5）卡车调度。蚁群在觅食时留下有味激素于途中，向其他伙伴传递自己的足迹信息。信息越浓，说明走过此路径的蚁数越多，此路径就越短。经过反复自适应调整，最终可得出最短路径，从而实现卡车的生产调度。

　　表1-4列举了当前采矿系统工程的研究内容和所采用的研究方法。从表中可以看出，采矿系统工程所涉及的学科知识非常广泛，本文所介绍的只是常用的一些理论与方法。

表1-4　当前矿业系统工程的研究内容和所采用的研究方法

序号	研究内容	线性规划	整数规划	非线性规划	目标规划	动态规划	图论及网络	排队论	存贮论	决策论	对策论	地质统计学	可靠性理论	模糊数学	灰色理论	系统模拟	系统动态学	人工智能	管理信息系	决策支持系	辅助设计CAD
		运筹学诸学科分支										应用数学若干学科分支				与计算机技术密切关联的学科分支					
1	矿床模型											√						√			√
2	矿床地质条件评价									√		√		√				√			
3	矿山建设进程						√						√			√		√			
4	项目评价	√			√					√								√			
5	采矿方法、工艺及设备选择			√			√	√				√						√		√	
6	露天开采境界确定				√	√															
7	生产能力及边界品位			√	√					√		√				√	√				
8	矿井、采区设计	√	√	√						√	√										√
9	露天矿长远规划设计		√				√		√							√					√
10	短期生产计划	√	√		√											√				√	√
11	矿区发展规划		√							√				√	√	√					
12	采场矿山压力与顶板控制									√		√	√					√			
13	采准巷道布置与支护						√					√						√			
14	露天矿边坡稳定											√				√					√
15	采矿工作面生产状况分析									√		√						√			
16	生产监测与控制																	√	√		

续表1-4

序号	研究内容	研究方法																			
		运筹学诸学科分支										应用数学若干学科分支				与计算机技术密切关联的学科分支					
		线性规划	整数规划	非线性规划	目标规划	动态规划	图论及网络	排队论	存贮论	决策论	对策论	地质统计学	可靠性理论	模糊数学	灰色理论	系统模拟	系统动态学	人工智能	管理信息系	决策支持系	辅助设计CAD
17	矿山采运系统分析	√	√			√		√					√			√			√		
18	露天矿运输调度系统	√			√	√										√					
19	矿井通风、排水系统							√					√			√		√			√
20	矿山生产系统可靠性								√	√			√	√		√					

1.5　本　章　小　结

　　本章主要介绍了系统工程的概念、系统工程的产生与发展现状、系统工程方法论，由此引出了采矿系统工程的概念与研究内容，即从系统的观点出发，用定性与定量相结合的方法，根据经济、技术、社会因素对矿业系统的规划、设计、建设和生产进行优化分析或评价。采矿系统工程是一个多学科交叉的新兴学科，所涉及的理论主要包括但不限于运筹学、应用数学、信息与计算机技术等。在本章中介绍了常用的一些理论与方法及其在采矿工程中的应用，以此作为本书的开章。

习　题

1-1　什么是系统，它有哪些特征？

1-2　系统工程的研究方法有哪些？举例说明霍尔三维结构图方法的工作流程。

1-3　采矿系统工程的研究内容有哪些，为什么说它具有重要的战略地位？

1-4　线性规划在采矿中有哪些应用？

1-5　动态规划的基本原理是什么，它在矿山中有哪些应用？

1-6　阐述采矿系统工程在矿山智能化方面的应用前景。

参考文献

[1] 汪应洛. 系统工程 [M]. 4 版. 北京：机械工业出版社，2010.

[2] 全国自然科学名词审定委员会. 煤炭科技名词 [M]. 北京：科学出版社，1997.

[3] 林聪. 中国冶金百科全书 [M]. 北京：冶金工业出版社，1999.

[4] 云庆夏，陈永锋. 我国采矿系统工程进展 [J]. 金属矿山，1999 (11)：7~11.

[5] 顾清华，冯治东，井石滚，等. 基于 3PGS 和 GPS 的露天矿出入车辆运输智能管控系统 [J]. 计算

机应用与软件，2015，32（6）：72~75，79.

[6] 代朵，卢才武，顾清华，等. 露天矿边坡北斗卫星位移监测系统设计与实现［J］. 金属矿山，2015（9）：112~115.

[7] 张旭平，赵甫胤，孙彦景. 基于物联网的智慧矿山安全生产模型研究［J］. 煤炭工程，2012（10）：123~125.

[8] 张玲，韩俊刚. 物联网和大数据及云计算技术在煤矿安全生产中的应用研究分析［J］. 信息记录材料，2018，19（6）：112~113.

[9] 段维坤. 线性规划图上作业法编制露天矿排土计划及选择汽车路线［J］. 有色金属，1984（1）：9~12.

[10] Soukup J. Computerized production control in open-pit mines ［C］// Proceedings of the 13th International Symposium on the Application of Computers and Operations Research in the Mineral Industry（APCOM），Clausthal，1975.

[11] Johnson T B. Improving returns from mine products through use of operations research techniques ［M］. U. S. B. M. Report of Investigations RI 7230. 1969.

[12] Williams P H. Evaluation of production strategies in a group of copper mines by linear programming ［C］// Proceedings of the 10th International Symposium on the Application of Computers and Operations Research in the Mineral Industry（APCOM），Johannesburg：1972.

[13] Gershon M E. Mine scheduling optimization with mixed integer programming ［J］. Mining Engineering，1983，35（4）：351~354.

[14] Lambert C，Mutmanshy J M. Application of integer programming optimum truck and shovel in open-pit mining ［C］// Proceedings of the 11th International Symposium on the Application of Computers and Operations Research in the Mineral Industry（APCOM），Tucson：1973.

[15] Yun Q X. Optimization of Underground Transportation System Using a Network Flows Model ［J］. International Journal of Mining Engineering，1983，1（3）：267~275.

[16] Splaine M，et al. Optimizing medium-term operational plans for a group of copper mines ［C］// Proceedings of the 10th International Symposium on the Application of Computers and Operations Research in the Mineral Industry（APCOM），Johannesburg：1972.

[17] Gibson D F，Mooey E L. A mathematical programming approach to the selection of stripping technique and dragline size for area surface mines ［C］// Proceedings of the 17th International Symposium on the Application of Computers and Operations Research in the Mineral Industry（APCOM），Moscow：1982.

[18] Wang Y J，Ogbonlowo D B. An optimization problem for cool-mine ventilation shafts ［C］// Proceedings of the 17th International Symposium on the Application of Computers and Operations Research in the Mineral Industry（APCOM），Moscow：1982.

[19] Dowd P. Application of Dynamic and Stochastic Programming to Optimize Cut-off Grades and Production Rates ［J］. Transaction of Institute of Mining and Metallurgy，1976，85：22~31.

[20] Johnson T B，Sharp W R. A Three-dimensional Dynamic Programming Method for Optimal ultimate Open Pit Design ［M］. USBM Report of Investigations，RI 7553，1971.

[21] Zhang Y G，Yun Q X. A new approach for production scheduling of open-pit mines ［C］// Proceedings of the 19th International Symposium on the Application of Computers and Operations Research in the Mineral Industry（APCOM），Littleton Colorado：1986.

[22] 顾基发，朱敏. 库存控制管理 ［M］. 北京：煤炭工业出版社，1987.

[23] Sheres H E，Gentry D W. An Operations Research Approach to the Equipment Replacement Problem ［C］// Proceedings of the 17th International Symposium on the Application of Computers and Operations Re-

search in the Mineral Industry （APCOM）, Moscow：1982.

［24］ Lerchs H, Grossmann I P. Optimum Design at Open-pit Mines ［J］. Transactions CIM, 1964, 68：17~24.

［25］ Wang Y J, Hartman H L. Computer Solution of Three Dimensional Mine Ventilation Networks with Multiple fans and Natural Ventilation ［J］. International Journal of Rock Mechanics & Mining Sciences & Geomechanics Abstracts, 1967, 4（2）：129~154.

［26］ Weiss A. Computer Methods for the 80's in the Mineral Industry ［M］. New York：Society of Mining Engineers, 1979.

［27］ 汤卫平, 刘世光. 露天矿生产工艺过程的模拟研究 ［C］∥中国数学会第二届计算机模拟学术会议论文集. 烟台：中国数学会, 1986.

［28］ 王辉光, 等. 地下矿机车运输系统计算机模拟模型的构造 ［C］∥北京钢铁学院科学研究论文集采矿专集. 北京：北京钢铁学院, 1982.

［29］ Caudill M, Lienert C E. A simulation model of storage requirement for open-pit coal mines ［C］∥Proceedings of the 19th International Symposium on the Application of Computers and Operations Reserch in the Mineral Industry （APCOM）, Littleton Colorado：1986.

［30］ 徐光辉. 随机服务系统 ［M］. 北京：科学出版社, 1980.

［31］ Luo Z Z, Lin Q N. Erlangian Cyclic Queueing Model for Shovel-truck Haulage System ［C］. International Symposium on Mine planning and Equipment Selection, Canada, 1988.

［32］ Faulkner J A. The Use of Closed Queues in the Deployment of Coal-face Machinery ［J］. Journal of the Operational Research Society, 1968, 19（1）：15~23.

［33］ Kerns B. The queue in mining-application of the queueing theory ［J］. Journal of the Southern African Institute of Mining and Metallurgy, 1965, 65（11）：560~570.

［34］ Elbrond J. A Procedure for the Calculation of Surge Bin Size ［J］. Bulk Solids Handling, 1982, 20（1）：75~93.

［35］ 方海秋. 矿山运输系统可靠性分析的初步探讨 ［J］. 有色金属, 1987（1）：42~49.

［36］ 唐健军. 电爆网路的可靠性及其评价方法 ［J］. 有色金属, 1983（1）：11, 20~24.

［37］ 林梅. 围岩稳定性的动态分级法 ［J］. 金属矿山, 1985（8）：6~10.

［38］ 云庆夏, 黄光球, 张永高. 采矿方法选择中的模糊决策 ［J］. 化工矿山技术, 1986（5）：2~6, 13.

［39］ 林尧瑞, 张铋. 专家系统原理与实践 ［M］. 北京：清华大学出版社, 1988.

［40］ Fries E F, Welsh H. . Expert systems and real-time mine monitoring ［C］∥ Proceedings of the 19th International Symposium on the Application of Computers and Operations Research in the Mineral Industry （APCOM）, Littleton Colorado：1986.

［41］ 云庆夏, 陈永锋. 采矿方法选择专家咨询系统 ［C］∥全国非金属矿学术会议论文集, 1988.

2 矿床模型及矿产资源评估

2.1 引　　言

矿山开采的对象是矿体，对矿体形态与品位的掌握是进行采矿工作的前提，但精确掌握这些信息所要付出的代价太大。一般情况下，我们都是开展地质勘查工作，通过了解局部区域的矿体信息来预测未知区域的情况。这些勘查手段包括物理化学特性异常调查、钻孔、探槽、坑道刻槽等；预测未知区域的方法有数值平均法、加权平均法、最近样品法、距离幂次反比法、地质统计学法、神经网络、模糊数学等，因此预测精度的影响因素包括勘查工程的数量和预测方法的选择。传统的储量估算方法以平行断面法为主，首先通过工程揭露的品位信息，根据圈矿指标，在平行断面上圈出矿体边界；然后剖面与剖面相对应形成矿体，通过加权平均与体积计算公式，即可计算出矿量及平均品位。这种方法最大的缺点有两个：

（1）精度差，简单地利用两个断面的品位加权平均替代之间块段的品位，没有考虑成矿过程中品位变化规律；

（2）计算工作量大，圈矿指标变化后，需从头再来，重新圈定矿体，费时费力。

另外需要说明的一点是，传统的储量计算方法已经不适用于市场经济。在该方法中，圈矿指标（边界品位）是固定的，而在市场经济条件下，边界品位是随着矿产品的价格、选矿工艺水平的变化而变化的，每一次边界品位的变化必将引起矿体相态与矿量的变化，显然传统断面法在矿体更新环节显得非常低效。在本书中，将为读者介绍矿山地质方面的最新理论与方法——三维地质信息处理及储量估算。其包括三维地质数据模型的建立与分析，矿床离散化建模，三维空间的品位插值方法，以及新的资源储量分类方法。

2.2　地质数据分析处理

2.2.1　地质数据库

矿床地质数据主要指矿山地质勘探、矿床开采过程中进行的各种探矿工程数据等原始地质数据，如钻孔工程数据、探槽工程数据、坑道工程数据、物化探数据等，和勘探线剖面图、中段平面图等经过地质人员解译后得到的图形地质数据。地质数据是矿床三维建模的数据基础，对地质数据的管理方式以及数据的三维可视化研究将直接关系到三维矿体建模与储量估算的准确性和便捷性。虽然原始地质数据来源有多种，但这些数据中最主要且最具有代表性的一种数据是钻孔工程数据。其他类型的地质数据经过相应的计算和转换后均可以抽象为钻孔数据。因此，地质数据库存储与管理的核心是钻孔数据的存储与管理[1]。

地质数据库主要用于存储矿床地质特征的基础资料，这些基础资料提供的信息有：

（1）矿体数量、埋藏条件、空间位置及相互关系、矿体规模、形态、产状、厚度及矿体纵横变化；矿体顶底板围岩的岩性及变化情况；矿体中夹层的性质及其分布。

（2）矿石主要有用组分的种类、含量、赋存状态和分布规律，以及沿矿体走向、倾向、厚度方向变化情况；有的矿种还应计算出品位频率直方图、品位分布概率模型、品位的均值、方差及标准差、95%置信水平的置信限、反映品位空间相关性及各向异性的变异函数模型等。

钻孔的地质属性包括岩心提取率、元素的品位、岩性、节理个数及岩石力学参数等。当钻孔的空间轨迹确定以后，样品段的起点和终点坐标可以根据样品段的起点、终点的取样深度和钻孔的空间轨迹曲线计算出来。这样，以取样长度为区间，钻孔轨迹被划分成一系列的直线段。对应样品段的属性信息将作为一条属性添加到数据库中。钻孔信息的数据存储形式如表 2-1~表 2-3 所示。

表 2-1　开口信息表数据结构及内容

字段名	类型	是否强制字段	备　注
钻孔名称	字符	是	（1）字段顺序并无严格要求，这样组织比较符合习惯；
孔口东坐标	数值	是	
孔口北坐标	数值	是	（2）数据表中除了这些字段外，还可添加其他字段，如开孔和终孔时间、钻孔类型（钻探或坑探等）等
孔口标高	数值	是	
孔深	数值	是	
勘探线号	字符	否	

表 2-2　测斜信息表数据结构及内容

字段名	类型	是否强制字段	备　注
钻孔名称	字符	是	（1）录入信息时，此处的钻孔名称必须与开口信息表一致；
测点深度	数值	是	
方位角	数值	是	（2）倾角定义水平面为 0 度，向下为负角，向上为正角
倾角	数值	是	

表 2-3　化验表数据结构及内容

字段名	类型	是否强制字段	备　注
钻孔名称	字符	是	
样品编号	字符	否	（1）元素品位字段的数量根据所研究矿床所含有的元素的情况而定；
起点深度	数值	是	
终点深度	数值	是	
元素 1 品位	数值	是	（2）数据表中除了这些字段外，还可添加其他用户自定义字段，如样长、岩性编号、RQD 等
元素 2 品位	数值	否	
体重	数值	否	

2.2.2 钻孔的空间轨迹计算与可视化显示

2.2.2.1 空间轨迹计算

钻孔在钻进过程中受岩层倾向、岩石硬度、钻进方向和钻头承受压力等诸多因素影响，钻进轨迹实际是一条变化连续的复杂空间曲线，如图2-1所示。

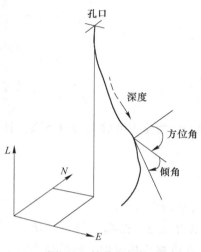

图 2-1　钻孔空间轨迹

钻孔空间轨迹的计算对于确定所控矿体空间位置十分重要。如果要将钻孔空间轨迹精确地绘制出来，必须连续测出钻孔不同深度处方位角和倾角。在实际应用当中，通常使用测斜仪按照一定的深度间距测量数个不同深度处的方位角和倾角，然后根据各种钻孔轨迹数学模型计算连续的空间折线来近似地逼近钻孔轨迹曲线。在地质勘探工作中常用的钻孔轨迹数学模型有均角全距法、全角半距法和最小曲率法等。计算时，钻孔地理坐标中的东坐标、北坐标和高程分别对应笛卡尔坐标系中的 x 坐标、y 坐标和 z 坐标，孔口坐标 x_0、y_0、z_0 为已知值。

（1）均角全距法。均角全距法是将上、下两测点间的钻孔轨迹线视为直线段，将两测点之间的测程作为长度参数，两测点的方位角平均值和倾角平均值作为角度参数进行计算，测点空间坐标计算公式如下：

$$\begin{cases} x_i = x_{i-1} + L_i \sin \dfrac{\alpha_i + \alpha_{i-1}}{2} \cos \dfrac{\beta_i + \beta_{i-1}}{2} \\[2mm] y_i = y_{i-1} + L_i \cos \dfrac{\alpha_i + \alpha_{i-1}}{2} \cos \dfrac{\beta_i + \beta_{i-1}}{2} \\[2mm] z_i = z_{i-1} + L_i \sin \dfrac{\beta_i + \beta_{i-1}}{2} \end{cases} \qquad (2\text{-}1)$$

式中，i 为测点序号；L_i 为第 i 测点与第 $i-1$ 测点之间的深度差；α 为第 i 测点方位角，rad；β 为第 i 测点倾角，rad。

（2）全角半距法。全角半距法是将测点上、下相邻的测程各一半长度的钻孔轨迹线视为直线段，将测程的一半作为长度参数，上下测点的孔斜值作为角度参数参进行计算，测点空间坐标计算公式如下：

$$\begin{cases} x_i = x_{i-1} + \dfrac{L_i}{2}(\sin\alpha_{i-1}\cos\beta_{i-1} + \sin\alpha_i\cos\beta_i) \\[2mm] y_i = y_{i-1} + \dfrac{L_i}{2}(\cos\alpha_{i-1}\cos\beta_{i-1} + \cos\alpha_i\cos\beta_i) \\[2mm] z_i = z_{i-1} + \dfrac{L_i}{2}(\sin\beta_{i-1} + \sin\beta_i) \end{cases} \qquad (2\text{-}2)$$

（3）最小曲率法。最小曲率法将两个测点间的钻孔轨迹线视为圆弧段，并且具有最小曲率，圆弧两端与上、下两个测点处的钻孔轨迹线相切。根据该模型，测点空间坐标计算公式如下：

$$\begin{cases} x_i = x_{i-1} + \dfrac{L_i K_s}{2}(\sin\alpha_{i-1}\cos\beta_{i-1} + \sin\alpha_i\cos\beta_i) \\ y_i = y_{i-1} + \dfrac{L_i K_s}{2}(\cos\alpha_{i-1}\cos\beta_{i-1} + \cos\alpha_i\cos\beta_i) \\ z_i = z_{i-1} + \dfrac{L_i K_s}{2}(\sin\beta_{i-1} + \sin\beta_i) \end{cases} \tag{2-3}$$

式中，K_s 为修正系数或圆滑系数，计算公式如下：

$$K_s = \frac{\tan\dfrac{\gamma}{2}}{\gamma} \tag{2-4}$$

式中，γ 为全弯角。

2.2.2.2　钻孔可视化显示

在可视化技术中，将数值表现为不同颜色、不同图形或者不同纹理等，可以很容易地将数据信息反映出来。对于钻孔品位信息来说，可以根据品位值的高低，用不同的颜色段显示样品，或者将品位值用直方图或高低线显示在钻孔轨迹线的一侧，并且可以将数值大小用文字显示在图形附近。如图 2-2 所示，为某矿钻孔空间轨迹和品位值直方图显示。

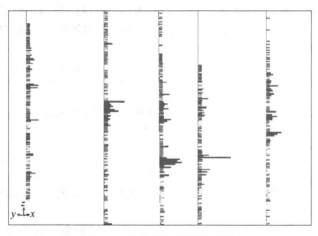

图 2-2　钻孔属性可视化表示

2.2.3　地质数据预处理

2.2.3.1　样品组合

勘探区域的基本地质数据均来源于所有钻孔的定性描述及其取样化验结果，其中包括岩心长度、岩性、颜色、硬度、品位等主要物理特性数据。从探矿钻孔中所取的岩心是圈定矿体、品位计算及储量估计的主要依据。钻孔一般按照一定的网度分布在一些相互平行的勘探线上。在钻孔工程中，每钻一定深度（一般 3m 左右）将岩心取出，做好标记后地质人员对其进行检验观测。但在利用这些岩心样品进行品位估计、储量计算之前，需先对这些样品数据进行组合处理，即将几个相邻的样品组合为一个组合样品，并求出组合样品的品位。当矿岩界限分明，且在矿石段内垂直方向上品位变化不大时，常采用矿段组合法，此时组合样品的品位 $\bar{x}$ 是组合段内各样品品位的加权平均值，计算公式为

$$\bar{x} = \frac{\sum\limits_{i=1}^{n} l_i x_i}{\sum\limits_{i=1}^{n} l_i} \tag{2-5}$$

式中，l_i 为第 i 个样品的长度；x_i 为第 i 个样品的品位；n 为矿石段内样品的个数。如图 2-3 所示。

如果各个样品之间的比重相差较大，则可采用重量加权法。如果对矿床拟进行露天开采，此时采用台阶样品组合法则更具有实际意义。台阶样品组合指的是将一个台阶高度内的样品组合成为一个组合样品。用 $\bar{y}$ 表示台阶组合样品的品位，计算公式为

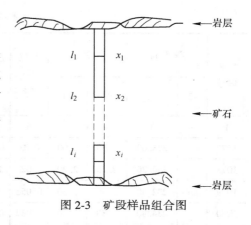

图 2-3 矿段样品组合图

$$\bar{y} = \frac{\sum\limits_{j=1}^{m} l_j y_j}{H} \tag{2-6}$$

式中，H 为台阶高度。如果某一个样品跨越了台阶分界线，那么样品的长度则取落于本台阶内的那部分长度，并且该样品的品位值不变。

2.2.3.2 特高品位样品处理

特高品位样品指矿床中那些比平均品位高出许多倍的少数矿样。特高品位数值视具体的工业指标而定。这种矿样一般出现在矿化很不均匀的个别富矿地段中。因为品位特高，使得矿体某一部分的平均品位计算结果剧烈增高，有用组分储量也大大超过实际储量。为了在储量计算时能够比较准确地反映出实际储量，缩小它对矿床平均品位计算的干扰，因此，通常需要采用一定的方法对其处理，这种处理工作称为特高品位处理。以下介绍两种在特高品位处理时较常用的方法：

（1）删除处理。在计算平均品位时，删除特高品位样品，使该样品品位值不参与计算。

（2）代值处理：

1）以正常样品的上限值代替特高品位样品；

2）删除特高品位样品后的平均品位代替特高品位样品或以包括特高品位在内的平均值代替特高品位。

（3）删除特高品位及过低部分的品位求平均值，以此代替特高品位。

（4）用特高品位相邻的两侧样品或包括特高品位在内的三个连续样品平均值代替特高品位样品。

（5）用特高品位下限值代替特高品位样品。

必须指明的是：在对极值样品进行处理时应非常谨慎，极值样品虽然在数量上占样品总数的比例很小，但由于其品位很高，所以对矿石的总体品位及金属量的贡献值都很大。因此，不加分析地进行降值或删除处理会严重歪曲矿床的实际品位及金属含量，且降低了矿床的开采价值。对钻孔数据进行样品组合及特高品位处理工作，是地质数据预处理中非常重要的环节。在每个样品具有相同体积（支持体）的基础上所作的诸如品位估计等分析计算的结果才有意义，而且减少了样品总数，节约了计算机的存储空间和运算时间，另外也减少了特高品位的影响，使样品的统计分布结果更加精确可靠。表 2-4 为钼矿一钻孔的样品组合结果。

表 2-4　钻孔样品组合结果

样品编号	深度/m		长度/m		品位（Mo）/%	积数/%	圈定厚度/m	积数总和	矿段平均品位/%	矿段采取率/%	矿石组别	矿石类型	备注
	自	至	样品	矿心									
1	2	3	4	5	6	7	8	9	10	11	12	13	14
JD77		228.00	2.00	2.00	0.03	0.060							石英岩
JD78		230.20	2.20	2.20	0.028	0.062	8.80	0.324	0.037	100%	表外		石英岩
JD79		232.50	2.30	2.30	0.056	0.129							石英岩
JD80		234.80	2.30	2.30	0.032	0.074							石英岩
JD81		236.50	1.70	1.70	0.028	0.048							石英岩
JD82		238.80	2.30	2.30	0.029	0.067	6.60	0.190	0.029	100%	夹石		石英岩
JD83		241.40	2.60	2.60	0.029	0.075							石英岩
JD84		242.82	1.42	1.42	0.071	0.101							石英岩
JD85		244.80	1.98	1.98	0.033	0.065							云英岩
JD86		246.20	1.40	1.40	0.21	0.294							云英岩
JD87		248.50	2.30	2.30	0.15	0.345							云英岩
JD88		251.00	2.50	2.50	0.027	0.068	24.40	1.748	0.072	100%	表内		云英岩
JD89		252.70	1.70	1.70	0.065	0.110							云英岩
JD90		253.90	1.20	1.20	0.042	0.050							云英岩
JD91		255.70	1.80	1.80	0.19	0.342							云英岩
JD92		257.35	1.65	1.65	0.015	0.025							云英岩

2.2.4　地质数据分析

对地质数据进行处理之后，做一些统计学分析，可以了解很多有关矿床的有用信息，主要包括：

（1）掌握品位的统计分布规律和特征值，选择合适的品位估算方法；

（2）确定品位的变化程度；

（3）分析样品是否属于不同的样本空间，初步确定矿床的成矿规律；

（4）依据品位的分布规律，初步估计矿床的平均品位与确定边界品位下的资源储量与矿床平均品位。

常见的地质数据分析方法有频率分布直方图、P-P 图和 Q-Q 图、散点图、变异性分析等。

2.2.4.1　频率分布直方图

任何一组数据都可以分为多个级别，并且可以计算每个等级内数据的个数。对于一个变量按照测量范围进行等宽度分级，统计数据落入各个级别中的个数或占总数据的百分比，这一组频率值组成频率分布，其图形即为直方图。直方图可以直观地反映数据分布特征、总体规律，如平均值、方差、变异性、偏度、峰度等，也可以用来检验数据分布形式和寻找数据特异值。

如图 2-4 所示，为某矿山 TFe 含量的直方图，从图中可以看出 TFe 含量大致服从正态分布。直方图级别数量要根据数据个数和数据值的范围来确定。通常情况下，数据个数越少所需级别的数量也越少，才能更好地表示数据。相同的区间宽度确保每个条带的面积与该级别的频率成正比。

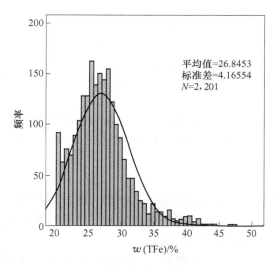

图 2-4　TFe 含量直方图

2.2.4.2　P-P 图和 Q-Q 图

P-P（probability-probability）图是根据变量的累积概率与指定分布的累积概率之间的关系所绘制的图形。通过 P-P 图可以检验数据是否符合指定的分布。当数据符合指定分布时，P-P 图中各点近似线性。如果 P-P 图中各点不呈线性，但有一定规律，可以对变量数据进行转换，使转换后的数据更接近指定分布。

P-P 图的绘制使用指定模型的理论累积分布函数 $F(x)$，样本数据值从小到大表示为 x_1，x_2，$\cdots$，x_n。P-P 图即为 $F(x_i)$ 比上 $\left(i - \dfrac{1}{2}\right)/n$，$i = 1$，$2$，$\cdots$，$n$。

Q-Q（quantile-quantile）图同样用于检验数据是否服从指定的分布形式，区别是，Q-Q图是用变量数据分布的分位数与所指定分布的分位数之间的关系曲线来进行检验的。如果有个别数据点偏离直线太多，那么这些数据点可能是一些异常点，应对其进行检查。

Q-Q 图的绘制同样使用指定模型的理论累积分布函数 $F(x)$，样本数据值从小到大表示为 x_1，x_2，$\cdots$，x_n。Q-Q 图即为 x_i 比上 $F^{-1}[(i-\frac{1}{2})/n]$，$i=1$，$2$，$\cdots$，$n$。

P-P 图和 Q-Q 图的用途相同，只是在检验方法上存在差异。图 2-5 所示为 P-P 图和 Q-Q图的例子，可以看出 TFe 含量服从正态分布。

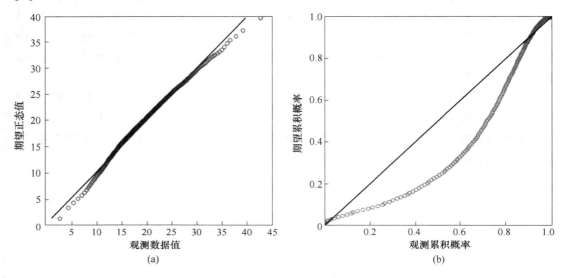

图 2-5　检验正态分布的 Q-Q 图和 P-P 图
（a）SFe 含量正态 Q-Q 图；（b）Cu 含量正态 P-P 图

2.2.4.3　散点图

散点图是表示两个变量之间关系的图，又称相关图。用于分析两组数据值之间相关关系，它有直观简便的优点。通过散点图对数据的相关性进行直观的观察，不但可以得到定性的结论，而且可以通过观察剔除异常数据。

如图 2-6 所示，图（a）表明 X 和 Y 之间为完全线性相关关系，X 增大时，Y 也显著增大，此时为正相关；若 X 增大时，Y 却显著减小，则为负相关。图（b）表明 X 和 Y 之间存在一定的线性相关性。图（c）表明 X 和 Y 之间存在相关关系，但这种关系比较复杂，是曲线相关，而不是线性相关。图（d）表明 X 和 Y 之间不相关，X 变化对 Y 没有什么影响。

2.2.4.4　变异性分析

在矿区范围内，矿点与矿点间的品位具有差异，这种差异性与两样品间的距离有关，距离越远，差异性越大；距离越近，差异性越小。记录矿点品位的这种差异性，一般采用变异函数来分析，通过计算不同滞后距情况下的变异函数值，来描述矿体品位的变异性，如图 2-7 所示。当两样品间的距离小于变程时，变异函数值随着滞后距的增大而增大，超

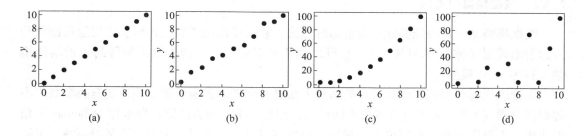

图 2-6 散点图类型

（a）完全线性相关；（b）线性相关；（c）非线性相关；（d）不相关

过变程后，变异函数值不再变化；块金值反映了变异函数在原点的跳跃性，说明在同一处取样，由于测量误差或矿化的不均匀性，导致样品品位具有差异。在实际应用中，我们一般先计算实验变异函数，再通过函数拟合出理论变异函数。变异函数反映了矿化的规律，利用该规律对矿体品位进行估值，精确性更高。

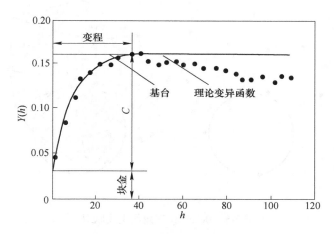

图 2-7 变异函数图及其组成

2.3 矿床可视化模型

矿床可视化模型包括线框模型和块段模型，线框模型在模拟矿体边界形态上具有不可比拟的优势，但它不能反映矿体内部的信息；块段模型可以存储矿体内部信息，是矿床品位推估及储量计算的基础，但在模拟矿床边界上精确度不高。因此，通常情况下，可以根据八叉树法将三维体的空间几何模型按照一定的尺寸划分为众多的立方体网格，采用块段模型与线框模型边界套合的方法，并基于变块技术使得实体边界处的网格的大小自动进行细分，以确保划分网格后的模型能够真实地反映岩体的几何形态。块段模型单元块内存储各种信息，如品位、岩性、密度等，块段模型中单元块的品位信息可利用空间插值方法赋值。

2.3.1   线框模型的建模

线框模型是一种表现实体表面形态的方法，它既可以用于表现地形、岩层层位面等开放的表面模型（称为 DTM 模型），也可以用于表现矿体、不同岩性区域等封闭的实体模型（称为 3DM 模型）。

无论表现哪种模型，线框模型的构建方法是相同的。目前普遍采用的线框模型是用不规则三角网（TIN）来逼近实体的表面形态，而生成 TIN 的方法则主要采用 Delaunay 三角形连法。不规则三角形网模型由不规则三角形网组成，三角形的节点主要从等高线或离散高程测量点中链结而成。TIN 模型的主要优点是保留了地形特征点和特征线，精度比较高。

Delaunay 三角形连法的主要原理是：由随机分布在空间不同位置的数据点连接三角形，而每一个三角形的外接圆不会覆盖除构成该三角形 3 个顶点之外的其他任意点，如图 2-8 所示。

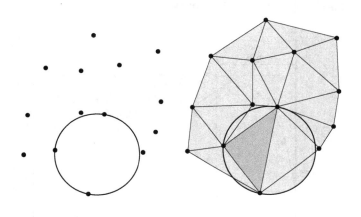

图 2-8   Delaunay 三角网生成原理

这种连法具有以下优点：形成的三角形接近等角三角形，这样可以尽量减少由于数据精度而导致的问题；可以保证所形成的表面上的每个点都尽量接近已有的样品点；三角网形成与样品点的处理顺序无关。

除此之外，在建模中还广泛用到八叉树码，主要用来解决地学信息系统中的三维问题。八叉树结构就是将空间区域不断地分解为八个同样大小的子区域（即将一个六面的立方体再分解为八个相同大小的小立方体），分解的次数越多，子区域就越小，一直到同一区域的属性单一为止。它用层次式的三维子区域划分来代替大小相等、规则排列的三维栅格来表示矿体。其主要优点是对任何形状的目标，规则的或是不规则的，都能够通过对子目标进行多次分解而将目标表示得足够精确。Morton 码只存储实叶结点的地址码和属性值，这样减少了内存空间。在矿山领域中，建立线框模型时，采用的数据大部分来自地质勘探平、剖面图及地质地形图。

2.3.2　块段模型的建立

2.3.2.1　块段模型的表示

块段模型实质上是一组离散单元块，可以表示为固定数组，每个数组记录单元块中心点坐标、单元块三个方向的尺寸以及单元块属性，这种块段模型表示方式数据存储量大，检索速度慢。因此，选择八叉树表示块段模型。八叉树是由四叉树结构推广到三维空间而形成的一种三维栅格数据结构，其树形的结构在空间分解上具有很强的优势。在八叉树的树形结构中，根结点表示一个包含整个目标的长方体，如果目标包含整个长方体，则不再分解；反之要分成八个大小相同的子长方体，对于每一个这样的长方体，如果目标包含它或它与目标无关，则不再分解，否则继续将其分成八个更小的长方体。检查每个子长方体是否被目标占据，分三种情况，如图2-9所示：（1）全部充满（F型，黑色表示）；（2）空（E型，白色表示）；（3）部分充满（P型，黑色表示）。递归细分的过程可以用一棵树表示，其中部分充满的象限作为中间节点，而充满和空的象限都为叶节点。

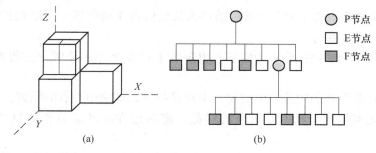

图2-9　八叉树表示法

（a）八叉树目标；（b）八叉树结构

按此规则一直分解到不再需要分解或达到规定的层次为止，如图2-10所示为其四叉树表示的矿体边界处细分的形式。

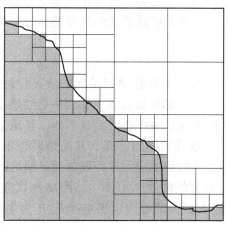

图2-10　边界处单元块细分

八叉树编码能够以不同层次的单元块索引空间属性数据，可以加快块段模型属性的检索并减小额外计算量。此外，不同的块尺寸能够较为精确地表示矿体形态和边界特征。八叉树的层次结构、递归细分等特点还能够提高块段模型建模的运算速度。

2.3.2.2　块段模型的建立

矿体块段模型的建立分为两步，首先根据矿化的范围，确定块段的起点坐标、延伸长度、块尺寸、细分块尺寸等参数，建立一个大块；然后根据矿体边界（线框模型或边界品位）进行约束，得到矿体块段模型。

2.4　块段品位估算

矿石品位是储量估算中重要的参数之一。在空间中，块段品位插值的主要方法有最近样品法、距离 N 次方反比法、地质统计学法。

2.4.1　最近样品法

最近样品法是将距离单元矿块最近的样品品位值直接视作该单元矿块的品位估计值。最近样品法的一般步骤为：

（1）以被估单元矿块的中心为圆心，以影响半径 R 为半径作圆（三维状态下为椭球体）；

（2）分别计算出在影响范围内的每一个样品与单元矿块中心点的距离；

（3）确定距离单元矿块中心最近的样品，将最近样品的品位作为被估单元矿块的品位。

但需指出的是：当没有样品落入影响范围内时，被估单元矿块的品位是无法估计的。在此种情况下，该单元矿块的品位一般取为 0，即将该矿块当作废石处理。但在实际开采工作中，根据作业情况有迹象表明该单元矿块所处的区域可能存在着矿石，那么此单元矿块的出现则意味着该区域的数据量不够充分，需要增加钻孔来确定其品位与矿量。

求出矿床中所有单元矿块的品位之后，将品位大于边界品位的单元矿块设定为矿体。矿石量及矿石平均品位可由矿石单元矿块重量的积分及品位的均值求得。

2.4.2　距离幂次反比法

在最近样品法中，每次只有一个样品参与单元矿块品位的估值，但估值结果精度不高，若将落入影响范围内的样品全部参与估值，那么估值结果会更加精确。这即是距离 N 次方反比法的初衷。各样品距单元矿块中心的距离不同，其品位对单元矿块的影响程度也不尽相同，距离单元矿块中心越近的样品，那么其品位对该单元矿块品位的影响也就越大。所以距离单元矿块近的样品的权值应大于距离单元矿块远的样品的权值。设定权值为样品到单元矿块中心距离 N 次方的倒数（ $1/d^N$ ）。距离 N 次方反比法的一般步骤如下：

（1）以被估单元矿块的中心为圆心，以影响半径 R 为半径作圆（三维状态下为球体），如图 2-11 所示；

（2）分别计算出在影响范围内的每一个样品与单元矿块中心点的距离；

（3）设单元矿块的品位为 $\bar{x}$ ，其计算公式为

$$\bar{x} = \frac{\sum\limits_{i=1}^{n} \dfrac{x_i}{d_i^N}}{\sum\limits_{i=1}^{n} \dfrac{1}{d_i^N}} \qquad (2\text{-}7)$$

式中，x_i 为落入影响范围的第 i 个样品的品位；d_i 为第 i 个样品到单元矿块中心的距离。

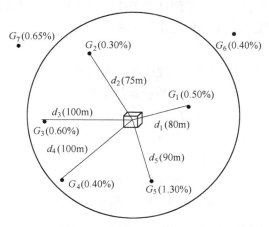

图 2-11　距离 N 次方反比法

在实际应用中，有时将设定一个角度 α（一般设为 15°左右），当一个样品与被估单元矿块中心的连线和另一个样品与被估单元矿块中心的连线之间的夹角小于 α 时，距离单元矿块较远的样品将不参与单元矿块的估值运算。如果没有样品落入影响范围内，单元矿块的品位则为 0。根据不同的矿床情况，指数 N 应取不同的值。对于品位变化相对较小的矿床而言，N 取值也应较小；而对于品位变化较大的矿床，N 取值也应较大。例如对于铁、镁等品位变化较小的矿床，N 一般取 2；对于贵重金属（如黄金）矿床，N 一般取值大于 2，有时甚至可高达 4 或 5。如果在矿床中存在着区域异性，品位随着区域的变化而变化，那么则需要在不同区域内取不同的 N 值进行品位估算，并且一个区域内的样品一般不参与另一个区域单元矿块品位的估值运算。

2.4.3　地质统计学法

地质统计学是 20 世纪 60 年代初期出现的一个新兴应用数学分支，南非的 Danie Krige 在金矿品位估算实践中提出了地质统计学的基本思想，后经过法国 Georges Matheron 的数学加工，形成了一套完整的理论体系。地质统计学不仅用于矿床的品位估算，而且也可用在其他领域进行与位置相关的参数变化规律研究及参数估计。

2.4.3.1　地质统计学的若干基本假设及概念

A　区域化变量

传统统计学中的样品是从一个未知的样品空间中随机选取的，因此这些样品是相互独立的。但是在矿床勘探取样实践中，相互独立的钻孔样品几乎是不存在的。因为当样品在空间中相距很近时，各个样品间存在着较强的相似性，但是当样品相距甚远时，样品之间的相似性则将减弱乃至不复存在。这种现象就说明了各个样品间存在着某种联系，这种联系的强弱与样品在空间的相对位置有关。基于此，"区域化变量"理论则应运而生。

以空间一点为中心获取一个样品，若该样品的特征值 $g(X)$ 与该点的空间位置 X 相关，并且是空间位置 X 的实函数，那么变量 $g(X)$ 即为一个区域化变量。这种变量既可以表示矿体厚度的变化、地下水位的高低，又可表示井下空气含尘量的状况、矿床的品位分布等。区域化变量的概念是整个地质统计学理论体系的核心。矿床的地质构造及矿化作用是控制矿床品位这一区域化变量变化规律的因素。

B　协变异函数

协变异函数是描述区域化变量变化规律的基本函数。

若两个随机变量 X_1 与 X_2 相关，由传统统计学知

X_1 与 X_2 的协方差 $\sigma(X_1, X_2)$ 为

$$\sigma(X_1, X_2) = E[X_1 - E(X_1)][X_2 - E(X_2)] \tag{2-8}$$

X_1 与 X_2 的方差 $\sigma_{1_1}^2$ 和 σ_2^2 分别为

$$\sigma_1^2 = E[(X_1 - E(X_1))^2] \tag{2-9}$$

$$\sigma_2^2 = E[(X_2 - E(X_2))^2] \tag{2-10}$$

X_1 与 X_2 的相关系数 ρ_{12} 为

$$\rho_{12} = \frac{\sigma(X_1, X_2)}{\sigma_1 \sigma_2} \tag{2-11}$$

当随机变量 X_1 与 X_2 相互独立时，协方差 $\sigma(X_1, X_2)$ 与相关系数 ρ_{12} 均等于零。当随机变量 X_1 与 X_2 完全相关时，相关系数 ρ_{12} 等于 1 或-1。

将上述传统统计学的理论加以应用及延伸至采矿作业中，设样品所属的矿床区域为 Ω（即样本空间），区域化变量 $g(X)$ 则是在矿床区域 Ω 中的随机变量，X 表示样品在该区域内的空间位置。在区域 Ω 中任取两点，将该两点之间的距离设为 h，那么根据区域化变量定义，区域中这两点所对应的在该空间位置处的某种函数值即可表示为 $g(X)$ 和 $g(X + h)$。

参照传统统计学，随机变量 $g(X)$ 与 $g(X + h)$ 的协方差用 $C(g(X), g(X + h))$ 表示，此外且令 $C(h)$ 为区域化变量在 Ω 中的协变异函数。其数学表达式为

$$C(g(X), g(X + h)) = E[g(X) - E[g(X)]][g(X + h) - E[g(X + h)]] = C(h) \tag{2-12}$$

由上述概念知，对于任意矿床，均可计算出协变异函数 $C(h)$，但预利用协变异函数 $C(h)$ 对矿床区域 Ω 中的单元矿块品位进行估值计算，首先需判断是否满足平稳假设，若满足假设条件才可继续进行下一步品位估算。

C　二阶平稳假设

在数学上，平稳一词是指函数变化的均匀性。若随机函数 $g(X)$ 的空间变化规律不因位置平移（$g(X + h)$）而改变，即 $g(X) = g(X + h)$，那么 $g(X)$ 则被称作是平稳的。设 $g(X)$ 表示参与计算的样品 X 的品位值，$E[g(X)]$ 表示样品品位的数学期望。在地质统计学中，平稳假设规定：

（1）在研究区域范围内，不论样品 X 的位置如何，其品位值的数学期望 $E[g(X)]$ 都

存在且恒为一个常数 μ；

$$E[g(X)] = \mu \tag{2-13}$$

（2）在研究区域范围内，协变异函数 $C(h)$ 与样品 X 的空间位置无关，只与样品之间的距离 h 有关。其数学表达式为

$$C(h) = E[(g(X) - \mu)(g(X + h) - \mu)] \tag{2-14}$$

D   内蕴假设（弱二阶平稳性假设）

二阶平稳假设考虑的是区域化变量 $g(X)$ 自身的性质，内蕴假设则只研究区域化变量 $g(X)$ 的增量 $[g(X + h) - g(X)]$ 的性质。当区域化变量 $g(X)$ 满足下述两个性质时，则称它是内蕴的。在地质统计学中，内蕴假设规定如下：

（1）在研究区域范围内，区域化变量 $g(X)$ 的增量的数学期望值存在且均相等。即

$$E[g(X + h) - g(X)] = 0 \tag{2-15}$$

（2）在研究区域范围内，区域化变量 $g(X)$ 的增量的方差存在且均相等。即

$$\gamma(h) = \frac{1}{2}E[(g(X + h) - g(X))^2] \tag{2-16}$$

内蕴假设包含在二阶平稳假设中，内蕴假设是二阶平稳假设的一种特例。

E   块金效应

当所取两个样品之间距离为零时（$h = 0$），原本理应取值相同的区域化变量 $g(X)$ 与 $g(X + h)$ 在实际中取值却不同。这是由于矿化作用的变化取样以及化验过程中存在着误差，所以在同一位置处不可能取得两个完全相同的样品，由此半变异函数在原点附近实际上不等于零的这种现象即称为块金效应，用块金值 C_0 表示，块金效应说明了矿床品位变化的随机性。

2.4.3.2   半变异函数及结构分析

A   半变异函数的定义

半变异函数是用于描述区域化变量 $g(X)$ 变化规律的另一个更具实用性的函数。半变异函数的数学表达式为

$$\gamma(h) = \frac{1}{2}E[(g(X) - g(X + h))^2] \tag{2-17}$$

若满足二阶稳定性假设，半变异函数与协变异函数之间存在以下关系：

$$\gamma(h) = \frac{1}{2}E[(g(X) - g(X + h))^2]$$

$$= \frac{1}{2}E[((g(X) - \mu) - (g(X + h) - \mu))^2]$$

$$= \frac{1}{2}E[(g(X) - \mu)^2] + \frac{1}{2}E[(g(X + h) - \mu)^2] - E[(g(X) - \mu)(g(x + h) - \mu)]$$

$$= \frac{1}{2}\sigma_1^2 + \frac{1}{2}\sigma_2^2 - \sigma(h)$$

$$= \sigma^2 - \sigma(h) = C(0) - C(h) \tag{2-18}$$

协变异函数与半变异函数的关系如图 2-12 所示。

B 实验半变异函数

由式（2-17）可知，变异函数为

$$\gamma(h) = \frac{1}{2}E\big[(g(x) - g(x + h))^2\big] \quad (2\text{-}19)$$

其估计量为

$$\gamma^*(h) = \frac{1}{2}\text{mean}\big[(g^*(x) - g^*(x + h))^2\big] \quad (2\text{-}20)$$

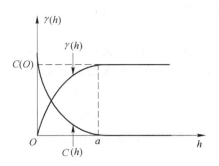

图 2-12　协变异函数与半变异函数的关系

式中，$g^*(x)$ 和 $g^*(x + h)$ 分别为向量 $\boldsymbol{h}$ 分隔的两个位置上 g 的真实值。对于一组观测数据 $g^*(x_i)$，$i = 1$，2，$\cdots$，n，计算公式为

$$\gamma^*(h) = \frac{1}{2N(h)}\sum_{i=1}^{N(h)}\big[g^*(x_i) - g^*(x_i + h)\big]^2 \quad (2\text{-}21)$$

式中，向量 $\boldsymbol{h}$ 为滞后距；$N(h)$ 为由滞后距 h 分隔的点对数目；$g^*(x_i)$ 和 $g^*(x_i + h)$ 分别为向量分隔的点对的底部值和顶部值。通过改变滞后距 h 可以得到一组函数值，构成实验变异函数。

　　通常样品数据是不规则地分布在空间的，每一对样品之间都可能是一个唯一的 h，解决方法是采用分布于某个方向一定范围内的样品参与进行该方向的变异函数计算。因此在计算时需使用容差距离和容差角度，并限制搜索条带的水平和垂直宽度[9]。

　　如图 2-13 所示，为点对搜索的二维示意图。凡是距离在滞后距加减容差距离范围内，方向与该方向夹角为容差角范围内，即图中两条圆弧之间的区域内的数据点均参与该方向变异函数的计算。

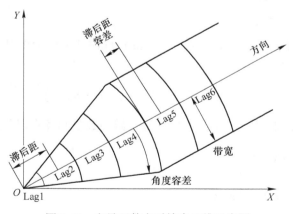

图 2-13　变异函数点对搜索二维示意图

　　在三维环境下，全向变异函数的点对搜索需要指定 90°的方位角容差、倾角容差和垂直带宽，如图 2-14(a)所示。指定某个方向的变异函数的点对搜索为在全向搜索策略的基础上增加方位角和方位角容差参数，如图 2-14(c)所示。

　　对于三维空间某个方向的实验变异函数计算，设该方向的方位角为 azimuth，倾角为 dip，方位角容差和倾角容差分别为 atol 和 dtol；水平带宽为 bandwh，垂直带宽为 bandwv；

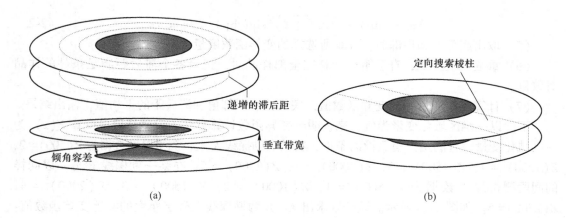

(a)

(b)

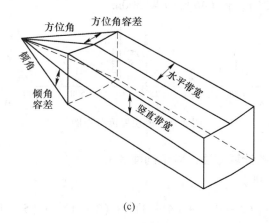

(c)

图 2-14 三维空间变异函数点对搜索

滞后距长度为 lag，滞后距容差为 lagtol，要计算的滞后距数目为 nlag。实验变异函数的计算步骤如下：

（1）取出一对样品，样品点坐标分别为 (x_1, y_1, z_1) 和 (x_2, y_2, z_2)，计算坐标增量，$\Delta x = x_1 - x_2$，$\Delta y = y_1 - y_2$，$\Delta z = z_1 - z_2$。

（2）计算两点之间的距离，$|h| = \sqrt{\Delta x^2 + \Delta y^2 + \Delta z^2}$，$|h|$ 要小于最大滞后距，$|h| < n\mathrm{lag} \cdot \mathrm{lag} + \mathrm{lagtol}$，同时判断其属于哪一个滞后距。

（3）判断分隔向量 h 的水平分量是否满足要求，即与指定的方向的水平夹角小于方位角容差，且长度小于水平带宽：

$$a\cos\left(\frac{\Delta x \sin(\mathrm{azimuth}) + \Delta y \cos(\mathrm{azimuth})}{\sqrt{\Delta x^2 + \Delta y^2}}\right) < \mathrm{atol} \tag{2-22}$$

$$\Delta y \sin(\mathrm{azimuth}) - \Delta x \cos(\mathrm{azimuth}) < \mathrm{bandwh} \tag{2-23}$$

（4）判断分隔向量 h 的垂直分量是否满足要求，即与指定的方向的垂直夹角小于倾角容差，且长度小于垂直带宽：

$$a\cos\left(\frac{\sqrt{\Delta x^2 + \Delta y^2}\cos(\mathrm{dip}) + \Delta z \sin(\mathrm{dip})}{|h|}\right) < \mathrm{dtol} \tag{2-24}$$

$$\Delta z \cos(\text{dip}) - \sqrt{\Delta x^2 + \Delta y^2} \sin(\text{dip}) < \text{bandwv} \tag{2-25}$$

（5）取出底部值和顶部值，计算所选择的变异函数度量值。

（6）重复以上步骤，直至循环计算完全部样品对，记录各个滞后距满足条件的样品对数目。

（7）计算各个滞后距的变异函数值，底部值、顶部值和滞后距的平均值，输出结果。

下面以一维区域化变量为例，来说明半变异函数计算方法。设砂层厚度变量 $Z(x)$ 为一区域化变量，且满足内蕴假设的条件，在某一勘探线 A 上，测得厚度数据为 $Z(500) = 2$，$Z(1000) = 4$，$Z(1500) = 3$，$Z(2000) = 1$，$Z(2500) = 5$；在某一勘探线 B 上，以同样的间距测得厚度数据为 $Z(500) = 1$，$Z(1000) = 2$，$Z(1500) = 3$，$Z(2000) = 4$，$Z(2500) = 5$。如图 2-15 所示。试分别求出 A、B 两勘探线上砂层厚度的实验变差函数值：$\gamma^*(h)$，$\gamma^*(2h)$，$\gamma^*(3h)$，$\gamma^*(4h)$，h 取 500m。

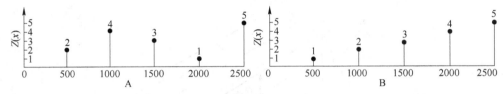

图 2-15　砂层厚度分布图

根据试验半变异函数计算方法，对于剖面 A 有

$$\gamma^*(h) = \gamma^*(500)$$
$$= \frac{1}{2 \times 4} [(2-4)^2 + (4-3)^2 + (3-1)^2 + (5-1)^2] = 3.13 \tag{2-26}$$

$$\gamma^*(2h) = \gamma^*(1000) = \frac{1}{2 \times 3}(1^2 + 3^2 + 2^2) = 2.33 \tag{2-27}$$

$$\gamma^*(3h) = \gamma^*(1500) = \frac{1}{2 \times 2}(1^2 + 1^2) = 0.50 \tag{2-28}$$

$$\gamma^*(4h) = \gamma^*(2000) = \frac{1}{2 \times 1} \times 3^2 = 4.50 \tag{2-29}$$

对于剖面 B 有

$$\begin{aligned} \gamma^*(h) &= 0.50 \\ \gamma^*(2h) &= 2.00 \\ \gamma^*(3h) &= 4.50 \\ \gamma^*(4h) &= 8.00 \end{aligned} \tag{2-30}$$

两个剖面的半变异函数如图 2-16 所示。

从图 2-16 可以看出，虽然两个剖面上，砂层厚度的平均值、方差都相等，但是半变异函数的变化却很不一样，说明二者的厚度分布在结构上存在很大的差异，而这是用传统的统计学方法所不能研究的。

C　理论半变异函数

变异函数是地质统计学的主要工具，前文所述的是实验变异函数的计算方法，只是对

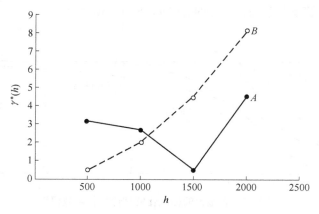

图 2-16 A、B 剖面半变异函数变化图

若干个离散的滞后距计算出了变异函数的估计值。要通过变异函数对区域化变量进行结构分析或者是进行地质统计学插值，还要根据这些离散的估计值用各种理论变异函数模型进行拟合，得到理论变异函数模型的块金、变程和基台等参数。

变异函数的理论模型分为有基台和无基台两大类，其中有基台的模型有球状模型、指数模型和高斯模型；无基台的模型有幂函数模型、对数函数模型、纯块金效应模型及空穴效应模型等。在矿床地质属性的结构分析中，常用的有球状模型、指数模型、高斯模型和幂函数模型。

（1）球状模型。数学表达式为三次多项式函数：

$$\gamma(h) = \begin{cases} 0 & h = 0 \\ C_0 + C\left(\dfrac{3h}{2a} + \dfrac{h^3}{2a^3}\right) & 0 < h \leqslant a \\ C_0 + C & h > a \end{cases} \tag{2-31}$$

式中，C_0 为块金值；$C_0 + C$ 为基台值；a 为变程值。

（2）指数模型。

$$\gamma(h) = \begin{cases} 0 & h = 0 \\ C_0 + C\left[1 - \exp\left(-\dfrac{h}{a}\right)\right] & h > 0 \end{cases} \tag{2-32}$$

（3）高斯模型。

$$\gamma(h) = \begin{cases} 0 & h = 0 \\ C_0 + C\left[1 - \exp\left(-\dfrac{h^2}{a^2}\right)\right] & h > 0 \end{cases} \tag{2-33}$$

有基台模型的函数曲线如图 2-17 所示，球状模型在变程处已经达到自身的基台值，而指数模型只是逐渐逼近其基台值。对于指数模型实际的变程可以取为 $3a$，因为 $h = 3a$ 时，$\gamma(h) = C(1 - e^{-3}) > 0.95C \approx C$。球状模型和指数模型之间的差别在于过原点的切线与其基台相交点的距离，见图 2-17，球状模型为实际变程的三分之二，指数模型为实际变程的三分之一，因此球状模型达到基台要比指数模型快。高斯模型也只能以渐进的方式达到基台，其实际的变程取为 $\sqrt{3}\,a$，此时，$\gamma(h) > 0.95C \approx C$。

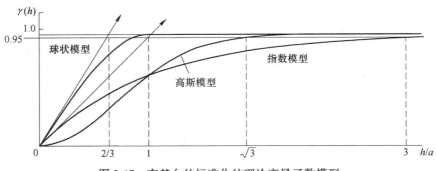

图 2-17　有基台的标准化的理论变异函数模型

（4）幂函数模型。

$$\gamma(h) = Ch^{\theta} \quad 0 < \theta < 2 \tag{2-34}$$

其函数曲线如图 2-18 所示，实践中常用的是线性模型 $\gamma(h) = Ch$。

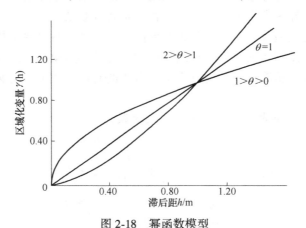

图 2-18　幂函数模型

变异函数的拟合通常采用人工拟合的方法，对于变异函数的自动拟合方法，许多学者进行了各种研究，取得了一定的成果。自动拟合方法主要包括加权最小二乘法、加权多项式回归法和线性规划法等。自动拟合方法对于经常有较多数量的变异函数要进行拟合的情况帮助较大，例如，气象卫星每隔一个或半个小时提供的卫星图片中的气象变量的变异函数。

人工拟合方法通过实验者根据变异函数的曲线图形去观察拟合程度，是一个反复实验的过程。该方法优于过程完全隐蔽的自动拟合方法，因为实验者可以根据自身的专业经验和其他地质信息等进行判断。根据离散的实验变异函数值进行人工拟合理论变异函数的步骤如下：

（1）绘制每个平均滞后距对应实验变异函数值的散点图，并标注点对数目。

（2）选择理论变异函数类型，确定参数 C_0、C 和 a。

（3）根据所确定变异函数模型计算不同滞后距的变异函数真实值，在散点图上绘制理论曲线。

（4）观察理论曲线与散点的拟合程度，如果任务合适则完成，否则重复步骤（2）到步骤（4）。

D 变异函数模型的套合

变异函数 $\gamma(h)$ 表示为矢量 h 的函数，h 的直角坐标为 (h_u, h_v, h_w)，球坐标为 $(|h|, \alpha, \varphi)$，α 和 φ 为矢量的经度和纬度。当变异函数只取决于 $|h|$，而与 α 和 φ 无关时，变异函数模型为"各向同性的"。此时随机函数 $g(x_u, x_v, x_w)$ 的变异性在空间的每个方向上都是相同的，此时有

$$\gamma(|h|, \alpha, \varphi) = \gamma(|h|), \quad \forall \alpha \text{ 和 } \varphi \tag{2-35}$$

因此，各向同性变异函数的套合模型为基本变异函数的和。对于球状模型，其二级套合模型为

$$\gamma(h) = \begin{cases} 0 & h = 0 \\ C_0 + C_1\left[\dfrac{3h}{2a_1} - \dfrac{1}{2}\left(\dfrac{h}{a_1}\right)^3\right] + C_2\left[\dfrac{3h}{2a_2} - \dfrac{1}{2}\left(\dfrac{h}{a_2}\right)^3\right] & 0 < h \leqslant a_1 \\ C_0 + C_2\left[\dfrac{3h}{2a_2} - \dfrac{1}{2}\left(\dfrac{h}{a_2}\right)^3\right] & a_1 < h \leqslant a_2 \\ C_0 + C_1 + C_2 & h > a_2 \end{cases} \tag{2-36}$$

式中，a_1 和 C_1 为短变程的变异函数参数；a_2 和 C_2 为长变程的变异函数参数。

当区域化变量的变异性在空间各个方向不一致时，就为"各向异性的"。此时变异函数与方向参数 α 和 φ 有关。各向异性模型又分为几何各向异性和带状各向异性。

对于几何各向异性模型，可以通过矢量 h 的线性变换，将其转换为各向同性，用各向同性模型表示各向异性，要进行套合的各个方向上模型的块金和基台值必须相同。

$$\gamma(h_u, h_v, h_w) = \gamma'\left(\sqrt{h_u'^2 + h_v'^2 + h_w'^2}\right) \tag{2-37}$$

式（2-37）左边为几何各向异性模型；右边为各向同性模型，该模型的变程等于最大变程。其中

$$h' = A \cdot h \tag{2-38}$$

式中，A 为坐标变换矩阵；h 和 h' 为两个坐标的列矩阵。

三维情况下的几何各向异性，变程的方向图是椭球状的，椭球概括了变异函数所反映出的结构的自相关性的方向和大小。可通过计算坐标变换矩阵 $[A]$，从而将各向异性简化为各向同性。

设原始坐标系为 XYZ，坐标变换矩阵的计算方法如下：

（1）校正方位角 ang1，如图 2-19 所示，将 XY 平面绕 Z 轴逆时针旋转角度 α，$\alpha = 90 - \text{ang1}$，原始坐标系统转换为 $X''Y'Z$，旋转矩阵记为 $R(\alpha)$：

$$R(\alpha) = \begin{bmatrix} \cos\alpha & \sin\alpha & 0 \\ -\sin\alpha & \cos\alpha & 0 \\ 0 & 0 & 1 \end{bmatrix} \tag{2-39}$$

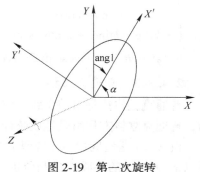

图 2-19 第一次旋转

（2）校正倾角 ang2，如图 2-20 所示，将 $X'Z$ 平面绕 Y' 轴逆时针旋转角度 β，$\beta =$ $-$ ang2，坐标系统从 $X'Y'Z$ 转换为 $X''Y'Z'$，旋转矩阵记为 $\boldsymbol{R}(\beta)$：

$$\boldsymbol{R}(\beta) = \begin{bmatrix} \cos\beta & 0 & -\sin\beta \\ 0 & 1 & 0 \\ \sin\beta & 0 & \cos\beta \end{bmatrix} \tag{2-40}$$

（3）校正倾伏角 ang3，如图 2-21 所示，将 $Y'Z'$ 平面绕 X'' 轴逆时针旋转角度 θ，$\theta =$ ang3，坐标系统从 $X''Y'Z'$ 转换为 $X''Y''Z''$，旋转矩阵记为 $\boldsymbol{R}(\theta)$：

$$\boldsymbol{R}(\theta) = \begin{bmatrix} 1 & 0 & 0 \\ 0 & \cos\theta & \sin\theta \\ 0 & -\sin\theta & \cos\theta \end{bmatrix} \tag{2-41}$$

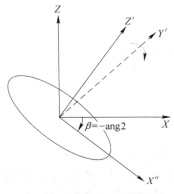

图 2-20　第二次旋转

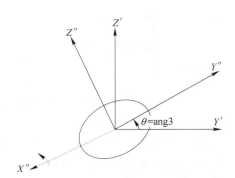

图 2-21　第三次旋转

（4）将椭球变异函数结构进行比例缩放，成为最终坐标系统中半径等于椭球长半轴的球。设椭球长半轴、次半轴和短半轴长度分别为 r_u，r_v，r_w，各向异性比分别为 $k_1 = r_u/r_v$，$k_2 = r_u/r_w$，则缩放矩阵 $\boldsymbol{S}$ 为

$$\boldsymbol{S} = \begin{bmatrix} 1 & 0 & 0 \\ 0 & k_1 & 0 \\ 0 & 0 & k_2 \end{bmatrix} \tag{2-42}$$

最终坐标变换矩阵为

$$\boldsymbol{A} = \boldsymbol{S}\boldsymbol{R}(\theta)\boldsymbol{R}(\beta)\boldsymbol{R}(\alpha) = \tag{2-43}$$

$$\begin{bmatrix} \cos\beta\cos\alpha & \cos\beta\sin\alpha & -\sin\beta \\ -k_1(\cos\theta\sin\alpha + \sin\theta\sin\beta\cos\alpha) & k_1(\cos\theta\cos\alpha + \sin\theta\sin\beta\sin\alpha) & k_1\sin\theta\cos\beta \\ k_2(\sin\theta\sin\alpha + \cos\theta\sin\beta\cos\alpha) & -k_2(\sin\theta\cos\alpha + \cos\theta\sin\beta\sin\alpha) & k_2\cos\theta\cos\beta \end{bmatrix}$$

2.4.3.3　普通克立格法

普通克立格法是目前实践中应用最广泛的克立格方法。它不要求 $Z(x)$ 期望值是已知的，普通克立格方程组是地质统计学方法中很多其他线性估计的基础。

设 $Z(x)$ 是空间中一个点承载的区域化变量，它满足二阶平稳假设或内蕴假设。现要对以 x_0 为中心的块段 G 的品位进行估算（如图 2-22 所示）。

其中 x_1、x_2、$x_3 \cdots x_n$ 是影响区域内的 n 个离散样品点，则块段 G 的线性估计量为

$$z_0^* = \sum_{i=1}^{n} \lambda_i z_i \qquad (2\text{-}44)$$

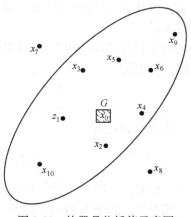

克立格估值的原则是，保证估计量 z_0^* 是无偏的，且估计的方差最小。此时需满足：

$$E[Z^*(x_0) - Z(x_0)] = 0 \qquad (2\text{-}45)$$

且估计方差

$$
\begin{aligned}
\mathrm{var}[Z^*(x_0)] &= E[(Z^*(x_0) - Z(x_0))^2] \\
&= E[Z(x) - \sum_{i=1}^{N} \lambda_i Z(x_i)]^2 \\
&= C(x_0,\ x_0) + \sum_{i=1}^{N}\sum_{j=1}^{N} \lambda_i \lambda_j C(x_i,\ x_j) - \\
&\quad 2\sum_{i=1}^{N} \lambda_i C(x_i,\ x_0)
\end{aligned}
\qquad (2\text{-}46)
$$

图 2-22 块段品位插值示意图

最小，式中，$C(x_i,\ x_j)$ 为随机变量在点 x_i 和 x_j 处的协方差；$C(x_i,\ x_0)$ 为在 x_i 处的变量值和估计点 x_0 之间的协方差；$C(x_0,\ x_0)$ 为块金。

将式（2-45）代入式（2-44）中可得：

$$\sum_{i=1}^{N} \lambda_i = 1 \qquad (2\text{-}47)$$

利用拉格朗日法构造函数求导，得出当 $\mathrm{var}[Z^*(x_0)]$ 取最小值时，需要满足的条件是

$$\sum_{i=1}^{N} \lambda_i \gamma(x_i,\ x_j) + \mu = \gamma(x_j,\ x_0),\ \ \forall j \qquad (2\text{-}48)$$

式中，$\gamma(x_i,\ x_j) = C(0) - C(x_i,\ x_j)$，$\mu$ 为拉格朗日参数。

联立式（2-47）和式（2-48），结合理论变异函数模型，即可求出 n 个权系数 λ_i 与 μ，此时 z_0^* 就是块段 G 的克立格估计量，估计的方差叫做克立格方差 σ_k^*，在 x_0 处的估计方差是

$$\sigma_k^2(x_0) = \sum_{i=1}^{N} \lambda_i \gamma(x_i,\ x_0) - \gamma(x_0,\ x_0) + \mu \qquad (2\text{-}49)$$

普通克里格是工程中应用最广泛的一种插值方法，它是其他几种线性克立格的基础。当研究区域内的样品点数比较多，通过变异函数分析，能够充分掌握矿床品位的变化趋势时，该方法是最有效的插值方法。

2.4.3.4 简单克立格法

简单克立格假定随机变量的均值为已知的，$E[Z(x)] = m$（常数），区域化变量满足二阶平稳假设，即变异函数要有上限。对于简单克立格，公式为，

$$Z_{\mathrm{SK}}^*(x_0) = \sum_{i=1}^{N} \lambda_i z(x_i) + \left(1 - \sum_{i=1}^{N} \lambda_i\right) m \qquad (2\text{-}50)$$

λ_i 同以前一样为权重，但不再有权重之和为 1 的约束条件。其无偏性是通过添上式（2-50）右边的第二项来达到。随着位置 x_0 至已知点的距离增加，赋给均值 m 的权重随之

增大，位置 x_0 处的估计值也就越来越接近于均值 m。当距离大于变程后，估计值就等于均值 m。

由于权重之和不再为 1，此时只能使用协方差 C，而不能用变异函数 γ，此时简单克立格方程组为

$$\sum_{i=1}^{N} \lambda_i C(x_i, x_j) = C(x_0, x_j), \quad j = 1, 2, \cdots, N \tag{2-51}$$

克立格方差为

$$\sigma_{SK}^2(x_0) = C(0) + \sum_{i=1}^{N} \lambda_i C(x_i, x_0) \tag{2-52}$$

式中，$C(0)$ 为随机变量的方差。

简单克立格方程组的矩阵形式为

$$\boldsymbol{A}_{SK} = \boldsymbol{\lambda}_{SK} \boldsymbol{b}_{SK} \tag{2-53}$$

其中

$$\boldsymbol{A}_{SK} = \begin{bmatrix} C(x_1, x_1) & C(x_1, x_2) & \cdots & C(x_1, x_N) \\ C(x_2, x_1) & C(x_2, x_2) & \cdots & C(x_2, x_N) \\ \vdots & \vdots & & \vdots \\ C(x_N, x_1) & C(x_N, x_2) & \cdots & C(x_N, x_N) \end{bmatrix}$$

$$\boldsymbol{\lambda}_{SK} = \begin{bmatrix} \lambda_1 \\ \lambda_2 \\ \vdots \\ \lambda_N \end{bmatrix}$$

$$\boldsymbol{b}_{SK} = \begin{bmatrix} C(x_1, x_0) \\ C(x_2, x_0) \\ \vdots \\ C(x_N, x_0) \end{bmatrix} \tag{2-54}$$

如果协方差矩阵 $\boldsymbol{A}_{SK}$ 是正定的，则权重可得唯一解：

$$\boldsymbol{\lambda}_{SK} = \boldsymbol{A}_{SK}^{-1} \boldsymbol{b}_{SK} \tag{2-55}$$

简单克立格算法流程同普通克立格基本相同，区别有以下几点：

（1）需要输入平稳的均值 m。

（2）主克立格矩阵 $\boldsymbol{A}_{SK}$ 和右手边矩阵 $\boldsymbol{b}_{SK}$ 的元素与普通克立格不同。

（3）估计值计算公式为 $Z_{SK}^*(x_0) = \sum_{i=1}^{N} \lambda_i z(x_i) + \left(1 - \sum_{i=1}^{N} \lambda_i\right) m$。

2.4.3.5 指示克立格法

地质属性数据中常会存在一些特异值，这些值比全部数据的均值要高得多，虽然它们只占全部数据的极小部分，但在属性值估计中却能产生很大作用，常导致属性值被过高估计。为解决此类问题，Journel 提出了指示克立格法。指示克立格法是一种非参数地质统计学方法，它能够在不去除重要而实际存在的特异值数据的条件下来处理各种不同的现象，并给出在一定风险条件下未知量的估计值及空间分布。

A 指示编码和指示变异函数

指示方法将连续变量 $z(x)$ ，转换为指示变量 $\omega(x)$ ，如果 $z(x)$ 小于指定的阈值 z_c ，计为 1，否则计为 0。

$$\omega(x) = \begin{cases} 1 & z(x) < z_c \\ 0 & \text{其他} \end{cases} \tag{2-56}$$

如果 $z(x)$ 是随机函数 $Z(x)$ 的实现，那么 $\omega(x)$ 可以看作是指示随机函数 $\Omega(Z(x) \leq z_c)$ 的实现。指示随机函数简记为 $\Omega(x; z_c)$ ，其变量简记为 $\omega(x; z_c)$ 。多数情况下，会定义一组阈值，每个阈值创建一个相应的指示变量。

如果定义 S 个阈值分别为 $z_{c(1)}$ ，$z_{c(2)}$ ，$\cdots$ ，$z_{c(S)}$ ，会得到 S 个指示变量 ω_1 ，ω_2 ，$\cdots$ ，ω_S ：

$$\omega_1(x) = 1 \qquad \text{如果 } z(x) \leq z_{c(1)}, \qquad \text{否则 } 0;$$
$$\omega_2(x) = 1 \qquad \text{如果 } z(x) \leq z_{c(2)}, \qquad \text{否则 } 0;$$
$$\vdots \qquad\qquad\qquad \vdots \qquad\qquad\qquad \vdots$$
$$\omega_S(x) = 1 \qquad \text{如果 } z(x) \leq z_{c(S)}, \qquad \text{否则 } 0。$$

这些变量可以看作相应随机函数 $\Omega_S(x)$ ，$s = 1, 2, \cdots, S$ 的实现：

$$\Omega_S(x) = 1 \qquad \text{如果 } Z(x) \leq z_{c(S)}, \qquad \text{否则 } 0。$$

指示变量的期望值 $E[\Omega(Z(x) \leq z_c)]$ ，是 $Z(x)$ 不超过 z_c 的概率，$\text{Prob}[z_c]$ ：

$$\begin{aligned} \text{Prob}[z_c] &= \text{Prob}[Z(x) \leq z_c] \\ &= 1 - \text{Prob}[Z(x) > z_c] \\ &= G[Z(x); z_c] \end{aligned} \tag{2-57}$$

式中，$G[Z(x); z_c]$ 为变量的累积分布函数在 z_c 的值。这说明在不超过 z_c 条件下出现的结果的平均值等于它出现的概率，因此，指示估计值能够用于估计特征出现的概率，即条件累积分布函数的估计值。

指示随机函数的变异函数为

$$\gamma_{z_c}^{\Omega} = \frac{1}{2} E[(\Omega(x; z_c) - \Omega(x + h; z_c))^2] \tag{2-58}$$

实验指示变异函数计算公式为

$$\gamma_{z_c}^{\Omega *}(h) = \frac{1}{2N(h)} \sum_{i=1}^{N(h)} [\omega(x; z_c) - \omega(x + h; z_c)]^2 \tag{2-59}$$

B 指示克立格方程组

指示变量的普通克立格估计值为

$$\Omega^*(x_0; z_c) = \sum_{i=1}^{N} \lambda_i \omega(x_i; z_c) \tag{2-60}$$

指示变量是有界限的，其样本均值 $(\bar{\omega}; z_c)$ 可以作为期望值。此时可以使用简单克立格法估计 $\Omega(x_0; z_c)$ ：

$$\Omega^*(x_0; z_c) = \sum_{i=1}^{N} \lambda_i \omega(x_i; z_c) + \left(1 - \sum_{i=1}^{N} \lambda_i\right)(\bar{\omega}; z_c) \tag{2-61}$$

同普通克立格法相同，为求得 $\Omega^*(x_0; z_c)$ ，必须找到最优权重系数，满足权重之和

为 1，即无偏性，且使克立格方差最小。克立格方差计算公式为

$$\mathrm{var}[\Omega^*(x_0; z_c)] = E[(\Omega^*(x_0; z_c) - \Omega(x_0; z_c))^2]$$

$$= 2\sum_{i=1}^{N}\lambda_i\gamma^\Omega(x_i, x_0; z_c) - \gamma^\Omega(x_0, x_0; z_c) + \sum_{i=1}^{N}\sum_{j=1}^{N}\lambda_i\lambda_j\gamma^\Omega(x_i, x_j; z_c)$$

$$= C^\Omega(x_0, x_0; z_c) + \sum_{i=1}^{N}\sum_{j=1}^{N}\lambda_i\lambda_j C^\Omega(x_i, x_j; z_c) - 2\sum_{i=1}^{N}\lambda_i C^\Omega(x_i, x_0; z_c)$$

$$(2\text{-}62)$$

采用拉格朗日乘数的方法得到指示克立格方程组：

$$\begin{cases} \sum_{i=1}^{N}\lambda_i C^\Omega(x_i, x_j; z_c) = C^\Omega(x_j, x_0; z_c), & \forall j \\ \sum_{i=1}^{N}\lambda_i = 1 \end{cases} \qquad (2\text{-}63)$$

相应的克立格方差为

$$\sigma_{IK}^2(x_0; z_c) = C^\Omega(x_0, x_0; z_c) - \sum_{i=1}^{N}\lambda_i C^\Omega(x_i, x_0; z_c) + \mu \qquad (2\text{-}64)$$

写成矩阵形式为

$$A_{IK} = \lambda_{IK} b_{IK} \qquad (2\text{-}65)$$

其中

$$A_{IK} = \begin{bmatrix} C^\Omega(x_1, x_1; z_c) & C^\Omega(x_1, x_2; z_c) & \cdots & C^\Omega(x_1, x_N; z_c) & 1 \\ C^\Omega(x_2, x_1; z_c) & C^\Omega(x_2, x_2; z_c) & \cdots & C^\Omega(x_2, x_N; z_c) & 1 \\ \vdots & \vdots & & \vdots & \vdots \\ C^\Omega(x_N, x_1; z_c) & C^\Omega(x_N, x_2; z_c) & \cdots & C^\Omega(x_N, x_N; z_c) & 1 \\ 1 & 1 & \cdots & 1 & 0 \end{bmatrix}$$

$$\lambda_{IK} = \begin{bmatrix} \lambda_1 \\ \lambda_2 \\ \vdots \\ \lambda_N \\ \mu \end{bmatrix} \qquad (2\text{-}66)$$

$$b_{IK} = \begin{bmatrix} C^\Omega(x_1, x_0; z_c) \\ C^\Omega(x_2, x_0; z_c) \\ \vdots \\ C^\Omega(x_N, x_0; z_c) \\ 1 \end{bmatrix}$$

图 2-23 为指示克立格算法流程。

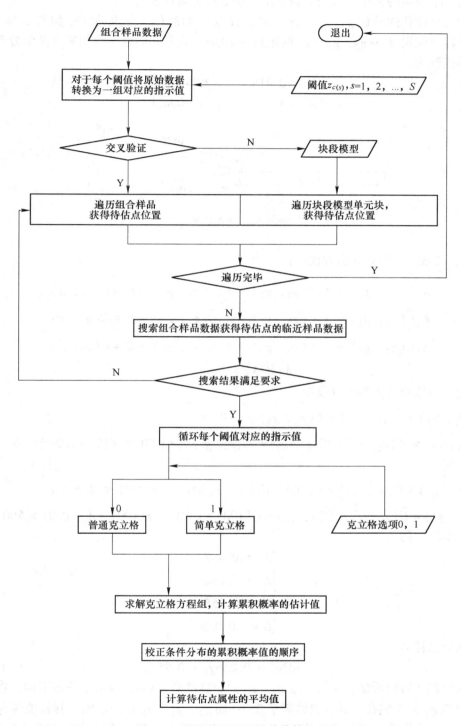

图 2-23 指示克立格属性值算法流程

2.4.3.6　克立格插值实例

现用一个简单的例子，说明普通克里格法的品位估计过程。

已知三个钻孔的品位 g_1，g_2，g_3，试估计点 G 的品位。各点的间距如图 2-24 所示，为简化计算，假设 $g_1 - g_2$，$g_1 - g_3$ 的距离为 200m，且各向同性。根据矿床品位分布，已求得变异函数为

$$\left.\begin{array}{ll} r(h) = 0.01h & h \leqslant 400\mathrm{m} \\ r(h) = 4 & h > 400\mathrm{m} \end{array}\right\} \tag{2-67}$$

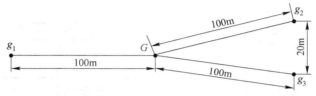

图 2-24　钻孔位置

由式 (2-53)，得克立格方程组：

$$\lambda_1 \overline{C}(g_1, g_1) + \lambda_2 \overline{C}(g_1, g_2) + \lambda_3 \overline{C}(g_1, g_3) - \beta = \overline{C}(g_1, g)$$
$$\lambda_1 \overline{C}(g_2, g_1) + \lambda_2 \overline{C}(g_2, g_2) + \lambda_3 \overline{C}(g_2, g_3) - \beta = \overline{C}(g_2, g) \tag{2-68}$$
$$\lambda_1 \overline{C}(g_3, g_1) + \lambda_2 \overline{C}(g_3, g_2) + \lambda_3 \overline{C}(g_3, g_3) - \beta = \overline{C}(g_3, g)$$
$$\lambda_1 + \lambda_2 + \lambda_3 = 1$$

又由半变异函数与协方差的假设得

$$\overline{C}(g_1, g_1) = \overline{C}(g_2, g_2) = \overline{C}(g_3, g_3) = C(0) = 4$$

$$\overline{C}(g_1, g_2) = \overline{C}(g_2, g_1) = \overline{C}(g_1, g_3) = \overline{C}(g_3, g_1) = C(200) = C(0) - r(200) = 4 - 0.01 \times$$
$$200 = 2$$

$$\overline{C}(g_2, g_3) = \overline{C}(g_3, g_2) = C(20) = C(0) - r(20) = 4 - 0.01 \times 20 = 3.8$$

$$\overline{C}(g, g_1) = \overline{C}(g, g_2) = \overline{C}(g, g_3) = C(100) = C(0) - r(100) = 4 - 0.01 \times 100 = 3$$

代入式 (2-61) 得

$$\begin{cases} \lambda_1 = 0.487 \\ \lambda_2 = 0.256 \\ \lambda_3 = 0.256 \\ \beta = -0.026 \end{cases} \tag{2-69}$$

由此可估计品位 G：

$$G = 0.487g_1 + 0.256g_2 + 0.256g_3 \tag{2-70}$$

从这个例子可以看出，尽管 g_1，g_2，g_3 的距离都是 100m，但由于分布不同，在 G 的左侧中只有 g_1 一个钻孔，其权值约等于 0.5；而 g_2，g_3 都在 G 的右侧，其权值各为 0.25 左右。相反，在距离平方反比法中，g_1，g_2，g_3 的权值都一样，这显然不合理，由此可以看出地质统计学的优越性。

2.5 资源储量分类

2.5.1 矿产资源/储量的分类标准

2.5.1.1 概述

矿产资源储量是国民经济建设不可或缺的物质基础。无论是矿产勘查、矿山设计、生产，还是政府宏观管理以及市场交易、筹资融资、企业上市，都离不开衡量所提供矿产资源储量的数量和质量的可靠程度的技术经济标准。

所谓资源，是指经矿产资源勘查查明并经概略研究，预期可开采利用的固体矿产资源，其数量是依据地质信息、地质认识及相关技术要求估算的。依据估算的可信程度，可以分为探明的（measured）、控制的（indicated）和推断的（inferred）三级。而储量是通过（预）可行性研究，确定的探明资源量和控制资源量中可经济采出部分。由此可见，它们之间的主要区别在于是否具有经济意义。资源量是从矿物的角度描述了勘探工作的成果，而储量则从社会经济的角度反映了矿物的价值。通常情况下，资源量经过项目可行性研究或预可行性研究可以转化成储量，而储量在一定的经济条件下也可能转化成资源量。

2.5.1.2 联合国分类框架

各国在矿产资源储量的分类不一致，影响了国际间矿业的交流与合作，因此联合国欧洲经济委员会于 1997 年发布了《联合国化石能源和矿产资源分类框架》（UNFC）。该框架从经济/商业意义、项目状态与可行性以及地质认识程度（EFG）三个方面对矿产进行划分。经济/商业意义分为经济的、潜在经济的和内蕴经济的 3 个等级；可行性研究阶段分为可行性研究或采矿报告、预可行性研究和地质研究 3 个阶段；地质认识程度分为详细勘探、一般勘探、普查、踏勘 4 种。这样将资源储量分成两类共 10 种类型，并用三位数编码表示，第一位表示经济意义，第二位表示可行性研究阶段，第三位表示地质认识程度，如表 2-5 所示。

表 2-5 矿产资源储量 UNFC 矩阵表

联合国国际框架		详细勘探	一般勘探	普查	踏勘
	国家系统				
可行性研究或采矿报告		111 1 储量			
		112 2 潜在经济资源			
预可行性研究		121 221 储量			
		122 2 潜在经济资源	222		
地质研究		1-2 地质资源	333 332 333 334?		

注：1=经济的；2=潜在经济的；1-2=经济的到潜在经济的；?=经济未定的。

　　其中，级别 111 是投资者最感兴趣的，它指的是这样的储量：经济上和商业上是可采的（第一位数字 1）；技术可采性已经由可行性研究或实际生产证实（第二位数字 1）；而且有可靠的地质认识为保证（第三位数字 1）。

　　在框架中，对各个勘查阶段的要求没有做定性的规定，方便了各国根据实际情况，制定适合本国的资源储量分类标准。由此可见，UNFC 是一个灵活的系统，能够满足国家层面、企业层面和法律层面的应用要求，能够满足作为国际标准所具备的维护资源合理利用、提高管理效率、增强能源供应安全和相关金融资源安全的基本要求，在国际交流和全球资产评估上可以成功应用。而且，新的分类框架将有助于经济转型国家按照市场经济标准对其能源和矿产资源进行再评估。

2.5.1.3　我国资源储量分类标准

　　我国在 1999 年以前一直沿用的是计划经济时代的储量分类标准。该标准将所勘查到的矿产资源统称为储量，并根据勘探程度划分为 A、B、C、D、E 五个等级，虽然基本满足了政府与企业生产管理的要求，但没有考虑矿石的经济价值，不能与国际市场经济接轨，矿产资源储量分类改革势在必行。

　　为适应市场经济发展和对外交流需要，1999 年我国出台了以联合国分类框架为基础，适合我国国情的《固体矿产资源/储量分类》国家标准。该标准也采用 EFG 三轴，从经济意义、可行性研究阶段和地质可靠程度三个方面对资源储量进行分类。其中可行性研究阶段、地质可靠程度的表述与 UNFC 相同，而将经济意义分为经济的、边际经济的（2M）、次边际经济的（2S）和内蕴经济的 4 种类型，从而将矿产资源划分为储量、基础储量和资源量三类共 16 种类型，如表 2-6 所示。

表 2-6　固体矿产资源/储量分类（GB/T 17766—1999）

分类类型 经济意义	地质可靠程度	查明矿产资源			潜在矿产资源
		探明的	控制的	推断的	预测的
经济的		可采储量 （111）			
		基础储量 （111b）			
		预可采储量 （121）	预可采储量 （122）		
		基础储量 （121b）	基础储量 （122b）		
边际 经济的		基础储量 （2M11）			
		基础储量 （2M21）	基础储量 （2M22）		
次边际 经济的		资源量（2S11）			
		资源量（2S21）	资源量（2S22）		
内蕴 经济的		资源量（331）	资源量（332）	资源量 （333）	资源量 （334）？

　　注：表中所用编码（111~334），第 1 位数表示经济意义：1＝经济的，2M＝边际经济的，2S＝次边际经济的，3＝内蕴经济的，？＝经济意义未定的；第 2 位数表示可行性评价阶段，1＝可行性研究，2＝预可行性研究，3＝概略研究；第 3 位数表示地质可靠程度，1＝探明的，2＝控制的，3＝推断的，4＝预测的；b＝未扣除设计、采矿损失的可采储量。

由于新标准的类型较多，且 2S 和 2M 的经济意义较难把握，在实际应用中出现了很多问题。2020 年国土资源部组织专家，在充分研究了我国近二十年矿产勘查开发中的经验和问题的基础上，对 1999 年标准进行了修订。新修订的资源储量分类取消了 2S 和 2M 两个经济意义，共定义了 5 个基本类型，在结构上简单清晰，定义上科学合理。不仅考虑了我国矿山的习惯，兼顾了政府和企业的需要，更具有与国际标准的互通性。新修订的分类标准如图 2-25 所示。其中，探明资源量、控制资源量经可行性研究，扣除设计损失和采矿损失转为储量。探明资源量转换为储量时，若仅开展了预可行性研究，储量类型对应可信储量，以虚线箭头表示。

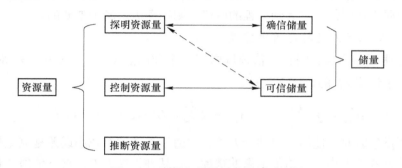

图 2-25　资源与储量转换关系示意图

2.5.2　关键问题探讨

2.5.2.1　变异函数与工程间距

变异函数表示了矿床品位在空间中的关联特征，随后这种关联性被用在了克立格估值与估计方差的计算中。从克立格方差的表达式可以看出，方差的大小与三个因素有关：待估点与样品点的距离、样品点之间的距离以及品位的变异性（变异函数模型）。对某一个特定的矿床来说，品位的变异性是不变的，一旦待估点的位置确定，克立格方差值就取决于样品点的空间构形，即勘探工程的布置形式。反过来，通过调整工程的间距，可以改变克立格方法的大小，进而影响资源储量估算的精度。最佳的工程间距对应着最小的克立格方差。利用变异函数确定最佳的工程间距分为两种情况：（1）确定最优的勘探网度；（2）确定最优的施工孔位。

A　最优勘查网度

利用地质统计学确定最优的勘查网度方法是：将勘探区按不同网度划分成不同的网行，利用变异函数计算每一个孔点的克立格方差，再计算平均方差。将每个网度所花费的金额与平均估计方差进行对比，确定出费用最小的勘探网度即为最佳网度。

B　最佳孔位设计

若勘探区已经有 n 个钻孔施工完毕，为了提高资源估算的精度，减少风险，或为了增加矿产资源储量，还需再增加几个钻孔，确定最佳孔位的步骤如下：

（1）计算当钻孔数为 n 时的平均估计方差 $\sigma_{k(n)}^{*2}$。

（2）计算增加一个新孔 X_i 后，每个钻孔的平均估计方差 $\sigma_{k(n+1, X_i)}^{*2}$。

（3）计算每个钻孔的相对收益：

$$C(X_i) = \frac{\sigma_{k(n)}^{*2} - \sigma_{k(n+1, X_i)}^{*2}}{\sigma_{k(n)}^{*2}} \tag{2-71}$$

（4）绘制全区等相对收益线图，当 $C(X_i)$ 为等高线图的最高点时，对应的 X_i 孔即为最佳孔位置；否则，改变 X_i 的位置，再循环计算。

（5）同样的方法，计算其他孔的位置。

变异函数的变程是矿床品位在空间某方向上存在关联性的距离极限。因此布置工程时，将变程值作为该方向上的最大工程间距，可以基本查明矿体在空间的连续性。根据分类标准，此时矿床的勘探级别属于控制的。如果将勘探工程间距缩小到变程的一半，则勘探的矿床级别属于探明的；扩大到变程的两倍，则勘探级别属于推断的。

2.5.2.2 克立格方差与地质可靠度

由前面论述可知，当我们在待估领域内用 n 个样品点 x_1、x_2、$x_3 \cdots$，x_n 对待估块 x_0 进行估算时，估计值 z_0^* 的估计方差是

$$\sigma_{x_0}^2 = \sum_{i-1}^{n} \sum_{j-1}^{n} \overline{C}(x_i, x_j) + 2 \sum_{i}^{n} \lambda_i \overline{C}(x_0, x_i) + C(0) \tag{2-72}$$

进行资源量估算时，能够给出估计方差，并通过参数调整减小误差是克立格插值的优点所在。估计方差的大小表示估值结果的精度。在某种程度上说，这种估值的精度与地质可靠程度有着密切的关系。因此，可以利用克里格方差与真值方差的相对值构造出一个定量判别地质可靠程度的"标志"，即

$$G_r = \frac{\sigma_k^{*2}}{D^2(Z)} \tag{2-73}$$

式中，G_r 为资源储量分类的地质统计学指标；$D^2(Z)$ 为块段真值 Z 的方差；σ_k^{*2} 为块段的克里格方差。

在实际估算过程中，克立格方差可以通过变异函数模型与样品点信息计算；块段的真值方差可以用样品的方差代替。根据 G_r 的分布情况，可以将块段的地质可靠程度划分为不同的级别。G_r 越小，地质可靠程度越高。以某钼矿为例，我们根据矿床实际，确定不同地质可靠程度的 G_r 值如表 2-7 所示。

表 2-7 地质可靠程度定量分级表

G_r	≤0.2	0.2~0.6	≥0.6
地质可靠程度	探明的	控制的	推断的

按照 G_r 定量分级的方法，在三维矿业软件中对块段的地质可靠程度进行划分，分别切制了−300m 与−400m 水平断面，如图 2-26 和图 2-27 所示。

图中可以看出，勘探工程比较密集的地区，G_r 值较小；勘探工程相对稀疏的地方，G_r 值较大，说明工程间距对克立格估值的方差大小有一定的影响。同时也可以观察到，离钻孔比较近的地方，G_r 值很高，当按 G_r 划分地质可靠性时，错误地将钻孔周围的块段判定为高级别的块段，形成许多"斑点"；部分工程密集的区域由于 G_r 过高而划为低级别块段，这是不合理的。另外，对于不同矿床、或同一矿床不同勘探阶段，G_r 值分布不一样，如何设置统一的地质可靠程度判断准则十分困难。

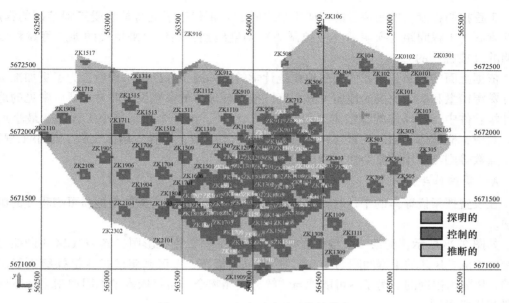

图 2-26 -300m 水平地质可靠性分布

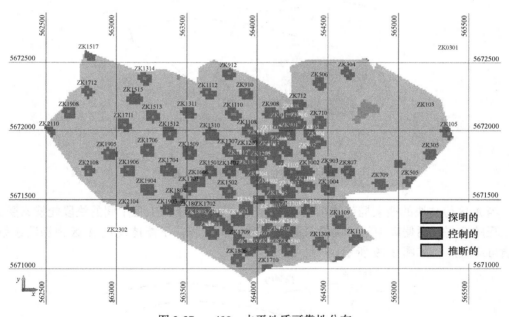

图 2-27 -400m 水平地质可靠性分布

2.5.2.3 搜索椭球体与工程控制程度

地质统计学插值中，用到了搜索椭球体的概念，其作用是搜索待估块周围的样品点。不同的椭球体半径，搜索到的样品点数会不一样，也影响着估值的精度。在研究椭球体与工程控制程度的关系之前，需要明确工程对块段的控制和工程控制程度这两个概念。

工程对块段的控制：如果以待估块为中心的搜索椭球体搜索到了一个或一个以上探矿工程上的样品点，则称此待估块受到了这些工程的控制。

工程控制程度：控制块段的探矿工程之间的间距代表了此待估块受工程控制的程度。若搜索到的工程间距为探明的（或控制的）网度级别，则估出来块段的地质可靠程度为探明的（或控制的）。

依据上面的定义，当我们按照地质统计学的规律施工好勘探工程后，为了更加准确地估计资源储量和确定块段的地质可靠程度，搜索椭球体的参数设置非常重要。常见的地质统计学软件中，椭球体的参数主要包括轴向、半径、扇区个数、最小工程数、最小点数等。其中，椭球体的轴向设置与样品点的空间分布一致；半径、扇区个数、最小工程数、最小点数等则与矿床的复杂性、勘探工程间距有关。

A　椭球体半径设置

在设置搜索椭球体的半径时，我们首先来了解一下传统资源储量地质可靠程度的确定方法。

如图 2-28 所示，为某一大型斑岩矿床的勘探工程布置投影图，其中 A 区的勘探工程间距为 50m，B 区的工程间距为 100m。根据勘探规范，A 区确定的矿床勘探级别属于探明的，B 区为控制的。为了尽可能地与传统分级相吻合，研究探索了不同搜索半径下估计块段的控制级别。

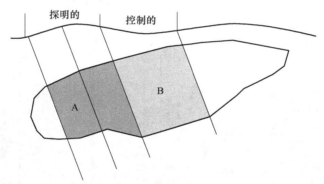

图 2-28　资源储量地质可靠程度级别

当 A 区待估块的搜索椭球体半径取 25m 时，只有位于两工程中间的块段能搜索受到 2 个工程的控制，而偏离中间的块段只能搜索到一个工程，不能体现出 A 区为探明级别的地质可靠程度，如图 2-29 所示。

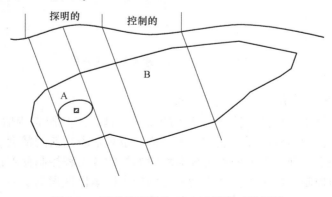

图 2-29　椭球体半径为 25m 时搜索工程情况

当搜索半径为 30m 时，A 区能搜索到 2 个工程的待估块数增多，且距离两工程中心 5m 范围内的块段都能搜索到 2 个工程，估计块的地质可靠程度为控制的，如图 2-30 所示。

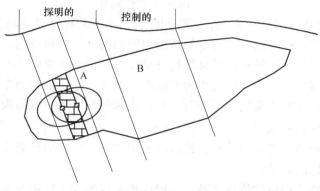

图 2-30　椭球体半径为 30m 时搜索工程情况

当搜索半径扩大到 50m 时，位于 A 区的待估块段都能搜索到 2 个以上的工程，但在 B 区也有一些块段也受到了 2 个工程的控制，如图 2-31 所示，即有低品级的块段被高估了。

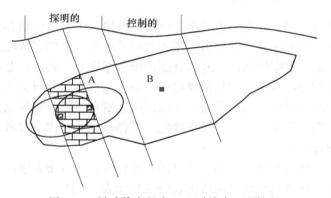

图 2-31　椭球体半径为 50m 时搜索工程情况

由此可见，通过设置椭球体半径，使得 A 区所有块段都能搜索两个工程，而 B 区都不能搜索到两个工程是不可能的。地质统计学估值方法的特殊性决定了它不可能与传统工程控制程度的划分完全一致。在估值时运用椭球体搜索工程样品，不可避免出现一些"斑点"。

经过前面的探讨，可以得出结论：对矿床进行地质统计学估值时，搜索椭球体的半径应设为相应地质可靠程度所要求的工程间距。根据我国新修订的资源储量分类标准，查明的矿产资源能达到的地质可靠程度分为三种：探明的、控制的和推断的。对于每个矿种来说，所对应的工程控制程度也常常是以上三种，即在一个达到勘探阶段的勘查范围里，存在着三种不同的工程间距，所以在估算中，我们也最多设置三个类别的搜索椭球体。

实际勘探中，由于工程不能完全按照设计的网度精确施工，并且单工程在空间中还存在弯曲特性，使得工程间距大于或小于相应地质可靠程度的理论工程间距。因此需要对椭球体的半径进行适当的修正，将椭球体的半径适当增大，经验系数的表达式如下：

$$\alpha = 1 + \frac{\max(\text{工程间距}) - \text{mean}(\text{工程间距})}{\text{mean}(\text{工程间距})} \tag{2-74}$$

式中，α 为搜索椭球体半径修正系数；工程间距为指定控制程度级别的工程间距。

对于一些特殊的勘探方法，工程不是按照规则的网度进行布置的。此时在进行地质可靠程度划分时，可以将搜索椭球体的轴半径分别设为三个变异方向的变程，估计出来的块段地质可靠程度为控制的；当半径缩小为变程的二分之一时，估计出来的块段地质可靠程度为探明的；当半径扩大为变程的两倍时，估计出来的块段地质可靠程度为推断的。

B　椭球体其他参数设置

除了椭球体半径外，搜索扇区数、每扇区最多点数、所有扇区最少点数、最小工程数等都对估值有着一定的影响。

搜索扇区数是指椭球体的均分个数，一般根据矿区勘探工程的密集程度进行选择。当勘探工程比较密集时，设置较多的扇区数，用来减少估值时由于数据集中导致的估计误差。设置扇区的最多点数与最小点数也是为了调整估值时样品的空间分布，优化估值结果。最小工程数一般与椭球体半径结合起来，用来确定估计块段的地质可靠程度。

2.5.3　三维资源/储量分类方法概述

综合先前的探讨结果，在利用地质统计学对矿床块段进行品位估算时，可以利用搜索椭球体轴径、最小工程数限制以及估值所用到的样品点数，来确定块段地质可靠程度。

椭球体的轴径根据勘探的网度，并取合适的修正系数来确定，而合理的勘探网度则需要根据地质统计学的方法确定。在估值参数中，最小工程数一般设为2，即只有用相应级别的椭球体搜索到两个及以上的工程时，才能说明块段在该勘查阶段范围内。最小样品点数的设置则可以根据矿床的品位分布特征确定，当样品点分布比较离散时，可以取小；分布集中时，可以设置较大。

根据岔路口钼矿体的产状、形态、品位的变异性以及工程布置情况，在利用地质统计学法估计资源量时，块段的地质可靠程度划分依据如表2-8所示。

表2-8　岔路口钼矿地质可靠程度分级表

地质可靠性	椭球体长轴半径/m	最小工程数	估值最少点数
探明的	55	2	3
控制的	110	2	3
推断的	220	1	1

在品位估算过程中，为了实现自动分级，分三次对块段进行插值。第一次设置最小的椭球体半径55，估算出的块段级别属于探明的；然后扩大搜索半径至110继续估值（过滤掉第一次估过值的块段），第二次估算的块段划为控制的；最后一次估值时，将前两次已估过的块段过滤掉，估算的块段属于推断的。建立属性字段，记录下块段所属的估值次数，对应的地质可靠程度级别分别是探明的、控制的、推断的。

在三维软件中，利用上述参数对岔路口钼矿矿床块段进行估算，并对地质可靠程度进行了划分，切制的-300m与-400m两个水平断面，如图2-32和图2-33所示。

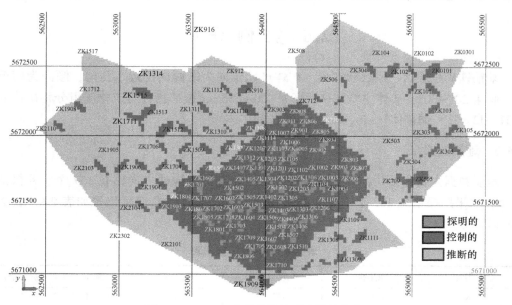

图2-32　-300m 水平块段地质可靠性分布

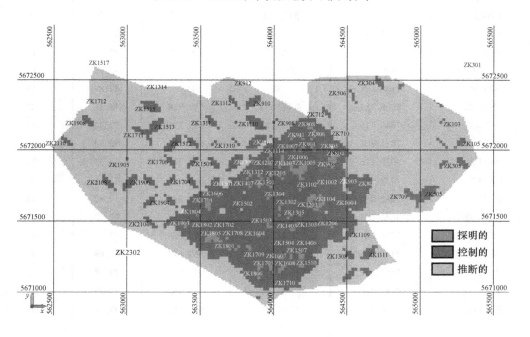

图2-33　-400m 水平块段地质可靠性分布

从块段的地质可靠程度分布图中可以看出，新方法划分的级别和传统的几何法基本一致，与地质统计学指标 G_t 的方法相比，更加符合矿床勘查实际，但在局部地区仍然存在可靠程度被高估的"斑点"。三维品位插值的数据搜索方式决定了这些异常块段的必然存在，在实际应用中，可以采取手动剔除或者改进搜索体形态的方法处理这些异常块段。经过修正后的地质可靠程度划分可以很好地与实际相符合。

2.6　实 例 分 析

某铜铁矿呈层状、似层状产出。矿体产状走向为东西向至近东西向，倾向为南至南西，倾角 20°~30°，矿体主要赋存标高为 450~650m，按矿物种类或物质组分将矿体划分为 I1、I2、I3（铜矿体），I0、Ia、Ic、Ib（铁矿体）。

2.6.1　地质数据库

地质数据主要为钻孔，其中地表钻孔 119 个，沿勘探线方向钻孔 157 个，补探钻孔 39 个，水平勘探钻孔 262 个，其他类型钻孔 9 个。部分钻孔信息记录如表 2-9~表 2-11 所示。

表 2-9　钻孔孔口数据表

钻孔名称	东坐标	北坐标	标高/m	孔深/m	勘探线号
B4CK1	6623.1	3572.5	533.3	71.14	4
B6CK1	6649	3529.1	533.05	66.09	6
B10CK1	6757.7	3472.25	532.75	31.55	10
B12CK1	6779.2	3427.6	532.7	45.34	12
B14CK1	6747.2	3353.9	532.45	70.92	14
B16CK1	6764.4	3306.4	532.5	55.27	16
B18CK2	6649.75	3182	531.27	89.89	18
ZK32-32	7005.284	3006.630	659.958	42.37	32
ZK32-33	7049.771	3032.777	659.578	57.34	32
ZK34-29	7031.801	2963.547	659.111	60.88	34
ZK34-30	7032.126	2963.504	666.301	43.31	34
ZK34-31	7032.646	2966.806	660.381	71.86	34
ZK38-27	7082.786	2879.472	659.285	59.82	38
ZK38-28	7084.693	2881.611	660.355	60.77	38
ZK42-24	7098.021	2772.040	660.663	37.91	42
ZK42-25	7149.996	2802.287	660.845	50.68	42
ZK42-26	7151.387	2804.477	660.945	79.68	42
ZK44-21	7150.130	2743.077	659.565	70.37	44
ZK44-22	7150.823	2743.477	661.065	47.60	44
⋮	⋮	⋮	⋮	⋮	⋮

表 2-10　钻孔测斜数据表

钻孔名称	测点深度/m	方位角/(°)	倾角/(°)
B4CK1	0	30	7
B6CK1	0	30	12

钻孔名称	测点深度/m	方位角/(°)	倾角/(°)
B10CK1	0	30	15
B12CK1	0	30	9
B14CK1	0	30	11
B16CK1	0	30	6
B18CK2	0	30	18
ZK32-32	0	210	−49.7
ZK32-33	0	210	−57
ZK34-29	0	210	−18
ZK34-30	0	206	−43
ZK34-31	0	30	−59.3
ZK38-27	0	32	−59.5
ZK38-28	0	210	−27.5
ZK42-24	0	210	−40
ZK42-25	0	210	−50.16
⋮	⋮	⋮	⋮

表 2-11 钻孔样品数据表

钻孔名称	起点深度/m	终点深度/m	Cu	TFe	SFe
B4CK2	0	0.95	0.07	15.44	12.17
B4CK2	0.95	1.75	0.04	14.05	12.37
B4CK2	1.75	2.6	0.07	19.79	17.98
B4CK2	2.6	3.45	0.09	19.97	18.78
B4CK2	3.45	4.45	0.1	15.82	14.79
B4CK2	4.45	5.45	0.1	13.46	12.79
⋮	⋮	⋮	⋮	⋮	⋮
ZK32-32	0	1	0.178	14.76	
ZK32-32	1	2	0.337	16.29	
ZK32-32	2	3	0.298	14.87	
ZK32-32	3	3.69	0.255	15.16	
ZK32-32	3.69	4.77	0.262	15.28	
ZK32-32	4.77	5.64	0.386	14.49	
ZK32-32	5.64	6.32	0.278	17.67	
ZK32-32	6.32	7.32	0.175	13.46	
⋮	⋮	⋮	⋮	⋮	⋮

利用这三个表格，建立了地质数据的三维可视化模型如图2-34所示。

2.6.2 矿体线框模型

矿体线框模型主要是利用矿山提供的平剖面图件，将矿体边界提取出来，在三维空间

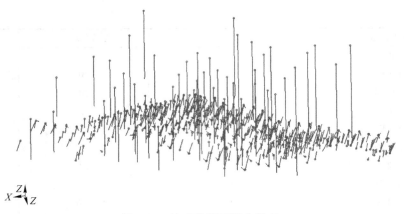

图 2-34　地质数据可视化模型

中进行线框连接，生成矿体表面模型，如图 2-35、图 2-36 所示。

图 2-35　矿体的轮廓线

图 2-36　矿体线框模型

2.6.3 样品组合及分析

样品组合中组合样长度的确定是矿床资源模型建模过程中很重要的一步,从理论和实践中看,取原始样品样长度的平均值是比较合理的。组合样长度取原始样品长度平均值1.15m。样品组合后元素直方图见图2-37~图2-39,统计特征值见表2-12。

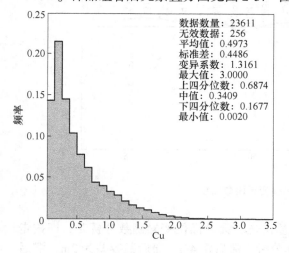

图2-37　钻孔组合样品铜元素品位直方图　　　　图2-38　钻孔组合样品全铁元素品位直方图

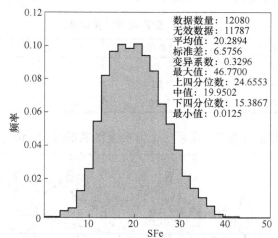

图2-39　钻孔组合样品可溶铁元素品位直方图

表2-12　钻孔组合样品元素统计

元素	最小值	最大值	平均值	标准差	中值	样品个数
Cu	0.002%	3%	0.4973%	0.4486	0.3409%	23611
TFe	0.2453%	49.15%	21.6832%	6.4525	21.4995%	14106
SFe	0.0125%	46.77%	20.2894%	6.5756	19.9502%	12080

2.6.4 变异函数计算及拟合

变异函数的计算通常先计算全向变异函数,用于确定块金和基台值,然后计算方向变异函数用于搜索范围参数的确定和克立格插值计算。图 2-40 为 Cu 的全向变异函数，据此确定块金为 0.02，基台为 0.2。

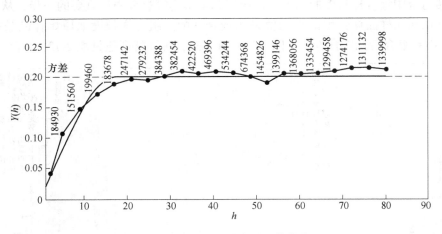

图 2-40　Cu 全向实验变异函数曲线

由于矿体走向为东偏南 40°，一般采用地质法进行元素品位变异函数分析时，即按走向、倾向、厚度三个方向进行变异函数的计算分析。滞后距 4m，滞后距容差为 2m，滞后距数目 25。变异函数计算的具体参数列于表 2-13。

表 2-13　变异函数计算参数

方向	方位角/(°)	倾角/(°)	容差角/(°)	容差限/m
走向	130	0	10	20
倾向	40	27	10	20
厚度	40	−63	10	20

根据表 2-13 中的参数计算 Cu 元素三个方向上的实验变异函数，见图 2-41。

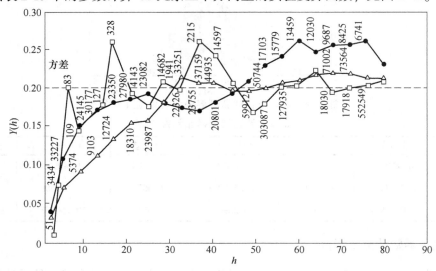

图 2-41　Cu 三个方向的实验变异函数

经过交叉验证，最终拟合的理论变异函数曲线见图 2-42～图 2-44，参数见表 2-14。

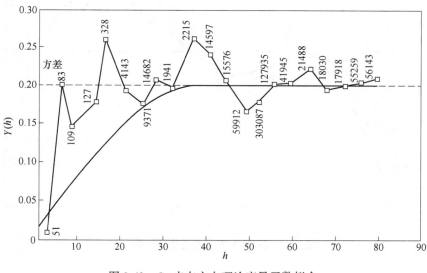

图 2-42　Cu 走向方向理论变异函数拟合

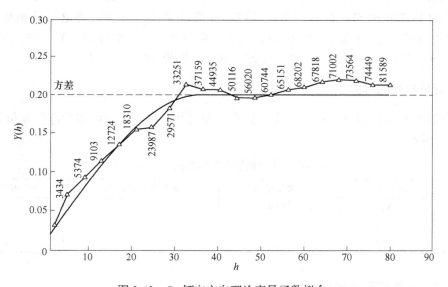

图 2-43　Cu 倾向方向理论变异函数拟合

表 2-14　变异函数计算参数

方向	模型类型	C_0	C	a
走向	球状模型	0.02	0.2	37
倾向	球状模型	0.02	0.2	35
厚度	球状模型	0.02	0.2	19

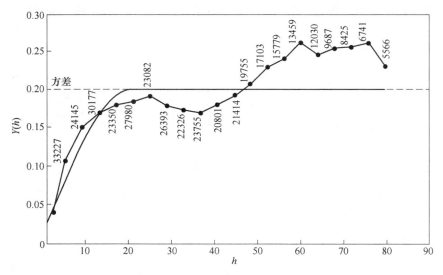

图 2-44　Cu 厚度方向理论变异函数拟合

　　使用 Cu 理论变异函数模型用普通克立格法进行交叉验证,根据交叉验证结果计算,其误差均值 ME 为 0.0011,均方差 MSE 为 0.113,均方差率 MSER 为 0.9921。

　　分别计算 TFe 和 SFe 的实验变异函数,并进行拟合,得到的理论变异函数参数为:TFe,球状模型,$C_0=4.95$,$C=36.68$,三个方向的参数 a 分别为 51、30、18;SFe,球状模型,$C_0=3.11$,$C=40.13$,三个方向的参数 a 分别为 47、27、17。

2.6.5　空块模型的建立

　　根据线框模型的范围、矿体厚度及最小工程尺寸,确定块段模型的范围及单元块尺寸如表 2-15 所示。

表 2-15　块段模型范围和单元块尺寸参数

方向	起点坐标	延伸长度/m	基本块单元块/m	细分单元块/m
X	1810	2160	4	2
Y	5790	1640	2	1
Z	−120	920	2	1

2.6.6　克立格估值及结果统计

　　综合矿床勘探网度和变异函数变程,根据资源等级类型确定用于 Cu 元素插值的临近数据搜索参数为:探明的,椭球长半轴 50m,次半轴 50m,短半轴 25m,最小工程数为 2;控制的和推断的,椭球尺寸逐次扩大一倍,其中推断的最小工程数为 1。确定好搜索参数即可对块段模型进行克立格品位插值。铜矿体的块段模型插值结果见图 2-45。

　　使用建立好的模型,可以对矿床中的各种元素按照不同的标准进行平均品位、矿石量和金属量统计,计算出各个不同边界品位和标高的平均品位、矿石量和金属量,见表2-16、表 2-17。

图 2-45　块段模型插值结果

表 2-16　铜矿体不同边界品位资源量统计表

边界品位 /%	平均品位 /%	矿石量 /万吨	金属量 /t
0.3	0.7225	9968.21	720203
0.5	0.7801	8289.68	646671
0.8	1.0183	3045.33	310099

表 2-17　铜矿体不同等级资源量统计表

资源等级	平均品位 /%	矿石量 /万吨	金属量 /t
探明的	0.746	5378.18	401209
控制的	0.6935	1699.33	117845
推断的	0.6955	2892.55	201189
总计	0.7224	9970.07	720244

2.7　本章小结

本章以钻孔数据为例，介绍了地质数据的空间可视化建模与数据分析方法，即根据钻孔的开口坐标、测斜信息，利用空间轨迹计算公式，可获得钻孔的空间轨迹曲线。结合取样点信息，可实现钻孔任意风格的可视化显示。地质数据的分析方法有直方图、PP 图或 QQ 图、散点图，以及半变异函数。

矿床模型分为线框模型与块段模型。线框模型是一种表现实体表面形态的方法，而块段模型实质上是一组离散单元块。常见的块体品位估值方法有：最近样品法、距离幂次反比法、地质统计学法。

目前，我国最新的分类标准将资源储量分为 5 类，其中资源量分为探明的、控制的、推断的三类，储量分为确信、可信储量两类。最后以某铜铁矿为例，介绍了三维环境下资源储量计算方法。

习　题

2-1　建立矿山可视化钻孔模型需要哪些基础资料，钻孔数据库有哪些用途？

2-2　钻孔空间轨迹的确定方法有哪些，各有什么优缺点？

2-3　简述块体模型与实体模型的概念，它们之间有什么区别和联系？

2-4　什么是区域化变量？平稳假设、内蕴假设的内容是什么，二者的适用条件有何关系？

2-5　与传统的储量估算方法相比，克立格插值有哪些优缺点？在利用克立格法进行品位估算时，交叉验证的作用是什么，如何实施？

2-6　计算题：预对矿床中某一矿化点的品位进行估计，取待估点周围四个具有代表性的采样点，品位分别为 $g_1 = 0.2$、$g_2 = 0.3$、$g_3 = 0.3$、$g_4 = 0.2$，距离待估点的距离 $d_1 = 10m$、$d_2 = 12m$、$d_3 = 10m$、$d_4 = 15m$。假设这四个点均在品位影响半径内，试利用距离幂反比法估计待估点的品位 g_0。

2-7　计算题：设 $Z(x)$ 是一个一维区域化变量，满足内蕴假设。已知 $Z(1) = 2$，$Z(2) = 4$，$Z(3) = 3$，$Z(4) = 1$，$Z(5) = 5$，$Z(6) = 3$，$Z(7) = 6$，$Z(8) = 4$，$Z(9) = 5$，$Z(10) = 7$，$Z(11) = 5$，$Z(12) = 6$，$Z(13) = 4$，$Z(14) = 3$，$Z(15) = 1$，试求出半变异函数 $\gamma^*(1)$，$\gamma^*(2)$，$\gamma^*(3)$，$\gamma^*(4)$，$\gamma^*(5)$，$\gamma^*(6)$，$\gamma^*(7)$，$\gamma^*(8)$ 的值，并作出 γ 的趋势图。

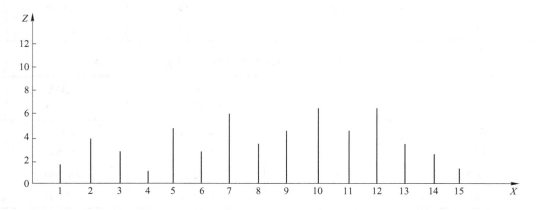

参 考 文 献

[1] 荆永滨. 矿床三维地质混合建模与属性插值技术的研究及应用 [D]. 湖南：中南大学，2010.

[2] 窦斌，蒋国盛. 建立特殊条件下导向钻孔轨迹跟踪和控制的数学模型 [J]. 煤田地质与勘探，2003，31（2）：63~64.

[3] 郝世俊，石智军，韩仕洲，等. 定向钻孔轨迹的模拟方法 [J]. 探矿工程（岩土钻掘工程），2002，（6）：27~29.

[4] 朱永宜. 钻孔轨迹数学模型在地质勘探中的定位精度验证 [J]. 探矿工程（岩土钻掘工程），2001，（1）：37~39.

[5] 荆永滨. 矿床三维地质混合建模与属性插值技术的研究及应用 [D]. 湖南：中南大学，2010.

[6] Krishnan R，Das A，Gurumoorthy B. Octree encoding of B-rep based objects [J]. Computers & Graphics，1996，20（1）：107~114.

[7] 侯景儒，黄竞先. 地质统计学及其在矿产储量计算中的应用 [M]. 北京：地质出版社，1982.

[8] Dacid M. 矿产储量的地质统计学评价 [M]. 孙慧文等译. 北京：地质出版社，1989.

[9] Deutsch C V，Journel A G. Gslib：Geostatistical Software Library and User's Guide [M]. New York：Oxford University Press，1998.

[10] Journel A，Huijbregts C. Mining Geostatistics [M]. London：Academic Press，1978.

[11] Cressie N. Fitting variogram models by weighted least squares [J]. Mathematical Geology，1985，17（5）：563~586.

[12] Zhang X F，Van Eijkeren J C H，Heemink A W. On the weighted least-squares method for fitting a semivariogram model [J]. Computers & Geosciences，1995，21（4）：605~608.

[13] Müler W G. Least-squares fitting from the variogram cloud [J]. Statistics & Probability Letters，1999，43（1）：93~98.

[14] 熊俊楠，马洪滨. 变异函数的自动拟合研究 [J]. 测绘信息与工程，2008，33（1）：27~29.

[15] 贾明涛 王李管. 三维变异函数的稳健统计学计算方法及其应用 [J]. 中南大学学报（自然科学版），1998，29（5）：422~424.

[16] 陈建宏，邓顺华，王李管. 三维变异函数的计算和拟合 [J]. 中南工业大学学报（自然科学版），1994，25（6）：686~690.

[17] 杜世通. 地质统计学方法概要 [J]. 油气地球物理，2004，2（4）：31~38.

[18] 僧德文，李仲学，李春民. 空间数据插值算法与矿体形态模拟的研究 [J]. 矿业研究与开发，2005，25（3）：67~69.

[19] Journel A G，Rao S E. Deriving conditional distributions from ordinary kriging：Stanford University Report [R]. Stanford Center for Reservoir Forcasting，1996.

[20] 杜德文，马淑珍，陈永良. 地质统计学方法综述 [J]. 世界地质，1995，14（4）：79~84.

[21] Journel A. Nonparametric estimation of spatial distributions [J]. Mathematical Geology，1983，15（3）：445~468.

[22] Suro-Pérez V，Journel A G. Indicator principal component kriging [J]. Mathematical Geology，1991，23（5）：759~788.

[23] 侯景儒. 指示克立格法的理论及方法 [J]. 地质与勘探，1990，26（3）：28~36.

[24] 肖斌，赵鹏大，侯景儒. 时空域中的指示克立格理论研究 [J]. 地质与勘探，1999，35（4）：25~28.

[25] 汪朝，王李管，刘晓明，等. 基于三维环境下资源量估算及分级方法研究 [J]. 现代矿业，2011，27（5）：6~9.

[26] 汪朝. 岔路口钼矿资源数字化评价技术与边界品位确定研究 [D]. 湖南：中南大学，2012.

[27] Jing Yongbin，Wang Liguan，Huang Junxin，et al. 3D visualization system for orebody modeling and grade estimation [C]. Proceedings of the 2nd International Conference on Computer Engineering and Technology（ICCET），2010.

3　矿山开采系统设计优化

3.1　引　　言

本章主要介绍与矿山生产设计相关的优化问题，主要包括矿区开发规划、矿山产能规模与边界品位优化、露天矿开采境界优化、开拓运输系统与排土规划、采剥计划优化，以及地下矿采矿方法优选、采场结构参数优化、生产计划编制等。这些都是矿山设计中非常重要的决策内容，决策的好坏很大程度决定了矿山建设指标及日后生产的经济效益。

3.2　矿区开发规划

矿区开发规划是根据国家和地区经济发展的需要以及矿区的资源条件，经过技术经济综合研究所制定的矿区开发总部署。制订矿区生产发展的最优决策和策略，促进矿区的健康稳定发展，是新建矿区和生产矿区面临的重大问题。它对矿山工业布局和国民经济与地区经济的发展有着重大影响。

编制矿区规划的原则：

（1）应考虑矿区在技术、经济和社会三个方面的全面发展；

（2）依靠科学技术进步，用现代技术和设备建设矿区；

（3）提高经济效益；

（4）对内外部条件综合平衡，统筹安排；

（5）明确总目标和分期目标。

3.2.1　矿区开发系统模型

3.2.1.1　矿区规划的主要内容

矿区最优规划的内容有：

（1）对矿区资源进行综合评价。

（2）论证矿区建设对全国及地区国民经济发展的作用。

（3）提出矿区开发方式、矿山生产能力、生产工艺、工业厂址、建设步骤、建设时间等的规划意见以及产品用户和加工的要求。

（4）按照矿区最终建设规模，安排矿区内部铁路、公路交通系统、供电系统、环境保护、造地复田、给水、排水、辅助企业及附属设施、管理机构、文教科研及村镇建设等的初步方案。

（5）与有关部门的协作项目，如铁路、电力、通讯、交通等建设范围和投资划分，提出初步协商意见。

（6）框算矿区建设所需井下、地面工程量，设备、钢材、木材、水泥的需用量和建设投资；框算矿区职工人数和居住人口以及经济效益等。

（7）如矿区已有生产矿井或露天矿时，要调查现有的建筑和设施、设备和生产状态，并提出利用和扩建的意见。

由于各矿区的条件不同，或受规划期内客观条件的限制，具体矿区的最优规划不一定都包括上述内容。重要的是抓住该矿区具体建设中的关键问题，为正确决策提供多种选择方案和科学依据。

3.2.1.2 建模原则与评价指标

A 建模原则

矿区最优规划的建模原则是指拟编矿区规划可行方案，其下属子系统可行方案以及描述这些方案的模型构造工作中应该遵循的原则。从广义上说，矿石工业技术政策，有关规程、规范的规定，已被实践证明是正确的技术经济合理标准等，都是应遵守的建模原则。对于矿区最优规划建模具有普遍性和战略性的重要原则，有以下内容：

（1）矿区开发最优规划的指导思想是适应国家建设和经济改革深化的形势，满足国家、地区经济发展和资源平衡的需要，充分利用矿区资源和已有条件，依靠科学技术进步，调动各方面的积极因素，结合矿区特点，按照现代化、机械化、集中化、合理化的要求，正确处理生产建设中的各种关系，合理安排矿区的生产建设，做到投资少、见效快、成本低、效益高，建成和发展与其特点相适应的矿区。

（2）矿区建设规模应根据资源储量、开采条件、国家需要、用户需求、交通运输和地理环境等因素合理确定，新建矿区的均衡生产年限要符合技术政策的规定。生产和新建矿区的开发强度要有利于矿区、矿井的正常接替，并由多方案优化确定。

（3）矿区的矿井布局和井田划分应根据矿山地质构造、开采条件、地形地貌、储量和矿体分布特征等因素确定，生产矿区还要根据实际的开发情况，合理调整矿井的开采境界。

（4）矿区的矿井开发顺序宜先近后远、先浅后深、先易后难、先优后劣、先小后大。

（5）对矿井数目多的大型矿区和特大型矿井宜一次设计、统一规划、分期建设，以减少初期工程量和基建投资，及早发挥投资效益。

（6）对现有矿山进行技术改造是生产矿区发展规划最主要的问题之一，要针对不同矿井条件，分类指导。

1）储量丰富，开采和运输条件良好、增产扩建潜力大的矿井应作为技术改造的重点，进行较大规模的改扩建。对重要矿区的此类矿井，可采用先进技术、优先装备，按现代化矿山标准进行建设。

2）尚有一定储量，无扩大井田范围、增加可采储量的矿井，一般不宜改扩建。这类矿井主要通过改进开拓部署和采矿工艺，使矿井保持稳产或略有增产，改善矿井生产的技术经济效果。

3）对分矿组建设的矿井群，转入下部开采的走向相邻矿井，浅井已转入后期开采的浅深部相邻矿井，根据条件和技术经济论证的合理性，可实行矿井合并或联合改建，实现矿区、矿井的集中生产。

4）资源枯竭的衰老矿井应尽可能多回收残矿和矿柱，力求缩短矿井产量递减期的时间。

（7）发展选矿加工和综合利用。新建矿区的选矿厂，新建矿井的矿井选矿厂要与矿井同步建设；生产矿区要根据矿种、矿质特征、用户需求和已有条件，补建或扩建选矿厂、筛选厂。发展矿石综合利用要因地制宜，重点是坑口矸石电站、建材等，积极回收与矿石共生、伴生的有用矿物。

（8）矿区地面设施布置要按专业化、集中化、企业化和系统化的原则进行全面规划，按生产、生产服务和生活服务三条线分别安排，矿区的辅助企业和生活设施一般应集中或分片集中布置。

（9）贯彻安全生产方针是矿区生产建设的头等大事。矿区建设要遵循"安全第一、预防为主、综合治理"的方针。

（10）严格执行《环境保护法》，新建、扩建矿区、选矿厂、机械厂、火工品厂时，其"三废"处理及综合利用设施应同步建设，应注意塌陷区的土地复垦和综合治理。

B 评价指标

新建矿区或生产矿区的长远规划在技术上可能的方案有若干种，为了从中选取最优方案，首先需要确定其评价指标，即衡量、判断的标准和尺度，它包括下面一些措施：

（1）矿区规模和产量。矿区规模是反映矿区面貌的基本指标，矿区产量首先要根据市场供求情况确定。一般情况在缺矿地区希望矿区规模尽可能大一些，以满足地区工农业生产发展的需要。矿石资源丰富，已向外供应矿石较多的地区，需要根据外运能力和需求量，确定适宜的生产规模。

（2）矿区经济效益。根据对各种条件下各种产品成本和售价的预测，能够计算出销售后的经济收入，作为矿区生产的直接效益。

（3）矿区生产的社会效益。矿区生产对其他部门的生产影响很大，为此可根据满足国民经济发展的地区矿石供应调配计划所带来的整体社会效益来评价。

（4）矿区基本建设投资。新建矿区需要大量投资，生产矿区扩大规模或者维持一定生产水平，也需要补充一部分基本建设或矿井改扩建的投资，都应该力求投资效益最高，并且需要考虑资金的时间价值，以投资的动态分析作为评价指标。

（5）矿区生产的机械化水平。生产机械化水平主要指采矿和掘进机械化水平，它是反映矿区生产现代化程度的指标之一。

（6）矿区全员效率。全员效率增长是生产力发展的标志，应该力求矿区生产获得较高的全员效率。

矿区规划中的最优方案选择需要按上述评价指标进行多目标综合优选。按照所采用的最优化方法，可以选用上述的全部指标，也可以选用其中的一部分指标，其中产量、效益、投资应该是不可缺少的，对于不同条件下的矿区规划方案选择，有时将以某项指标（例如投资或产量）作为约束条件对待。

3.2.1.3 系统模型结构

矿区最优规划要与矿区系统的特征和规划工作内容相适应，个别的，对各项技术决策的研究，要针对问题的性质，采用合适的理论方法；总体上，各个问题的解答和方法的应用，要构成相互衔接、相互配合的体系。图3-1表示其系统模型结构。

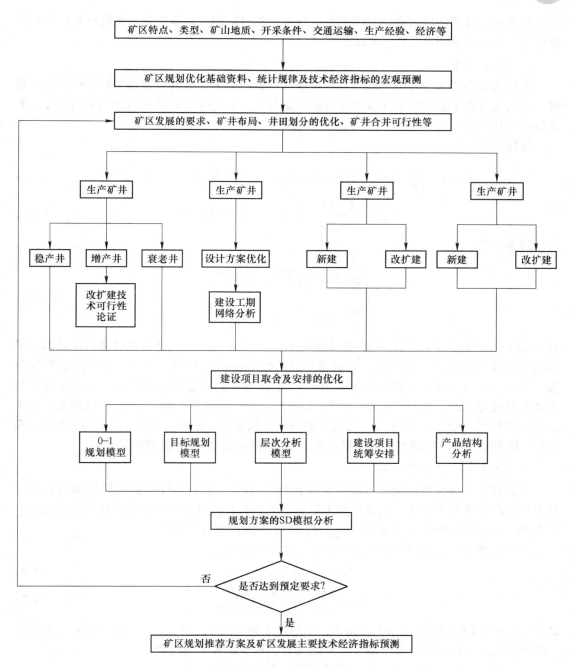

图 3-1 矿区最优规划的组成及结构

3.2.2 矿区开发系统优化方法

3.2.2.1 矿区发展方案选择的 0-1 整数规划

编制矿区生产发展的长远规划时，主要任务之一是确定生产矿井改扩建和新建矿井的数量和规模。这时需要考察矿区总投资，总产量和经济效益三者的相互影响和制约关系，用以解答如何合理使用资金使其发挥最大效益；在有限的投资条件下，如何满足矿区总产量要求。对此可采用0-1数学规划方法。

A　数学模型

以矿区效益最大为目标函数，以满足增加产量的要求及投资资金总额限制作为约束条件，将可选方案中进行改扩建或新建的矿井定为1，不进行改扩建或新建的矿井为0，数学模型表达式为

目标函数

$$Z(I) = \sum_{J=1}^{N} P(J) \cdot X(I, J) \Rightarrow \max \quad (I = 1, 2, 3, \cdots, 2^N) \tag{3-1}$$

$$P(J) = \frac{Q(J)}{A_O(J)} \cdot W(J) \cdot (T_O - T(J)) \tag{3-2}$$

约束条件

$$\begin{cases} \sum_{J=1}^{N} W(J) \cdot X(I, J) \geqslant A_L \\ \sum_{J=1}^{N} D(J) \cdot X(I, J) \geqslant D_H \end{cases} \tag{3-3}$$

式中，$Z(I)$ 为矿区所有矿井采用 I 方案所增效益，万元；$P(J)$ 为 J 矿井投资后规划期内增加的总效益，万元；$W(J)$ 为 J 矿井投资见效后增产数量，t/a；$D(J)$ 为 J 矿井所需投资金额，万元；$T(J)$ 为 J 矿井投资后施工期，a；$Q(J)$ 为 J 矿井规划前的效益，万元/a；$A_O(J)$ 为 J 矿井规划前的产量，万吨/a；I 为方案编号；T_O 为规划期年限，a；A_L 为规划期末矿区要求达到的增产指标，万吨；D_H 为规划期内矿区投资资金总额，万元；$X(I, J)$ 为 I 方案 J 矿井是否改扩建或新建的逻辑变量；N 为可以进行改扩建或新建的矿井数目。

B　备选方案与方案系列

若已知可以进行改扩建或新建的矿井数目为 N 个，规划时根据矿区规划期的投资总额及矿井所需的投资数量，投资可能采取的分配方案有：只给某一个矿井的；只给某两个矿井的；……直到全部 N 个矿井都给，共 2^N 个方案组成方案集。

每个方案 $X(I)$ 用以 1 或 0 代表取舍的 N 维向量表示：

$$X(I) = (X_1, X_2, \cdots, X_N) \tag{3-4}$$

$$X_J = \begin{cases} 1, & \text{对 } J \text{ 矿井投资} \\ 0, & \text{对 } J \text{ 矿井不投资} \end{cases} \tag{3-5}$$

式中，I 为方案的编号；J 为矿井编号，取值由 1 到 N；$(X_1, X_2, \cdots, X_N)$ 为由 X_J 取值为 1 或 0 组成的 N 维向量，表示哪个矿井给投资，哪个矿井不给投资。

按上述方案分配投资后，各方案所获得的新增收益为

$$Z(I) = \sum_{J=1}^{N} P(J) \cdot X(I, J) \tag{3-6}$$

依 $Z(I)$ 值由大到小将全部备选方案重新排序，它表明方案编号靠前的新增效益比靠后的新增效益大，选取时可以按方案序列的顺序进行。

C　不同约束条件类型

矿区发展规划方案选择时，需要考虑的约束条件因时因地而有所不同，包括国家对矿

区产量要求和投资能力，矿区自筹资金能力等。作为通用的优化模型，分为以下几种类型（用 L_X 代表不同类型）：

（1）$L_X = 1$，约束条件是投资总额 D_X 不大于给定的资金 D_H，即满足：

$$D_F(I) = \sum_{J=1}^{N} D(J) \cdot X(I, J) \leqslant D_H \tag{3-7}$$

当 D_H 值是给定在某一区间内可任意选取时，采用取上限值为 D_{H1}，下限值为 D_{H2}，步长间隔为 D_{H3} 进行多种投资可能时的方案选择。

（2）$L_X = 2$，约束条件是规划期末（如 2000 年）矿区增加的产量 $W_F(I)$ 不小于给定的增产指标 A_L，若有一部分矿井产量衰减了 $Y(3)$ 时，需满足：

$$W_F(I) = \sum_{J=1}^{N} W(J) \cdot X(I, J) \geqslant A_L + Y(3) \tag{3-8}$$

（3）$L_X = 3$，约束条件是投资总额 $D_F \leqslant D_H$，矿区增产量 $W_F(I) \geqslant A_L$（或 $A_L + Y(3)$），即满足：

$$\begin{cases} D_F(I) = \sum_{J=1}^{N} D(J) \cdot X(I, J) \leqslant D_H \\[2ex] W_F(I) = \sum_{J=1}^{N} W(J) \cdot X(I, J) \geqslant A_L + Y(3) \end{cases} \tag{3-9}$$

当投资总额为 $D_{H1} \sim D_{H2}$ 时，仍可进行按步长 D_{H3} 做多种投资时的方案选择。

（4）$L_X = 4$，约束条件是投资总额 $D_F \leqslant D_H$ 的同时，分阶段（第一个五年，第二个五年，第三个五年）的增产量 W_{F1}，W_{F2}，W_{F3} 满足增产指标 $A_L(1)$，$A_L(2)$，A_L 的要求，即满足：

$$\begin{cases} D_F(I) = \sum_{J=1}^{N} D(J) \cdot X(I, J) \leqslant D_H \\[2ex] W_{F1}(I) = \sum_{J=1}^{N} W_1(J) \cdot X(I, J) \geqslant A_L(1) + Y(1) \\[2ex] W_{F2}(I) = \sum_{J=1}^{N} W_2(J) \cdot X(I, J) \geqslant A_L(2) + Y(2) \\[2ex] W_{F3}(I) = \sum_{J=1}^{N} W_3(J) \cdot X(I, J) \geqslant A_L + Y(3) \end{cases} \tag{3-10}$$

当要求的产量增加幅度是分阶段平稳上升时，可取 $A_L(1) = \dfrac{1}{3} A_L$，$A_L(2) = \dfrac{2}{3} A_L$。

式中，$Y(1)$、$Y(2)$、$Y(3)$ 为矿井产量衰减量。

（5）$L_X = 5$，作为附加的约束类型，约束条件与 $L_X = 4$ 时基本相同。只增加一个分阶段，代表第四个五年期间产量的增长要求。

显然，模型中约束条件越多，最优方案的选取越困难。在各类约束条件下完全可能出现无解或解的数目不多（程序中 N_1 定为输出选优方案的前 N_1 个，初步考虑可以取 $N_1 = 5$），且约束条件越多出现无解的可能性越大。

3.2.2.2 矿区规划方案选择的层次分析法

矿区规划方案的评价指标中，除了有一些可以定量表达的指标如产量、效益、投资之外，还有一些难以定量表达的定性指标，如社会效益、就业问题、改善矿区环境和生活福利等。特别是在最后对少数几个矿区规划或矿区发展方案进行对比分析时，更需要对多项以不同形式表达的指标进行对比和综合评价。

层次分析法（analytic hierarchy process）是 20 世纪 70 年代由美国著名运筹学家、匹兹堡大学西堤（T. L. Saaty）教授提出的。它可以用于解决如规划、预测、排序、资源分配、冲突消除、决策等问题，也适合用于解决矿区规划方案选择问题。

层次分析法的主要特点是把复杂问题中的各种因素，通过划分为相互联系的有序层次使之条理化，根据对某一客观现实的判断就每一层次的相对重要性予以定量表示，然后利用数学方法确定每一层次的全部因素相对重要性次序的权值，并通过排序结果来分析和解决问题。

矿区规划方案选择的层次分析模型，一般情况下可以构造为三个层次进行分析决策，具体构成参见图 3-2。目标层为合理使用资金达到稳产、高产，或取得最好效益；准则层有产量、投资、经济效益、社会效益等所代表的几项综合评价指标；策略层为若干个供选择的，也是待评价的矿区规划方案。由此形成的判断矩阵 *O-A* 见表 3-1，判断矩阵 A_k-*B* 见表 3-2，最后计算得出的层次总排序见表 3-3。

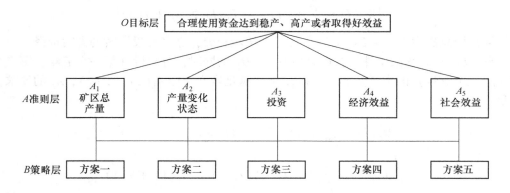

图 3-2　矿区发展规划层次分析模型

表 3-1　判断矩阵 *O-A*

O	A_1	A_2	$\cdots$	A_n	计算出
A_1	a_{11}	a_{12}	$\cdots$	a_{1n}	a_1
A_2	a_{21}	a_{22}	$\cdots$	a_{2n}	a_2
$\vdots$	$\vdots$	$\vdots$	$\vdots$	$\vdots$	$\vdots$
A_n	a_{n1}	a_{n2}	$\cdots$	a_{nn}	a_n

表 3-2　判断矩阵 A_k-*B*

A_1	B_1	B_2	$\cdots$	B_j	$\cdots$	B_n	计算出
B_1	b_{11}	b_{12}	$\cdots$	b_{1j}	$\cdots$	b_{1n}	b_1^k
B_2	b_{21}	b_{22}	$\cdots$	b_{2j}	$\cdots$	b_{2n}	b_2^k
$\vdots$	$\vdots$	$\vdots$	$\vdots$	$\vdots$	$\vdots$	$\vdots$	$\vdots$
B_i	b_{i1}	b_{i2}	$\cdots$	b_{ij}	$\cdots$	b_{in}	b_i^k
$\vdots$	$\vdots$	$\vdots$	$\vdots$	$\vdots$	$\vdots$	$\vdots$	$\vdots$
B_n	b_{n1}	b_{n2}	$\cdots$	b_{nj}	$\cdots$	b_{nn}	b_n^k

表 3-3　层次总排序表

层次 A 层次 B	A_1	A_2	…	A_m	B 层次 总排序
	a_1	a_2	…	a_m	
B_1	b_1^1	b_1^2	…	b_1^m	$\sum\limits_{i=1}^{m} a_i b_1^i$
B_2	b_2^1	b_2^2	…	b_2^m	$\sum\limits_{i=1}^{m} a_i b_2^i$
⋮	⋮	⋮		⋮	
B_n	b_n^1	b_n^2	…	b_n^m	$\sum\limits_{i=1}^{m} a_i b_m^i$

表中系数取值：

1 为两者重要性相同；3 为 B_i 比 B_j 稍重要；5 为 B_i 比 B_j 明显重要；7 为 B_i 比 B_j 很重要；9 为 B_i 比 B_j 极端重要。

它们之间的数 2，4，6，8 及其倒数有相类似的意义。显然，当 $i=j$ 时，$b_{ij}=1$，另外 $b_{ij}=\dfrac{1}{b_{ji}}(i,j=1,2,\cdots,n)$，所以对 n 阶判断矩阵，仅需要对 $\dfrac{n(n-1)}{2}$ 个元素给出数值。

根据上述层次单排序的计算结果，进行层次总排序见表 3-3。

由于客观事物的复杂性和人们认识上的多样性，可能产生片面性，要求每一个判断矩阵都具有完全一致性是不可能的，特别是对因素多、规模大的问题更是如此。为此，在考察层次分析法得到的结果是否基本合理时，需要在各排序过程中进行一致性检验。

3.2.3　矿区系统动态模拟分析

系统动态学能定性与定量地分析研究系统。它采用模拟技术，以结构-功能模拟为其突出的特点。一反过去常用的功能模拟法，它从系统的微观结构入手建模，构造系统的基本结构，进而模拟与分析系统的动态行为。这样的模拟更适于研究复杂系统随时间变化的问题。

3.2.3.1　矿区规划的系统动态学（SD）模型

A　矿区系统的总体结构

矿区是由多个矿井（露天矿）、选矿厂和辅助附属企业以及其他为矿区生产服务的诸多部门组成的一个复杂的动态系统，是由相互区别、相互作用和影响的各部分有机地联结在一起，为同一目的（生产矿石产品）完成各自功能的集合体。虽然我国的矿区（或矿井）在某些方面担负着一定的社会职能，管理着矿山职工的生活、福利、人口与教育等，但主要任务是生产矿石。因此，应用系统动态学方法，可把一般矿区系统的总体结构归纳为三个分系统：

（1）矿区矿石生产系统。该系统包括矿山资源、矿山基建与生产、选矿与加工、交通运输、供电和供水等。

（2）矿区技术经济系统。该系统包括矿区技术进步、劳动力和生产效率、投资及投资效果、固定资产及产值、收入等。

（3）矿区环境系统。矿区环境系统主要包括环境污染、"三废"治理、地表塌陷及其利用等。

三个系统之间存在着互相制约和影响的关系。矿石生产系统的运行必然影响环境系统，而环境系统又影响着技术经济系统的发展和制约着矿石生产系统的运行；矿石生产系统必然需要技术经济系统的辅助才能正常地运行和发展；技术经济系统的发展又可以改善矿区环境。因此，现代矿区系统具有如下的特征：

（1）矿区系统的行为是动态的，不仅矿区系统外部环境具有时变性，而且矿区系统内部也总是处于动态平衡状态。

（2）矿区系统的行为是多目标的，有体现矿区全部经济活动效益的经营目标，有满足社会需要的贡献目标，有体现矿区经济利益的利润目标，有表征矿区发展的战略目标等。

（3）矿区系统所拥有的矿石资源是有限的，如何在有限的资源条件下尽可能发挥最大的效益，调整矿区的生产经营活动，是矿区面临的一个问题。

（4）矿区生产系统总是经常面临着各种各样的政策因素影响。有上层管理部门下达的，有当地政府和有关部门规定的，也有企业内部制订的政策因素。如何掌握、介入协调有关的政策因素，使其与技术经济因素共同处于系统协调运动之中，是一个亟待解决的重要课题。

（5）矿区同外部环境存在相互联系和相互作用，并朝着有序化、现代化发展。

B　系统动态学模型的基本结构

（1）反馈环。

反馈系统是构成系统动态学模型的基础。若系统的输出影响系统的输入，则称该系统为反馈系统。一个反馈系统至少包含一个反馈环。

图3-3给出了一个反馈环的基本结构，它由决策点、系统状态、信息流和行动流四个要素组成。在决策点产生决策后，由行动流对系统的状态产生作用，并通过系统状态变化得到新信息，影响下一步决策。在矿区系统中，从决策产生到系统状态变化和从系统状态变化到对其进行的观测产生新的决策之间，都可能有时间延迟，即需要在反馈环的基本结构中，增加延迟内容，如图3-4所示为带延迟的反馈环。

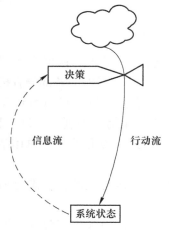

图3-3　反馈环的基本结构

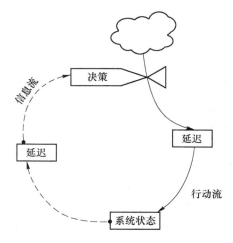

图3-4　带延迟的反馈环

（2）SD 模型的结构。

由于反馈环是构成系统的基本单元，其相互作用就决定了系统状态的增长，波动等复杂的动态行为。SD 的一个基本观点是没有原因就没有结果，变量之间的因果关系可区分为正因果关系和负因果关系。当两个相关因素同向变化时，为正因果关系；反之为负因果关系。在因果关系圈中上述关系分别以正、负因果关系链表示为 $A \rightarrow +B$ 或 $A \rightarrow -B$。

当两个以上的因果关系链首尾串联而形成环形，就称为因果关系环。由带正、负链的因果关系构成的环可分为正、负因果反馈环，其判别方法如下：若因果关系环中有偶数个负链，该环为正反馈环；若负链的个数为奇数，则该环为负反馈环。正因果反馈环中任一量的变动通过其他变量的作用，最终使该变量同方向的变动趋势加强，即具有自我强化效应，而负因果反馈环中的变量则具有自我稳定效应。

C 矿区规划 SD 模型

用因果关系图表示的矿区规划 SD 模型如图 3-5 所示。其中主要的反馈环有 3 个正环和 4 个负环。

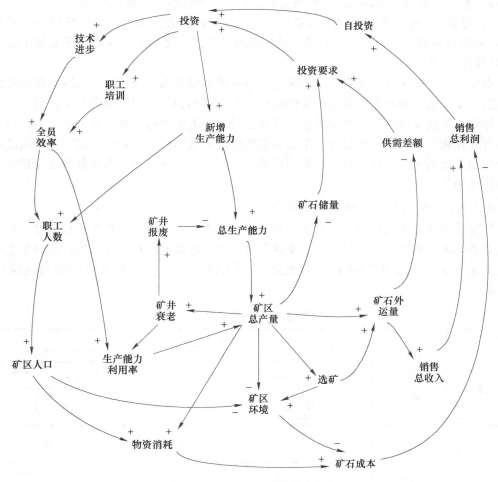

图 3-5 矿区发展因果关系图

（1）正反馈环。

1）投资→+新增生产能力→+总生产能力→+矿区总产量→+矿石外运量→+销售总收入→+销售总利润→+自投资→+投资。

2）投资→+技术进步→+全员效率→+生产能力利用率→+矿区总产量→+矿石外运量→+销售总收入→+销售总利润→+自投资→+投资。

3）投资→+职工培训→+全员效率→−职工人数→+矿区人口→+物资消耗→+矿石成本→−销售总利润→+自投资→+投资。

（2）负反馈环。

1）总生产能力→+矿区总产量→+矿井衰老→+矿井报废→−总生产能力。该环反映了矿井开发强度与矿区生产能力的制约关系。

2）投资→+新增生产能力→+总生产能力→+矿区总产量→+矿石外运量→−供需差额→+投资要求→+投资。该环反映了投资效果是增加矿石产量，减少供需差额。

3）新增生产能力→+总生产能力→+矿区总产量→−矿石储量→+投资要求→+投资→+新增生产能力。该环反映了矿石资源是矿区发展规模的基础和前提。

4）投资→+新增生产能力→+总生产能力→+矿区总产量→−矿区环境→−矿石成本→−销售总利润→+自投资→+投资。该环反映了矿区环境的影响及矿区环境与矿区发展规模的制约关系。

由此可知，矿区规划系统是由许多正、负反馈环相互耦合而成，系统所呈现的动态行为是这些正、负反馈环相互作用的总结果。各反馈的相互作用可能会相互抵消，也可能相互加强。当负反馈环的自我调节占主导地位时，系统呈现趋于目标的稳定行为。当正反馈的自我强化作用占主导地位时，系统呈现增长或衰减的行为。此外，这种主导地位可能随着时间变化而不断转移，让位于新的反馈环。因此，系统总的行为也将随之在稳定与增长中相互转化。

3.2.3.2　矿区规划系统流图和方程

根据系统动态学的原理、解算步骤和方法，在构造系统因果关系图的基础上，要进一步建立系统流图和方程，用以表示系统各部分的相互连接关系和系统结构，系统中主要变量及其相互关系与流图的描述与方程式的表达相互对应。流图中常用的表达符号见表3-4。

表3-4　流图常用符号

类别		符　号　图　示		
变量	流位	▭	流率	⊳◁
	外生变量	◎	辅助变量	○
流线	信息	----→	订单	-o-o-o-o-o-o→
	材料	——→	人	⟹

类别		符 号 图 示
信息输出	信息传递起点	⭕○---→　　　　　　　　　▭○---→
源点与汇点	源点	▭▷　　　汇点　　　◁▭
其他	延迟	▭▭▭▭

系统动态学的方程表达式是以反馈系统行为随时间改变的动态行为为基本出发点的微分方程组。描述系统动态行为过程时所用的最基本的是流位（状态）和流率（速率）变量，它们的取值随时间改变。图 3-6 中的 L_1 和 L_2 为两个流位变量，R_1 和 R_2 为相应的流率变量，由初始时间 D_0 开始考察，每经过一个 DT 时间间隔，记录流位和流率的变化情况。其表达方式是在变量名后面注以 J、K、L 分别代表前一时刻、现在时刻和后一时刻该变量的状态。

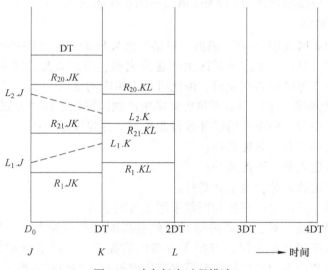

图 3-6　动态行为过程描述

矿区系统动态学模型主要用了六种方程，每一种方程的标志字符及其表达的内容如下：

（1）流位方程。所谓流位方程，也叫状态方程，它表达变量某一时刻变化后的累积量，流位方程在 DYNAMO 语言编写的程序中，以 L 为标志写在第一列。其表达形式举例如下：

$$L \quad L.K=L.J+(DT)(RA.JK-RS.JK)$$

上述程序语句中，L 为流位变量名，L. K 为 K 时刻的流位，L. J 为 J 时刻的流位；DT 为时间间隔；RA. JK 为在 J 到 K 的时间间隔中致使流位 L 增加的流率变量；RS. JK 为在 J 到 K 的时间间隔中致使流位 L 减少的流率变量。

矿区系统中的储量、生产能力和固定资产等都用流位方程来描述。

（2）流率方程。流率方程也叫速率方程。流率是表示单位时间内流位的变化，指出在被控系统内如何流动。在用 DYNAMO 语言编写的程序中，速率方程以 R 为标志。与流位方程不同，速率方程无一固定格式，速率方程是在 K 时刻进行计算，速率的时间下标为 JK 或 KL。例如：

$$R \ KJKGL. \ KL = GKTZ. \ K/KDKTZ$$

上述程序语句中，KJKGL 为矿井开工能力；KDKTZ 为矿井建设吨矿投资。

（3）辅助方程。辅助方程在反馈系统中描述信息的运算式。"辅助"的涵义就是帮助建立速率方程。在 DYNAMO 语言中，书写辅助方程时要以字母 A 为标志。

（4）N 方程。N 方程的主要用途是为矿区系统流位方程赋予初始值。在模型程序中，N 方程通常紧跟着流位方程。

（5）常数方程。常数方程为矿区系统变量或因素设置常数参数值，在 DYNAMO 语言中，书写常数方程时要以字母 C 为标志。常数可在重复运行中进行修改。

（6）表方程。矿区规划模型中往往需要用辅助变量描述某些变量间的非线性关系。显然简单地由其他变量进行代数组合的辅助变量已不能胜任。若所需的非线性函数能以图形给出，就可以十分简单地用 DYNAMO 语言中的表函数表示。

3.2.3.3 应用实例

利用所建立的矿区发展"SD"模型，对某矿区发展的不同策略进行了 30 年（1985~2015）的动态模拟，得出了相应的矿区生产建设规模、经济效益、固定资产、职工人数、矿区人口及家属住宅等的动态变化值，由此可得出相应的结论。

（1）矿区生产规模。本模型对平顶山矿区生产规模模拟了四种方案。

Ⅰ方案：对具备改扩建条件的矿井进行改扩建，并建设新井；

Ⅱ方案：不改建老井，只建新井；

Ⅲ方案：只改建老井，不建新井；

Ⅳ方案：既不改建老井，也不建新井。

模拟结果表明，矿区生产规模和产量采用Ⅰ方案较好。

（2）矿区经济效益。矿区企业内部经济效益必须以矿石为主，大搞多种经营，大力开展选矿加工。本模型在矿区规模选择Ⅰ方案的前提下，考虑了选矿方案，模拟结果表明：建立与矿井生产能力相适应的选矿厂方案能取得较好的经济效果。

但是，矿石工业的生产对象是地下的自然资源，随着开采深度的逐步加深，开采难度愈来愈大，生产成本不断增加，矿井逐渐衰老，由于矿石资源的枯竭，最终报废是不可抗拒的客观规律。衰老过程中的经济损失，报废时的人员安置都是矿山企业的特殊问题。即使在正常生产时期，矿石企业的生产、经营状况受资源赋存条件的限制特别大。加之长期以来，矿石的价格与价值背离，使绝大多数矿山企业处于亏损状态，这种不正常状况的结果是产矿愈多，亏损愈大。随着我国进入社会主义市场经济，矿山企业又面临了新的问题和困难：1）矿石市场出现供大于求的局面；2）人员多，效率低，效益差。该矿区同样也面临着如何减人提效、提高矿石质量、开拓矿石销售市场、调整产业结构和提高企业经济效益的问题。

（3）固定资产与投资。模拟结果表明，固定资产原值和净值都是在不断增加的，而资产产出率却随之减少。这表明固定资产产出率随固定资产与投入的劳动力的比值增加而下降，如果我们把矿区发展归结为投入与投入效果两个因素，则加速矿区发展途径就是增加投入和提高投入效果。如果投资效果已定，则投资就成为矿区发展的决定性因素。

（4）职工人数和全员效率。模拟结果表明，从效率这个角度来看矿区生产规模，也是I方案好。

按效率目标所作的模拟结果，全员效率到2000年达到3.0t/工，到2015年达到4.0t/工左右。但效率的提高就必须减少人员，同时提高机械化程度和科学技术水平，前者涉及精减人员的出路问题，后者涉及矿山地质条件对机械化使用的限制和矿山企业面临亏损而无力购置综采设备的问题。因此，对矿山企业而言，职工人数的减少和效率的提高是有一定限度的。

（5）模型的验证。为了检验模型的正确性，我们对该规划"SD"模型作了历史验证，把模拟起始时间退回到1980年。验证的主要变量取矿区产量、职工人数、固定资产原值和工业总产值，验证结果列于表3-5。

由表3-5可见，矿区产量的模拟值与历史值之间最大相对误差为2.39%；职工人数的最大相对误差为1.81%；固定资产原值最大相对误差为2.41%；工业总产值最大相对误差为2.28%。这表明模型的拟合精度是比较高的，用于模拟矿区的发展研究是可信的。

表 3-5　矿区发展"SD"模型验证结果

年份	矿区产量/Mt			职工人数/人			固定资产原值/万元			工业总产值/万元		
	历史值	仿真值	误差/%	历史值	仿真值	误差/%	历史值	仿真值	误差/%	历史值	仿真值	误差/%
1980	2.7790	2.7338	−1.63	21541	21927	+1.79	16892.5	16892.5	0	7416.9	7569.2	+2.05
1981	2.7101	2.6709	−1.45	26055	26380	+1.25	28982.5	28629.5	−1.22	6949.2	7018.4	+0.10
1982	3.9211	3.8272	−2.39	28865	29184	+1.11	63225.7	64324.1	+1.74	10228.8	10321.9	+0.91
1983	4.4415	4.5437	+2.30	31176	31084	−0.30	66617.5	65076.5	−2.31	11503.5	11667.0	+1.42
1984	5.0901	5.1178	−0.54	34291	34541	+0.73	71317.5	73039.1	+2.41	13166.4	13311.5	+1.10
1985	5.7562	5.8449	−1.54	34546	34630	+0.24	98004.4	96625.2	−1.41	16303.1	16562.7	+1.59
1986	6.9389	6.9455	+0.10	35322	35961	+1.81	156435.9	158988.4	+1.63	20153.0	20487.5	+1.66
1987	8.0824	8.1308	+0.60	36828	36257	−1.55	173928.7	175237.8	+0.75	25803.5	26392.4	+2.28
1988	9.3188	9.1207	+2.13	63236	63509	+0.43	209520.8	213908.8	+2.09	44224.2	44488.2	+0.60

3.3　矿山生产能力优化

3.3.1　矿山生产规模

矿山生产规模是矿区开发过程中非常重要的一项决策要素，与此相关的决策要素还有矿田储量及矿山服务年限等。若这些决策要素确定得正确，将对我国优势资源的及时开发与充分利用，以及相应的矿业开采经济效益与矿区可持续发展能力带来深远的影响。因此，矿山产量规模的优化，应该成为矿山诸多决策要素之中的重点优化对象。

3.3.1.1　概述

矿山生产规模的确定，涉及矿区资源条件、矿区内、外部多种技术、经济因素，是一个复杂的系统工程问题。在确定矿山生产规模时，一般认为应从下列 3 个方面进行论证：

（1）按需求量确定矿山生产规模。根据国内外市场需求量做出需求预测，一般可为矿山日后生产安排较为稳定的供销出路，在市场经济条件下则变化多端，难于准确预测。

（2）按开采技术条件确定或验证生产规模。开采技术条件主要涉及开采工艺及设备选型、可能布置的工作面数目、矿山工程延深速度、运输线路通过能力等方面。

（3）按经济条件确定矿山生产规模。这里主要涉及：可能获得的投资数额；满足行业技术政策及设计规范中关于矿山服务年限的要求；经济效果最优化。

按经济条件确定矿山生产规模，往往应是定量研究生产规模及其相关要素的核心所在。这方面存在的问题是：关于经济效果最优化的研究还很薄弱，缺乏有力的研究成果及实例论证；而设计规范中关于矿山生产规模及其服务年限关系的规定又束缚了经济效果优化研究，限制了生产规模的优化范围。

3.3.1.2　主要方法

目前国内外关于优化矿山产量规模的主要方法有：

（1）泰勒准则。把境界内的矿石储量与服务年限归结为经验公式，间接地给出一定储量条件下的最优规模：

$$T = 6.5(1 \pm 0.2)\sqrt[4]{Q} \tag{3-11}$$

式中，T 为矿山经济寿命，a；Q 为境界内矿石储量，Mt。

（2）平均利润率准则。使矿山投资取得不低于平均利润率的经济效益。

（3）经济规模准则。通过计算各规模条件下矿山投资的利润率，找出利润率最高的产能规模。

（4）成本优先准则。确定单位投资成本、单位经营成本和产量规模之间的关系，从中找出最低成本规模。

（5）资源利用率准则。使矿石资源储量的利用率最大。

（6）收益率准则。使其净现值或内部收益率达到最大。

以上各种方法（除第一种以外），其表述方式虽然不同，但核心问题是要建立矿山开采成本与产量规模之间的函数关系，或者是收益与规模的函数关系，然后取最优值。然而，成本（收益）与规模之间的函数关系非常复杂，影响因素众多，各矿情况互不相同，它们之间的关系也不相同，在实际应用中，需要根据不同矿山的具体条件详细分析后确定。

3.3.1.3　最优产量规模的确定

A　确定矿山最优产量规模的数学模型

（1）目标函数：$A_p \to Opt$，即

总成本最低：$C = f(A_p) \to \min$；

或总收益最大：$B = f(A_p) \to \max$。

（2）约束条件：

$$\sum_{i=1}^{n} a_{ij} x_{ij} \leqslant (\text{或} \geqslant) A_{pj} \quad (j = 1, 2, \cdots, N) \tag{3-12}$$

式中，a_{ij}为第 j 项约束条件的第 i 项变量系数；x_{ij}为第 j 项约束条件的第 i 项变量；A_{pj}为第 j 项约束条件所能达到的最大生产能力。

B　确定矿山合理经济规模的方法

（1）针对矿山资源条件，选择合理的开采工艺及设备；

（2）确定合理的开采程序、开拓系统及开采参数；

（3）在储量一定的条件下，对不同生产规模的矿山投资及生产成本进行估算；

（4）按照某一种（或几种）经济评价指标进行不同生产规模下的经济效益计算，它应是贯穿矿山开采全过程的动态经济计算；

（5）对上项所得结果进行规模经济分析，找出规模优化范围；

（6）对限制矿山生产规模的其他内、外部约束条件进行分析；

（7）合理匹配各决策要素之间的关系，如矿山生产规模与主要固定资产折旧年限，主要开采设备规格、数量之间的关系等；

（8）综合得出合理经济的矿山生产规模。

C　案例分析

某露天矿地质储量 2188Mt，可采原矿储量约 1650Mt，平均剥采比为 5.35m^3/t。矿体厚度约 30m，倾角多在 10°以下。剥离物以亚黏土、砂岩等为主，属软至中硬岩性。剥离物厚度为 100~200m。矿区多丘陵地形，为典型黄土高原地貌。原设计生产规模为 15Mt/a，服务年限将达 100a 以上。剥离系统选择单斗-卡车剥离工艺，采矿系统选择单斗-卡车-破碎-胶带工艺。开采条带宽度（即坑底工作线长度）为 1.5km。

按照前述生产规模优化计算结果，该露天矿近期经济合理生产规模应在 15~20Mt/a 的范围。其中约束条件主要包括开采技术条件、外运条件、可用资金条件等。这些约束条件并非一成不变，而是可以创造条件使之宽松化的。

鉴于原划分的矿田储量甚大，现在其范围内选取不同的矿田储量 P，形成从 $P=$ 250Mt 到 $P=1500$Mt 的 6 种方案，然后进行综合优化。所选取的经济效益主要评价指标如下：

（1）内部收益率 IRR；

（2）总净现值 NPV（基准收益率按 10%计）；

（3）净现值指数（现值比）。

净现值指数 R 为单位投资所获净现值：

$$R = \frac{NPV}{K} \tag{3-13}$$

式中，NPV 为净现值；K 为总投资现值。

在不同矿田储量下，不同矿山生产规模所获得的经济效益指标如图 3-7~图 3-9 所示（图中 A_{max}为约束条件限定之生产规模上限）。

由图可见，虽然按不同经济效益指标所得结果不尽相同，但有其共同的规律可循：

（1）在一定的矿田储量条件下，随着矿山生产规模的变化，矿山经济效益随之变化，且有其经济效益峰值，相应即为最优经济规模。

（2）随着矿田储量的增大，最优经济规模值也随之相应增大。

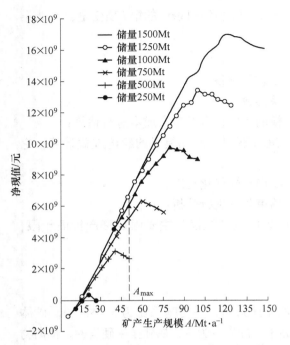

图 3-7 不同矿田储量及矿山生产规模的净现值

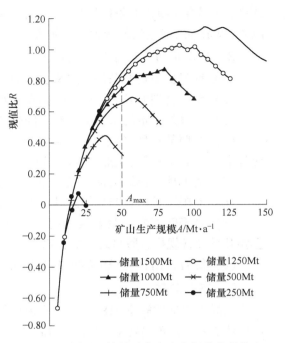

图 3-8 不同矿田储量及矿山生产规模的现值比

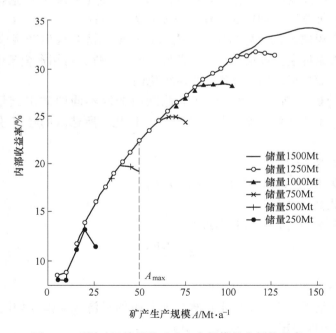

图 3-9 不同矿田储量及矿山生产规模的内部收益率

（3）由于矿区内外种种约束条件的限制，单个矿山生产规模往往被约束在一定范围之内。在矿田储量很大时（例如本实例中 $P \geqslant 750$Mt 左右时），难以达到计算所得最优经济规模。目前世界范围内单个露天矿生产规模最高达 50Mt/a，可作为单坑生产规模上限之参考。按此规模，该露天矿年采剥总量将达 0.3km³。为拓宽研究范围，其他约束条件暂不参与限制。

由此，我们可以得出在现实可行产量规模范围内，不同生产规模下可以获得最优经济效益的相应矿田储量。为了对不同矿田储量方案进行对比，采用单位储量净现值指标统一衡量。

$$单位储量净现值 = \frac{NPV}{P}$$

整理结果列于表 3-6 中。由表 3-6 可见，当矿山生产规模过低时，其净现值将为负值，即 *IRR* 低于基准收益率。由此可以确定矿山生产规模的下限值。在该矿田条件下，其经济规模下限值约在 12Mt/a（按基准收益率 12% 计）。

表 3-6　矿山生产规模与矿田储量综合优化结果

矿山生产规模/Mt·a⁻¹	单位储量净现值峰值/元·t⁻¹	相应合理矿田可采储量/Mt
10	−0.32	—
15	0.15	500~650
20	1.62	350~650
25	2.92	400~700
30	4.20	400~750

由表 3-6 还可见，按照原设计生产规模，原划定矿田储量过大。为了达到决策要素的综合优化，提出该矿田重新划分方案：

（1）将原矿田一分为二，每个矿田工业储量约 700~800Mt，矿山生产规模各为 25~30Mt/a；

（2）将原矿田一分为三，每个矿田工业储量为 450~550Mt，矿山生产规模各为 15~20Mt/a。

从当前各方面因素综合考虑，方案（2）更现实可行。无论如何，适当划小矿田范围，实现合理经济生产规模，可以成倍提高开采范围内的总产量规模，这对于矿区优势资源的及时有效利用，并提高全矿区的综合经济效益，无疑具有重要意义。

3.3.2　矿山边界品位

边界品位是矿产工业要求的一项重要指标，也是计算矿产储量的主要依据。它是划分矿与非矿界限的最低品位，即圈定矿体时单个矿样中有用组分的最低品位。边界品位是根据矿床的规模、开采加工技术（可选性）条件、矿石品位、伴生元素含量等因素确定的。它是圈定矿体的主要依据。

当有用组分含量等于或高于边界品位值时，其所代表的区段为矿石，进而根据有用组分平均含量是否高于工业品位，进一步划分为目前可利用储量（表内储量）和目前暂不能利用储量（表外储量）。当有用组分含量低于边界品位值时，其所代表的区段则为围岩或夹石。边界品位应高于或数倍高于选矿后尾矿中的有用组分含量。在西方国家，没有工业品位要求，边界品位是圈定矿体的唯一品位依据。

从 20 世纪 60 年代以来，边界品位的优化一直是矿山主要的研究课题。边界品位研究主要有两种方法：盈亏平衡法和 Lane 法。盈亏平衡法最初应用于南非 Witwatersrand 金矿，曾一度成为确定边界品位的主导方法，我国矿山也普遍应用。但是，盈亏平衡法得到的边界品位，是一个与矿石质量、时间和位置无关的静态区分标准，没有考虑资金的时间价值，它的不合理性是显而易见的，这种方法逐渐被淘汰；Lane 法是于 1964 年首先提出的，Lane 法的边界品位优化方法是以净现值为优化目标，得出的是随时间变化的动态边界品位，同时受到采场、选厂和冶炼厂的生产能力约束。

3.3.2.1 盈亏平衡品位计算

A 价值与成本计算

令 M_c 为一吨矿石的开采与加工成本；M_V 为一吨品位为 1 的矿石被加工成最终产品能够带来的经济收入。当最终产品为金属时：

$$M_c = C_m + C_p + C_r' \tag{3-14}$$

式中，C_m、C_p、C_r' 分别为一吨原矿的采矿成本、选矿成本和冶炼成本。C_m 和 C_p 是按每吨原矿计算的，而冶炼成本一般按每吨精矿计算：

$$C_r' = \frac{g \cdot r_p}{g_p} \cdot C_r \tag{3-15}$$

式中，g 为原矿品位；r_p 为选矿回收率；g_p 为精矿品位；C_r 为每吨精矿的冶炼成本。
故

$$M_c = C_m + C_p + \frac{g \cdot r_p}{g_p} \cdot C_r \tag{3-16}$$

若金属的售价为 P_r，M_V 可用下式计算：

$$M_V = r_p r_r P_r \tag{3-17}$$

当最终产品为精矿时：

$$M_V = C_m + C_p \tag{3-18}$$

$$M_V = \frac{r_p}{g_p} P_p \tag{3-19}$$

式中，P_p 为每吨精矿售价；r_r 为冶炼回收率。

B 已揭露块段的盈亏平衡品位

设某一块段已被揭露，这一块段可以采也可以不采。这时需要做的决策是采或不采，这两种选择间的盈亏平衡品位应满足以下条件：开采盈利 = 不开采盈利。

若该块段作为矿石开采，则

$$开采盈利 = gM_V - M_c$$

若不予开采，盈利为零。所以有

$$g_c M_V - M_c = 0$$

即

$$g_c = M_c / M_V$$

式中，g_c 为盈亏平衡品位。

当最终产品为金属时，得

$$g_c = \frac{C_m + C_p}{r_p r_r P_p - \dfrac{r_p}{g_p} \cdot C_r} \tag{3-20}$$

当最终产品为精矿时，得

$$g_c = \frac{C_m + C_p}{r_p P_p} \cdot g_p \tag{3-21}$$

因此，当被揭露的块段的品位大于 g_c 时，应将其作为矿石开采，否则不予开采。

C 必采块段的盈亏平衡品位

如果某一块段必须被开采（如为了揭露其下面的矿石），那么对该块段的决策选择有两种：作为矿石开采后送往选厂或作为废石采出后送往排土场。这两种选择间的盈亏平衡品位应满足以下条件：

作为矿石处理的盈利＝作为废石处理的盈利；

作为矿石处理时的盈利＝ $g_c M_V - M_c$；

作为废石处理时的盈利＝ $-W_c$，即一吨废石的排土成本，故有 $g_c M_V - M_c = -W_c$；

即 $g_c = (M_c - W_c)/M_V$。

当最终产品为金属时：

$$g_c = \frac{C_m + C_p - W_c}{r_p r_r P_p - \dfrac{r_p}{g_p} \cdot C_r} \tag{3-22}$$

当最终产品为精矿时：

$$g_c = \frac{(C_m + C_p - W_c) g_p}{r_p P_p} \tag{3-23}$$

因此，当块段品位高于 g_c 时，将其作为矿石送往选厂要比作为废石送往排土场更为有利。值得注意的是，当块段的品位刚刚高于 g_c 时，将其作为矿石并不能获得盈利，然而既然块段必须采出，将其作为矿石处理的亏损小于作为废石处理的成本，故仍然将其划为矿石。

D 分期扩帮盈亏平衡品位

采用分期开采时，从一个分期境界到下一个分期境界之间的区域称为分期扩帮区域。是否进行下一期扩帮，取决于开采分区扩帮区域是否能带来盈利。进行这一决策的盈亏平衡品位应满足以下条件：

扩帮盈利＝不扩帮盈利。

当分期扩帮区域内矿石的平均品位为 g_c，剥采比为 R 时：

$$扩帮盈利 = g_c M_V - M_c - R W_c$$
$$不扩帮盈利 = 0$$

故

$$g_c M_V - M_c - R W_c = 0$$

即

$$g_c = (M_c + R W_c)/M_V$$

当最终产品为金属时：

$$g_c = \frac{C_m + C_p + RW_c}{r_p r_r P_P - \frac{r_p}{g_p} \cdot C_r} \tag{3-24}$$

当最终产品为精矿时：

$$g_c = \frac{(C_m + C_p + RW_c)g_p}{r_p P_P} \tag{3-25}$$

因此，如果分期扩帮区域内矿石的平均品位高于 g_c，将其开采更为有利。必须注意的是，上面公式中用到剥采比 R，这意味着在计算分期扩帮盈亏品位前已经在该区域中进行了矿岩划分，而矿岩划分需要用到边界品位。如果决定开采分区扩帮区域，该区域变为必采区域，因此将该区域内每一块段进行矿岩划分的边界品位是必采块段盈亏平衡品位。这里需要强调的是，计算分期扩帮盈亏平衡品位的目的不是为了区分矿岩，而是为了决定是否开采整个分区扩帮区域。如果用必采块段盈亏平衡品位进行矿岩划分后得到的矿石的平均品位高于分期扩帮盈亏平衡品位，开采分期扩帮区域比不予开采更为有利。

3.3.2.2　最大现值法（Lane 法）确定边界品位

Lane（1964）被公认为是边界品位理论发展的里程碑。它把整个生产过程分为采矿、选矿、冶炼三个主要阶段。每个阶段都有自己的最大生产能力和单位成本。当不同阶段成为整个生产过程的瓶颈，即其生产能力制约着整个企业的生产能力时，最佳边界品位也不同。由此，可分别求得采矿生产能力约束条件下的最佳边界品位 g_m、选矿生产能力约束条件下的最佳边界品位 g_c、冶炼生产能力约束条件下的最佳边界品位 g_r。每两个阶段都对应一平衡边界品位。使两个阶段均以最大生产能力满负荷运行，可分别求得采选平衡边界品位 g_{mc}、采冶平衡边界品位 g_{mr}、选冶平衡边界品位 g_{cr}。同时还求得每两个阶段成为生产的主要矛盾时对应的采选边界品位 G_{mc}、采冶边界品位 G_{mr}、选冶边界品位 G_{cr}。当同时考虑采、选、冶三个阶段的约束时，最佳边界品位是 G_{mc}、G_{mr}、G_{cr} 的中间值。

A　最大现值法（Lane 法）的符号定义

M 为采场最大生产能力；m 为单位开采成本；C 为选厂最大生产能力；c 为单位选矿成本；R 为冶炼厂最大生产能力；r 为单位冶炼成本；f 为不变成本；s 为最终产品单位售价；y 为综合回收率。

B　盈利及现值计算

在 Lane 法中，考虑采、选、冶三阶段平衡盈利为

$$P = (s - r)Q_r - cQ_c - mQ_m - fT \tag{3-26}$$

式中，fT 为开采并处理 Q_m 的不变费用。设折现率为 d，从当前时间算起一直到矿山开采结束的未来盈利折现到当前的最大现值为 V，从开采完 Q_m（即时间 T）算起一直到矿山开采结束的未来盈利折现到 T 的最大现值为 W。那么有

$$V = W(1 + d)^T + P/(1 + d)^T \quad 或 \quad W + P = V(1 + d)^T \tag{3-27}$$

由于 d 很小（一般为 0.1 左右），$(1+d)T$ 可用泰勒级数的一次项近似，即 $(1+d)^T \approx 1 + Td$。故上式可以写成

$$W + P = V(1 + Td) \quad \text{或} \quad V - W = P - VTd \tag{3-28}$$

$V-W$ 为开采 Q_m 产生的现值增量，记为 V_m，则有

$$V_m = P - VTD \tag{3-29}$$

代入上式得

$$V_m = (s - r)Q_r - cQ_c - mQ_m - (f + Vd)T \tag{3-30}$$

上式是现值增量的基本表达式。求作用于 Q_m 的最佳边界品位就是求使 V_m 最大的边界品位。

C 受生产能力约束的最佳边界品位

企业由采、选、冶三个阶段组成，每一阶段有其自己的最大生产能力。当不同阶段成为整个生产过程的瓶颈，即其生产能力制约着整个企业的生产能力时，最佳边界品位也不同。

（1）采场生产能力约束下的最佳边界品位。

当采场的生产能力制约着整个企业的生产能力时，时间 T 是由开采时间决定的，即 $T = Q_m / M$。则有

$$V_m = (s - r)Q_r - cQ_c - \left(m + \frac{f + Vd}{M}\right)Q_m \tag{3-31}$$

使 $V_{\text{最}}$ 大的边界品位 g_m 应满足

$$(s - r)g_m y - c = 0 \tag{3-32}$$

即 $g_m = c/(s - r)y$。

（2）选厂生产能力约束下的最佳边界品位。

当选厂生产能力制约着整个企业的生产能力时，时间 T 是由选矿时间决定的，即 $T = Q_c / C$。则有

$$V_c = (s - r)Q_r - [c + (f + Vd)/C]Q_c - mQ_m \tag{3-33}$$

通过与上面同样的分析，使 V_c 最大的边界品位为

$$g_c = \frac{c + \dfrac{f + Vd}{C}}{(s - r)y} \tag{3-34}$$

（3）冶炼厂生产能力约束下的最佳边界品位。

当冶炼生产能力制约着整个企业的生产能力时，时间 T 由冶炼时间给出，即 $T = Q_r / R$。则有

$$V_r = \left(s - r - \frac{f + Vd}{R}\right)Q_r - cQ_c - mQ_m \tag{3-35}$$

使 V_r 最大的边界品位为

$$g_r = \frac{C}{\left(s - r - \dfrac{f + Vd}{R}\right)y} \tag{3-36}$$

D 生产能力平衡条件下的边界品位

若采选平衡边界品位记为 g_{mc}，g_{mc} 应满足下列条件：

$$\frac{Q_c}{Q_m} = \frac{C}{M} \tag{3-37}$$

若采冶平衡边界品位记为 g_{mr}，满足条件：

$$\frac{Q_r}{Q_m} = \frac{R}{M} \tag{3-38}$$

若选冶平衡边界品位记为 g_{cr}，满足条件：

$$\frac{Q_r}{Q_c} = \frac{R}{C} \tag{3-39}$$

E   最佳边界品位

首先考虑只有采场和选厂的情形。当边界品位变化时，Q_c 与 Q_r 随之变化。因此以采场生产能力为约束的现值增量 V_m 和以选厂生产能力为约束的现值增量 V_c 也随之变化。当边界品位较低时，V_m 大于 V_c，随着边界品位的增加，二者逐渐靠近；当边界品位等于 g_{mc} 时，V_m 等于 V_c；之后 V_m 小于 V_c。这一变化过程可用图 3-10 表示，此时最佳边界品位的值是两曲线重叠区域的最高点 g_{mc}。

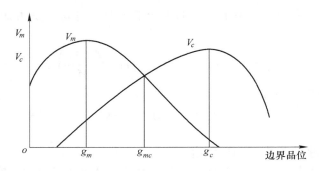

图 3-10 V_m 与 V_c 随边界品位变化示意图（情形Ⅰ）

还可能出现图 3-11 和图 3-12 所示的两种情形。在图 3-11 所示的情形中，最终边界品位为 g_m；在图 3-12 所示的情形中，最终边界品位为 g_c。总结上述讨论，当同时考虑采场与选厂时，最佳边界品位 G_{mc} 可用下式求得：

$$G_{mc} = \begin{cases} g_m & \text{if} & g_{mc} \leqslant g_m \\ g_c & \text{if} & g_{mc} \geqslant g_c \\ g_{mc} & \text{if} & g_m < g_{mc} < g_c \end{cases} \tag{3-40}$$

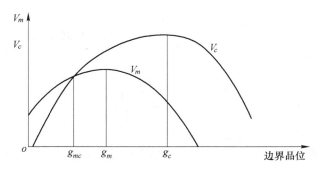

图 3-11 V_m 与 V_c 随边界品位变化示意图（情形Ⅱ）

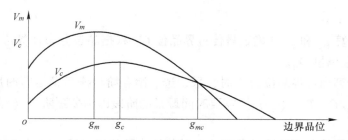

图 3-12　V_m 与 V_c 随边界品位变化示意图（情形Ⅲ）

用同样的分析可以得出当同时考虑采场与冶炼厂时的最佳边界品位 G_{mr}：

$$G_{mr} = \begin{cases} g_m & \text{if} & g_{mr} \leqslant g_m \\ g_r & \text{if} & g_{mr} \geqslant g_r \\ g_{mr} & \text{if} & g_m < g_{mr} < g_r \end{cases} \qquad (3-41)$$

当同时考虑选厂与冶炼厂时的最佳边界品位 G_{cr} 为

$$G_{cr} = \begin{cases} g_r & \text{if} & g_{cr} \leqslant g_r \\ g_c & \text{if} & g_{cr} \geqslant g_c \\ g_{cr} & \text{if} & g_r < g_{cr} < g_c \end{cases} \qquad (3-42)$$

当同时考虑采、选、冶三个阶段的约束时，在任一边界品位处企业可能获得的最大现值增量为 V_m、V_c 和 V_r 中的最小者。可以证明，最佳边界品位总是 G_{mc}、G_{mr} 与 G_{cr} 中的中间者，即 $G = \text{middlevalue}(G_{mc}, G_{mr}, G_{cr})$，如图 3-13 中的圆圈处对应的横坐标值为最佳边界品位 G。

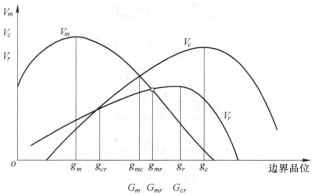

图 3-13　V_m、V_c、V_r 随边界品位变化示意图

F　算法步骤

计算 g_c 和 g_r 时需要用到现值 V，而现值 V 在确定边界品位前是未知的。因此，求最佳边界品位需要进行迭代运算。具体步骤如下：

第一步：根据采、选、冶最大生产能力计算生产能力平衡边品位 g_{mc}、g_{mr} 与 g_{cr}。由于最大生产能力不变，这三个边界品位是固定值。

第二步：计算以采场生产能力为约束的边界品位 g_m。由于 g_m 与 V 无关，因此 g_m 也是固定值。

第三步：令 $V=0$。

第四步：计算 g_c 和 g_r，并确定最佳边界品位 G。根据品位分布计算边界品位为 G 时的总矿量 Q_{ct} 和总金属量 Q_{rt}。

第五步：计算当边界品位为 G 时，采、选、冶各阶段满负荷运行时所需的时间 $T_m = Q_{mt}/M$，$T_c = Q_{ct}/C$，$T_r = Q_{rt}/R$。需要时间最长的阶段即为瓶颈阶段（即制约整个企业生产能力的阶段）。

第六步：计算使瓶颈阶段满负荷运行时其他阶段的年产量，这一产量小于对应阶段的最大生产能力。

第七步：根据各阶段的产量计算年盈利 P，并计算现值 $V1$。

第八步：令 $V=V1$，返回到第四步，求得最佳边界品位 G。若新 G 与上一次迭代得到的 G 不同，继续迭代，否则，停止迭代。迭代结果是第一年的最佳边界品位以及对应的开采量。

第九步：将第一年的开采量从总储量中去掉，得到第一年末（第二年初）的储量。假设品位分布不变，重复上述第三到八步，即可求得第二年的最佳边界品位。以此类推，直至总储量被采完，就得到了各年的最佳边界品位。最佳边界品位优化的流程如图 3-14 所示。

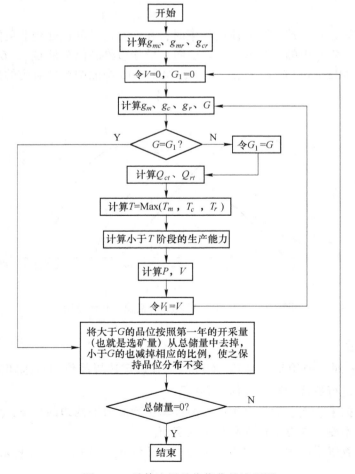

图 3-14　最佳边界品位优化的流程图

G 案例分析

某矿山采场最大生产能力 $M=100$t 矿岩/a，单位开采成本 $m=1$ 元/t（矿岩），选厂最大生产能力 $C=50$t 原矿/a，单位选矿成本 $c=2$ 元/t（原矿），冶炼厂最大生产能力 $R=40$kg 金属/a，单位冶炼成本 $r=5$ 元/kg（金属），金属售价 $s=25$ 元/kg，综合回收率 $y=100\%$，不变成本 $f=300$ 元/a，总储量 $Q_{mt}=1000$t。品位分布如表 3-7 所示。

为了计算生产能力平衡边界品位 g_{mc}、g_{mr} 与 g_{cr}，需要首先计算品位-矿量曲线和品位-金属量曲线。计算结果列入表 3-8 中。

表 3-7 原始储量品位分布

品位段/kg·t^{-1}	储量/t
0.0~0.1	100
0.1~0.2	100
0.2~0.3	100
0.3~0.4	100
0.4~0.5	100
0.5~0.6	100
0.6~0.7	100
0.7~0.8	100
0.8~0.9	100
0.9~1.0	100
总计	1000

表 3-8 不同边界品位下的矿量与金属量

边界品位/kg·t^{-1}	矿量 Q_{ct}/t	金属量 Q_{rt}/kg
0.0	1000	500
0.1	900	495
0.2	800	480
0.3	700	455
0.4	600	420
0.5	500	375
0.6	400	320
0.7	300	255
0.8	200	180
0.9	100	95

g_{mr} 是使 $Q_r/Q_m=R/M=40/100=0.4$ 的边界品位。与上面理由相同，$Q_{rt}/Q_{mt}=0.4$，$Q_{rt}=0.4\times1000=400$。从表 3-7 可知，g_{mr} 介于 0.45 与 0.5 之间，利用线性插值得 $g_{mr}=0.456$。

g_{cr} 是使 $Q_r/Q_c=R/C=40/50=0.8$ 的边界品位，也是使 $Q_{rt}/Q_{cr}=0.8$ 的边界品位。从

表 3-8 可知，当边界品位为 0.6 时，$Q_{rt}=320$，$Q_{ct}=400$，二者之比为 0.8，故 $g_{cr}=0.6$。

$$g_m = \frac{c}{(s-r)y} = \frac{2}{(25-5) \times 1} = 0.1 \tag{3-43}$$

令 $g_c = \frac{c+f/C}{(s-r)y} = \frac{2+300/50}{(25-5) \times 1} = 0.4$。

$$g_r = \frac{c}{(s-r-f/R)y} = \frac{2}{(25-20-300/40) \times 1} = 0.16 \tag{3-44}$$

由于 $g_{mc} > g_c$，$G_{mc} = g_c = 0.4$。

由于 $g_{mr} > g_r$，$G_{mr} = 0.16$。

由于 $g_{cr} > g_c$，$G_{cr} = 0.4$。

取中间者，得 $G=0.4$。

从表 3-8 可知，当边界品位 $G=0.4$ 时，矿量 $Q_{ct}=600$，金属量 $Q_{rt}=420$。按最大生产能力计算三个阶段所需时间 $T_m=1000/100=10$，$T_c=600/50=12$，$T_r=420/40=10.5$。所以选厂是瓶颈。实际上，$G=g_c$ 意味着整个企业的生产能力受选厂生产能力的约束，不用计算时间也可以从 G 的选择上确定瓶颈阶段。

由于边界品位 G 是受选厂生产能力约束下的边界品位，所以选厂满负荷运行，年产量 $Q_c=50$。从表 3-8 可知，当边界品位为 0.4 时，总矿量 $G_{ct}=600$。因此，按所选定的边界品位开采，为选厂提供 50t 矿石所要求的采场矿岩产量为 $Q_m=50 \times 1000/600=83.3$t。当边界品位为 0.4 时，600t 矿石所含的金属量为 420kg。故 50t 矿石产量所对应的金属产量为 $Q_r=420/600 \times 50=35$kg。

年盈利为：

$$\begin{aligned}P &= (s-r)Q_r - cQc - mQm - fT \\ &= (25-5) \times 35 - 2 \times 50 - 1 \times 83.3 - 300 \times 1 \\ &= 216.7\end{aligned} \tag{3-45}$$

将储量开采完需要 $1000/83.3=12$ 年。每年盈利为 P，12 年的现值为

$$\sum_{i=1}^{12} \frac{P}{(1+d)^i} = 1174.6 \tag{3-46}$$

当 $V=1174.6$ 计算新的 g_c 和 g_r 得：$g_c=0.576$，$g_r=0.0247$。其他品位不变，即 $g_m=0.1$，$g_{mc}=0.5$，$g_{mr}=0.456$，$g_{cr}=0.6$。

依据最佳品位确定原则得 $G=0.5$。由与 $G=g_{mc}$，所以采场与选厂均以满负荷运行，达到生产能力平衡。故 $Q_c=50$，$Q_m=100$。从表 3-8 查得：当边界品位为 0.5 时，总矿量为 500，总金属量为 375。

所以金属年产量 $Q_r=375/500 \times 50=37.5$，年盈利为 $P=250$，生产年限为 10 年，现值为 $V=1254.7$。

以 $V=1254.7$ 重复以上运算得到的最佳边界品位为 $G=0.5$，与上次迭代结果相同。因此第一年的最佳边界品位为 0.5，采场、选厂和冶炼厂的产量分别为 100、50 和 37.5。

经过第一年的开采，总矿岩量变为 900t，这 900t 的矿岩在各品位段的分布密度保持不变。运算不同边界品位（0.1~0.9）下的矿量与金属量，以 $V=0$ 为初始现值，重复第一年的步骤，可求得第二年的最佳边界品位和采、选、冶三个阶段的产量。这样逐年计

算，最后结果为前七年中，采场与选厂以满负荷运行（生产能力达到平衡），此后，选厂变为瓶颈。

3.3.2.3 其他方法

边界品位与用以确定指标的技术经济参数之间存在着相互制约，互为变量的关系。但是，颇多论著中所提出的用以确定边界品位的计算公式中，其技术经济参数（如损失率贫化率，选矿的选比回收率，精矿品位以及单位采、选矿成本等）都是静态的。亦即采用固定值，这种固定值往往是取生产统计而获得的平均值。研究表明，这样的做法会严重歪曲计算结果。例如，当边界品位提高时，矿体的规模将缩小，平均品位将提高。而损失率贫化率及单位矿石开采成本将升高，这些变化还将导致入选品位、选比、选矿回收率、精矿品位及吨精矿选矿成本的一系列连锁反应的变化。而当降低边界品位时，又会出现相反趋势的一系列变化。

由此可见，如果在确定品位指标的经济分析计算中采用静态的技术经济参数，肯定达不到真正优化的目的。因此，要实现品位指标的优化，在经济分析计算中必须建立起能反映其动态变化的指标与参数间直接或间接相关的数学模型。在此，可用到的数学方法有模糊综合评判法、灰色系统理论法、评价锥法、目标规划法等。用以上方法建立边界品位优化的数学模型，与盈亏平衡法和 Lane 法相比，它们考虑了更多的影响因素，从而使优化结果具有更高的可靠度。

3.4 露天矿开采系统优化

3.4.1 露天矿开采境界的优化

3.4.1.1 开采境界概述

露天矿开采境界指的是露天采场开采结束时的空间轮廓。

如果某一矿床部分适宜露天开采，而其余部分适宜地下开采或目前不宜开采，则面临着露天开采境界的合理圈定问题。至于这一最终开采境界一旦圈定之后，如果储量甚大、矿山服务年限很长时，是否还需在此最终境界内划分若干小境界或分期境界，以及它们之间的开采次序问题，将留待以后讨论。

关于确定露天开采境界的理论及方法，尽管有多种提法出现，但半个多世纪以来国内外理论研究与实践效果已证明，以矿床开采综合经济效益最佳为目标，以经济合理剥采比为准绳的境界确定原则应成为公认的常用原则。其表达式为：

$$n_k \leqslant n_e \tag{3-47}$$

式中，n_k 为境界剥采比；n_e 为经济合理剥采比。

然而，由于设计手段上的限制，即使采用了正确的设计理论原则，也未必能够得到优化的开采境界。计算机技术及优化理论的发展，使设计成果出现了改观：

首先，采用手工方法时，设计过程中所能考虑的变量数目有限，从而影响到设计结果的优化程度。例如，在手工方法条件下，一般全矿采取统一的经济合理剥采比来圈定境界，而事实上由于矿石质量指标（如煤的发热量、金属矿石品位等）及剥离岩石性质的空间分布是复杂多变的，这样计算结果可能造成颇大的误差。采用计算机方法则完全可以解决这一问题。

其次，手工方法一般只能用断面法或平面法进行设计，即二维显示，这也必然影响到计算结果的准确性。例如，采用断面法计算时，端帮位置的确定、不平行断面间的计量等，都是传统难题。而采用计算机技术，则可以在三维空间上直接进行搜索计算，可以得出优化程度更高的设计结果。

自20世纪60年代前期，国外开始用运筹学原理及计算机技术来解决露天开采境界的优化圈定问题以来，先后提出了移动圆锥模拟法、动态规划法、图论方法、网络流法、参数化方法等。其中发展较为成熟、应用较为广泛的是移动圆锥模拟法和动态规划法。以下我们将分别讨论这两种方法。

3.4.1.2 境界优化的基础资料

（1）矿床的地质模型。所谓矿床地质模型，是将矿床的空间形态与矿岩特性参数数字化后，按一定的规则存入计算机中，矿床的地质模型中块段（储量计算单元）的划分有规则与不规则两种。

本节主要以规则方块的矿床地质模型为主要依据进行讨论，即按三维方向，将矿床划分成规则长方块。长方块的高度一般为台阶高度，其长度及宽度要和品位分布特征、开采工艺及勘探程度相适应。每个长方块用数字或字符表明所含矿岩类型、矿岩量、有用矿物及杂质含量百分数、矿岩采选特性等信息，按三维顺序排列起来，构成矿床地质模型，亦称方块模型。方块中信息可根据勘探取样资料，用一定的数学地质方法推断得出。

（2）矿床经济模型。计算出矿床地质模型中各方块的价值后，可进一步构成矿床的经济模型，即

$$方块价值 = 商品销售额 - 矿岩生产经营成本$$

商品销售额根据方块中矿石采选回收得到的最终产品数量、品质及其销售单价计算。生产经营成本中包括矿岩采、选、运输、企管、销售等成本，还应包括税息等。其中运输、排水费用与方块所在空间位置有关。具体计算方法因各矿而异。

方块中矿岩比例与矿石品质不同，价值也高低正负不一。方块价值可作为区分方块可否作为露天坑底单独开采的判据，在确定露天矿开采范围时，可用来累计露天矿包含的总价值。

（3）最终边坡角。最终边坡角在各个方位可以都相同，也可以相异，在不同部位与深度也可不同。最终边坡角除了与岩体稳定性有关外，还取决于固定运输线路的布置。为了使最终边坡角的选择更精确，可以先初步圈定一个境界，然后在此境界上布置线路，计算最终边坡角，再用这个角度重新圈定境界。

3.4.1.3 浮动圆锥法圈定开采境界

A 原理

多重倒锥法将露天坑开采境界视作数以万计的"可采"倒锥体的集合（见图3-15），所谓"可采"的判据，应根据各自的具体情况确定，常见的有以下几种：

（1）一般情况下要求该倒圆锥体包含的方块总价值大于0，即开采后能赢利；

（2）方块总价值满足某一机会利润或政策允许亏损值；

（3）露天转地下时，方块总价值大于或等于地下开采利润。

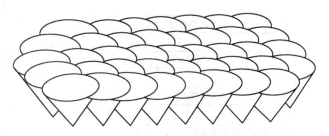

图 3-15 可采倒圆锥体集合形成露天境界

下面用图 3-16 所示二维矿床模型说明如何形成可采倒圆锥体集合。图中矿体用粗实线圈出，矿石方块价值为+6，岩石方块价值为-2，单位为 10 万元，可采判据为能否赢利，即要求倒锥体内方块总价值≥0。先从上往下搜索矿石方块，以它们为顶点发生倒锥。首先以第 5 层的（5，6）方块为顶点发生的倒锥中方块的总价值为 6 × 7 +（- 2）× 18 = 6，大于 0，可采。以后相继出现的正值倒锥体的顶点方块坐标及倒锥体总价值分别为（5，7）——6；（5，8）——6；（6，8）——4；（6，9）——12；（6，10）——4；（7，8）——4；（7，9）——6。如果再次从上向下搜索，找到（4，4）-8，可采。由此圈成露天开采境界，境界由 9 个倒锥体集合而成。含 22 个矿石块，38 个岩石块，总赢利 560 万元，还有两个矿石方块（4，3）及（5，12）因不满足判据要求，未圈入开采境界内。

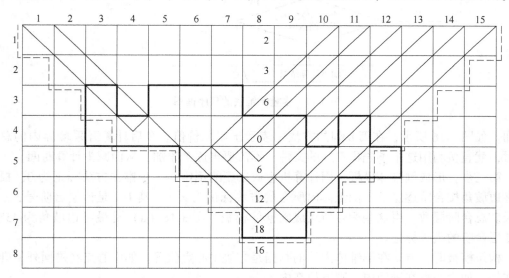

图 3-16 二维矿床形成的露天开采境界（第 8 列为累积价值）

B 具体方法与步骤

多重倒锥法的计算步骤可参考图 3-17。

第一步：输入矿床地质模型、经济模型与最终边坡角等原始数据。矿床地质模型、经济模型的坐标系通常是以矿床的走向为 X 轴，垂直走向为 Y 轴，深度方向为 Z 轴，以方块的长、宽、高作为新坐标系的单位长度，这样可以简化计算机程序的编制并节省机时。

第二步：形成矿床模型的累积文件。将矿床经济模型中的方块价值沿 Z 轴方向逐层

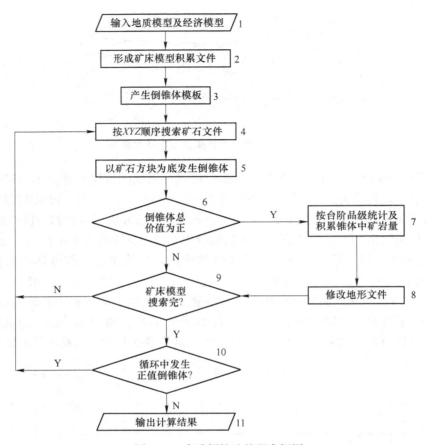

图 3-17　多重倒锥法的程序框图

累加。如图 3-16 所示，在第 8 列的方块中表示出累积价值。今后计算开采境界内的总价值时，就直接利用这个事先积累好的文件，不需要再逐个累加，从而减少计算时间。

第三步：形成倒锥体模板。用计算机生成典型的倒锥体，令锥顶方块标记为 0，根据最终边坡角按台阶逐层求出倒锥体内所含的方块标记为 $z-n$，其中 z 是该层台阶号，n 是露天矿总台阶层数。由这些标号值组成倒锥体模板。图 3-18（a）是最终边坡角为 45°时共 5 层台阶的模板标记。

构筑模板时，方块在倒锥体内外的判据是方块中心点位置。如中心点在锥面外，则方块在外；如中心点在锥面内，则方块在内。

最终边坡角用作倒锥体的锥面角，如果最终边坡角在不同方位上有所不同，那么，可使倒锥体模板的不同方位具有不同的锥面角。如图 3-19 所示是各向具有不同边坡角的倒锥体模板，各方位的边坡角分别为：0°方位为 45°，45°方位为 45°，90°方位为 40°，180°方位为 45°，225°方位为 45°，270°方位为 45°，315°方位为 45°。图 3-19 中表示了模板中 8 个台阶的边界方块。

第四步：按 X，Y，Z 顺序搜索矿石方块。为了节省用机时间，可以事先把每层矿石方块的坐标单独列举出来，形成一个顶点文件。使用时，打开顶点文件，依次调用矿石方块的坐标，直接在矿床模型中找出相应的矿石方块。

(a)

		-4	-4	-4				
	-4	-4	-3	-3	-3	-4	-4	
		-4	-3	-2	-2	-2	-3	-4
-4	-3	-2	-1	-1	-1	-2	-3	-4
-4	-3	-2	-1	0	-1	-2	-3	-4
-4	-3	-2	-1	-1	-1	-2	-3	-4
	-4	-3	-2	-2	-2	-3	-4	
	-4	-4	-3	-3	-3	-4	-4	
		-4	-4	-4				

(b)

	-1	-1	0	0	0	-1	-1	
	-1	0	1	1	1	0	-1	
-1	0	1	2	2	2	1	0	-1
-1	0	1	2	3	2	1	0	-1
-1	0	1	2	2	2	1	0	-1
	-1	0	1		1	0	-1	
	-1	-1	0	0	0	-1		
		-1	-1	-1				

图 3-18　模板标记

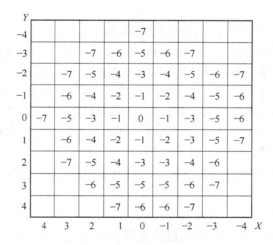

图 3-19　边坡角不同时的模板

第五步：搜索到矿石方块后，以方块坐标 (x, y, z) 为顶点产生倒锥体。为了节省机时，用模板来产生倒锥体。这时将方块 (x, y, z) 放在模板中标记为 0 处，模板中的标号值与矿床模型中对应方块的 z 值相加。凡相加值大于 0 的方块便是圈入倒锥体内可能要开采的方块。

图 3-18（b）是用图 3-18（a）所示模板，以第三层台阶为露天底时圈定的采出倒锥体轮廓。

第六步：用倒锥体方块总价值判断倒锥体是否可采。如不可采，进入第九步；如可采则执行第七步。

第七步：按台阶分品位等级累计可采倒锥体中的矿岩量，即开采境界内的矿岩量。

第八步：修改地形文件，随着开采范围的扩大和延深修改地形线。

第九步：检查本矿床模型范围内的矿石方块全部搜索完毕否。如未完，返回第四步，接着按原 X，Y，Z 顺序搜索下一个矿石方块；如已搜索完，进入第十步。

第十步：检查本搜索循环中，是否找到可采倒锥体，如找到，回到第四步，重新按 X、Y、Z 顺序再搜索一个循环；如未曾找到，进入第十一步。

第十一步：结束计算。分层（台阶）输出采出的方块，构成境界内分层平面图。分台阶输出按品位等级划分的矿岩的累计值，即境界内的矿岩开采量。

C　讨论

多重倒锥法将全部的可采倒锥体都搜索殆尽，似乎应该认为，这些可采倒锥体的集合可以获得最大限度的利润。很多场合确是如此，但有时也会发生较大的偏差。偏差的原因有：

（1）倒锥体之间不能互相支援，例如两个相邻的倒锥体彼此相交，相交的部分是岩石。假设两者分别单独评价时，都不值得开采；但合在一起评价时，可能值得开采。这时若用前述方法去单独评价，就会做出不采这个倒锥体的错误结论，从而损失这两个可赢利的倒锥体。

（2）按上述依次顺序搜索矿石方块生成倒锥体时，有时还将不可采的部分夹在可采倒锥体中圈入开采的境界。

因此可见，多重倒锥法只是一种相对优化的模拟方法。

为此，很多研究工作试图提出一种严格的最优化方法，目前见到的不外乎两种方法。

第一种方法：改进多重倒锥法。这种方法是先用正锥法求出肯定要开采的范围，再用负锥法求出一定不会开采的范围，然后将剩余的部分综合考虑，择优开采，实现最大利润。这种方法的数学模型易于理解，但反复搜索的程序复杂，计算工作所占机时长，要求的内存也大。因此，实际采用还有一定困难。此外，还可采用组合锥的方法，将相邻的倒锥组合在一起计算总价值，以扩大开采范围。

第二种方法：寻求数学最优的方法。目前比较成功的方法有 LG 图论法、动态规划法等。

3.4.1.4　LG 图论法优化最终境界

LG 图论法是具有严格数学逻辑的最终境界优化方法，只要给定价值模型，在任何情况下都可以求出总价值最大的最终开采境界。

（1）基本概念。

在图论法中，价值模型中的每一块用一个节点表示，露天开采的几何约束用一组弧表示。弧是从一个节点指向另一个节点的有向线。例如，图 3-20 说明要想开采 t 水平上的那一个节点所代表的块，就必须先采出 $t+1$ 水平上的那 5 个节点代表的 5 个块。为便于理解，以下叙述在二维空间进行。

有向图：有向图是由一组弧与弧连接起来的一组节点组成。若有向图用 G 表示，节点用 x_i 表示，节点集合 $X = \{x_i\}$，则从节点 x_k 到 x_l 的弧用 a_{kl} 或 (x_k, x_l) 表示，弧集 $A = \{a_{ij}\}$。由节点集 X 与弧集 A 形成的有向图记为 $G(X, A)$

子图：若有向图 $G' = (X', A')$，其中 $X' \in X$，$A' \in A$，则称 G' 是 G 的子图。

图 3-21（a）是由 6 个块体组成的价值模型，x_i 表示第 i 块的位置，块中的数字表示块的净价值。若块为大小相等的正方体，最大允许边帮角为 45°，则该模型的有向图表示如图 3-21（b）所示，图 3-21（c）、（d）都是图 3-21（b）的子图。

节点的权值：块体模型中块体的净价值在图中称为节点的权值。

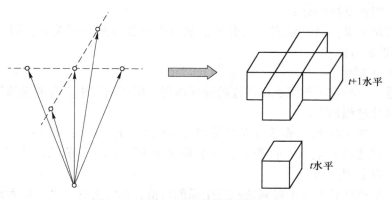

图 3-20　露天开采几何约束的图论表示

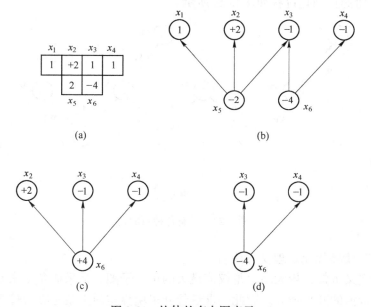

图 3-21　块体的有向图表示

闭包：能够形成可行的开采境界的子图，如图 3-21(c)所示。

最大闭包：G 中权值最大的闭包。

树：没有闭合圈的图。

根：树的最底部，一个树只能有一个根。

弧的权值：在树中假想删去弧 (x_i, x_j) 得到的分支是由弧 (x_i, x_j) 支撑着，由弧 (x_i, x_j) 支撑的分支上诸节点的权值之和称为弧 (x_i, x_j) 的权值。

M 弧：指向根的弧；即从弧的终端沿弧的指向可以经过其他弧（方向无关）追溯到树根的弧，权值≤0 的 M 弧为强 M 弧（SM）；权值>0 的 M 弧为弱 M 弧（WM）。

P 弧：背离根的弧；即从弧的终端沿弧的指向经过其他弧（方向无关）追溯不到到树根的弧。其中权值>0 的 P 弧为强 P 弧（SP）；权值≤0 的 P 弧为弱 P 弧（WP）。

强分支：强弧支撑的分支。

弱分支：弱弧支撑的分支。

从采矿的角度讲，强 P 弧支撑的分支上的节点符合开采顺序关系，而且总价值大于 0，所以是开采的目标。

（2）树的正则化。

正则树是一个没有不与跟直接相连的强弧的树。即正则树中所有的强弧都与根直接相连。树的正则化过程如下：

第一步：在树中找到一条不与根直接相连的强弧 (x_i, x_j)，若 (x_i, x_j) 是强 P 弧，则将其删除，代之以 (x_0, x_j)；若 (x_i, x_j) 是强 M 弧，则将其删除，代之以 (x_0, x_i)。（x_0 是树根，以下相同。）

第二步：重新计算第一步得到的新树中弧的权值，标注弧的种类。以新树为基础，重复第一步。这一过程一直进行下去，直到找不到不与根直接相连的强弧为止。

图 3-22 中树的正则化过程如图 3-23 所示。

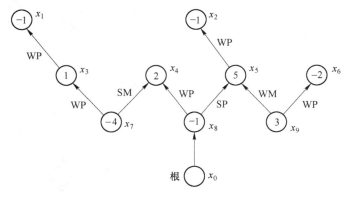

图 3-22　具有各种弧的树

（3）"LG"境界优化定理及算法。

从前面的定义可知，最大闭包是权值最大的可行子图。从采矿角度来看，最大闭包是具有最大开采价值的开采境界。因此，求最佳开采境界实质上就是在价值模型所对应的图中求最大闭包。

定理：若有向图 G 的正则树的强节点集合 Y 是 G 的闭包，则 Y 即为最大闭包。

依据上述定理求最终境界的图论算法如下：

第一步：依据最大允许帮坡角的几何约束，将价值模型转化为有向图 G。

第二步：构筑图 G 的初始正则树 T_0（最简单的正则树是在图 G 下方加一虚根 x_0，并将 x_0 与 G 中的所有节点用 P 弧相连得到的树）。根据弧的权值标明每一条弧的种类。

第三步：找出正则树的强节点集合 Y，若 Y 是 G 的闭包，则 Y 为最大闭包，Y 中诸节点对应的块的集合构成最佳开采境界，算法停止；否则，执行下一步。

第四步：从 G 中找出这样的一条弧 (x_i, x_j)，即 x_i 在 Y 内、x_j 在 Y 外的弧，并找出树中包含 x_i 的强 P 分支的根点 x_r，x_r 是支撑强 P 分支的那条弧上属于分支的那个端点（由于是正则树，该弧的另一端点为树根 x_0）。然后将弧 (x_0, x_r) 删除，代之以弧 (x_i, x_j)，得一新树。重新标定树中诸弧的种类。

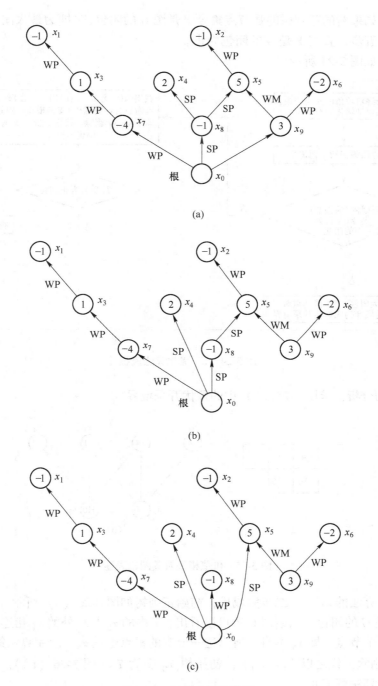

图 3-23　树的正则化举例

（a）去掉图中的弧（x_4，x_7），代之以（x_0，x_7），得到 T^1；（b）去掉 T^1 中的弧（x_8，x_4），代之以（x_0，x_4），得到 T^2；（c）去掉 T^2 中的弧（x_8，x_5），代之以（x_0，x_5），得到 T^3，T^3 为正则树

第五步：如果经过第四步得到的树不是正则树（即存在不直接与根相连的强弧）。应用前面所述的正则化步骤，将树转变为正则树。

第六步：如果新的正则树的强节点集合 Y 是图 G 的闭包，Y 即为最大闭包；否则，重复第四步和第五步，直到 Y 是 G 的闭包为止。

具体流程如图 3-24 所示。

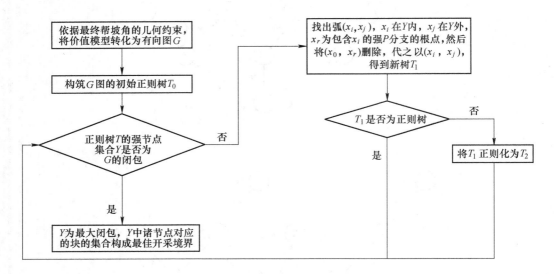

图 3-24 LG 优化算法流程

（4）实例分析：求图 3-25（b）中的最优开采境界。

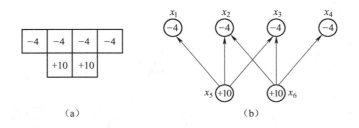

图 3-25 价值模型及其图论表述

解： 上述算法的第一、二步完成后，初始正则树如图 3-26（a）所示。强节点集 $Y = \{x_5, x_6\}$ 不是 G 的闭包。从原图 G 中可以看出，Y 内的 x_5 与 Y 外的 x_1 相连，树中包含 x_5 的分支只有一个节点，即 x_5 本身，所以这一分支的根点也是 x_5。应用算法第四步的规则，将 (x_0, x_5) 删除，代之以 (x_5, x_1)，初始树 T_0 变为 T^1（图 3-26（b））。T^1 为正则树，所以不需执行算法第五步。

T^1 的强节点集 $Y = \{x_1, x_5, x_6\}$ 仍不是 G 的闭包。从 G 可以看出，Y 内的 x_5 与 Y 外的 x_2 相连。T^1 中包含 x_5 的强 P 分支的根点为 x_1。所以将 (x_0, x_1) 删除，代之以 (x_5, x_2)，T^1 变为 T^2（图 3-26（c））。T^2 仍为正则树。

T^2 的强节点集 $Y = \{x_1, x_2, x_5, x_6\}$ 仍不是 G 的闭包。从 G 可以看出，Y 内的 x_5 与 Y 外的 x_3 相连。T^2 中包含 x_5 的强 P 分支的根点为 x_2。所以，将 (x_0, x_2) 删除，代之以

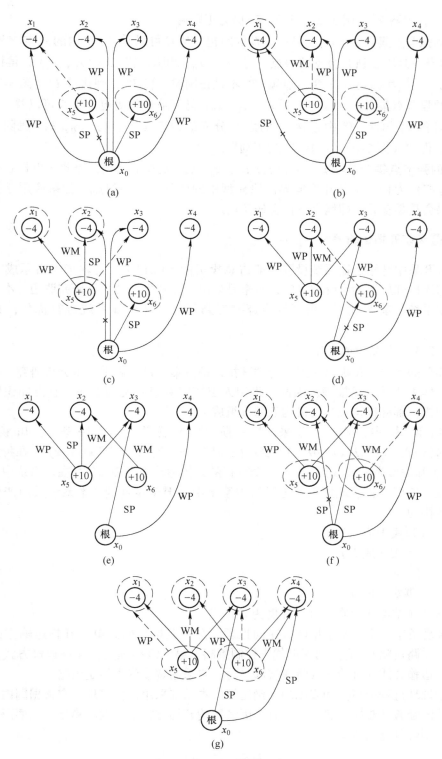

图 3-26　LG 境界优化距离

(a) T^0；(b) T^1；(c) T^2；(d) T^3；(e) T^4；(f) T^5；(g) T^6

（x_5，x_3），得树 T^3（图 3-26（d））。T^3 仍为正则树。

T^3 的强节点集合 $Y = \{x_6\}$ 仍不是 G 的闭包。从 G 可以看出，Y 内的 x_6 与 Y 外的 x_2 相连。x_6 本身为其所在强 P 分支的根点。将（x_0，x_6）删除，代之以（x_6，x_2），得树 T^4（图 3-26（e））。因为（x_5，x_2）变为强弧，T^4 不是正则树。将 T^4 正则化得 T^5（图 3-26（f））。

T^5 的强节点集合 $Y = \{x_1, x_5, x_3, x_2, x_6\}$ 仍不是 G 的闭包。从 G 可以看出，Y 内的 x_6 与 Y 外的 x_4 相连。T^5 中包含 x_6 的强 P 分支的根点是 x_2，将（x_0，x_2）删除，代之以（x_6，x_4）得 T^6（图 3-26（g））。T^6 为正则树。

T^6 的强节点集合 $Y = \{x_1, x_5, x_3, x_2, x_6, x_4\}$ 是 G 的闭包，因此 Y 也是 G 的最大闭包，闭包权数为 +4。最佳开采境界由原模型中的全部 6 个块组成。如果应用浮锥法，本例的结果会是零境界，即境界不包含任何块。

3.4.2　露天矿开拓运输系统

露天开采中开拓运输系统投资一般占总投资的 50% 以上，运输成本占总成本的 50% 左右。露天矿开拓运输系统的确定，历来是矿山设计和生产的主要研究课题。本节将综合运用专家系统、动态规划、模糊综合评判对露天矿开拓运输系统进行优化，具体内容如下。

3.4.2.1　方案初选专家系统

本部分的目的，是提出一组可行的开拓运输方案，供今后进一步分析研究。鉴于这一部分的工作主要是逻辑推理，因此，采用人工智能专家系统的方法。它由知识库、数据库、推理机，解释机构及学习机构五部分组成。

在知识库中，本系统采用一阶谓语逻辑表示法表达知识。例如（$\exists X$）$\{A(x) \wedge I(x) \wedge H(x) \Rightarrow D(x)\}$ 表示任一矿山 x，当给定年产量 $A(x)$，在特定的地形坡度 $I(x)$ 和地形高差 $H(x)$ 下，有一个可行的开拓运输方案 $D(x)$ 存在。系统中以这样的方式记叙静态事实和推理规则。为了组织系统中的上千条规则，本系统采用产生式表示法，其结构为：

If　　（事实 1 成立）
　　　（事实 2 成立）
　　　$\vdots$
　　　（事实 n 成立）

Then　（结论 A 存在，其可靠度为 α）

在推理机中，本系统采用两级逆向推理。第一级推理确定单一开拓运输方式（如汽车运输、铁路运输），它采用深度优先控制策略。第二级推理是在单一运输方式基础上衍生出联合运输方式（如汽车-铁路联合运输），它采用宽度优先控制策略。

鉴于推理过程中事实和规则的不确定性，本系统采用模糊推理。它根据国内外露天矿开拓设计的经验和数据，建立了数百个因素影响开拓方式隶属度的模型，主要形式是：

（1）升半正态分布。

$$u(z) = \begin{cases} 0 & 0 \leq z \leq d \\ 1 - e^{-h(e-d)^z} & z > d \end{cases} \tag{3-48}$$

（2）降半正态分布。

$$u(z) = \begin{cases} 1 & 0 \leq z \leq d \\ e^{-h(e-d)^z} & z > d \end{cases} \tag{3-49}$$

（3）对数分布。

$$u(z) = a + b\lg(z) \tag{3-50}$$

（4）指数分布。

$$u(z) = de^{bz} \tag{3-51}$$

（5）直线分布。

$$u(z) = a + bz \tag{3-52}$$

式中，z 为影响因素；$u(z)$ 为开拓方式的隶属度；a、b、d、h 为常数。

本系统具有解释功能，它能根据用户要求，解释为了匹配某一开拓方案所需满足的规则及其内容，也可解释已匹配成功的开拓方案所用到的规则。此外，系统具有良好的透明度，既便于知识库的更新维护，也便于用户监督检查。本系统也有学习功能，它通过机械学习或指点学习，协助用户补充、修改原有的知识库。

3.4.2.2　沟道定线动态规划

上述方案初选，只是粗略地给出开拓运输方案，尚未具体进行运输沟道的布线。本部分的目的，在于寻求最优的开拓运输沟道位置。从运筹学角度看，露天矿开拓定线，实质上是一个多阶段决策过程。每一个台阶可视作一个阶段。在每个台阶的周界边缘上，假设有多个出入沟口可供选择，它们就是状态变量。如图 3-27 所示，假设地表总出入沟口为 O，第一个台阶周界可离散化为 m 个点 $S_1^i (i = 1, 2, \cdots, m)$，由地表通往第一个台阶的沟道就从这 m 条沟道中选取，即 $O - S_1^i (i = 1, 2, \cdots, m)$。对于第二个台阶的周界，假若离散成 n 个点 $S_2^j (j = 1, 2,$

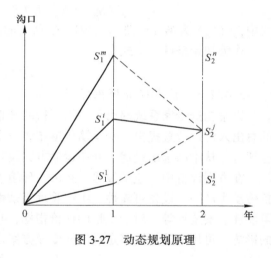

图 3-27　动态规划原理

$\cdots, n)$。取其中任一点 S_2^j 来看，可与第一个台阶的 m 个点连接，构成可供选择的 m 条沟道 $S_1^i - S_2^j$。累计这些沟道的基建费、运输费以及 S_1^i 状态的原有费用。比较累计出的费用，取费用最低者为最优路径（假设为 $S_1^i - S_2^j$）并记录下来。这就是说，一旦我们在第二个台阶选用 S_2^j 作出入沟口，那么第一个台阶就要选用 S_1^i 为出入沟口。对第二个台阶的 n 个点都重复这样的计算和比较，就可以得到第二个台阶 n 个点通往第一个台阶的最优沟道位置。重复这一个过程直至最下面一个台阶，然后根据最下一个台阶中具有最小费用的状态，反向追踪出每个台阶的最优状态，就得出一条从总出入沟口至最下一个台阶的最优运输沟道位置。

至于总出入沟口的位置，也可以改变。一旦它的位置变动，再次采用上述多阶段决策方法就可以相应求出一条自顶至下的最优沟道。

在确定开播沟道位置时，要求线路满足一定的技术要求，如最大允许纵坡、坡长限制、最小平曲线半径等。因此，在连结上下两台阶的状态时，都要检查这一沟道是否满足技术要求，只有满足者才参加计算和比较，否则予以删除。

上述多阶段决策过程，是一个典型的前进式动态规划。每一个台阶构成一个阶段。如果露天矿的台阶有 N 个，则为 N 阶动态规划问题，每个阶段的状态，就是该台阶可能有的出入沟口位置。每个阶段的决策是指下一阶段出入沟口是和上一阶段哪一个出入沟口相连，它决定了相邻两水平间运输沟道的位置和长度。至于这段沟道所需要的总费用，即阶段指标。可写作：

$$R_n(S_n,\ d_n) = d_n \cdot I + Q_n \cdot l_{n\delta} \cdot Q_1 + d_n \cdot Q_2 \cdot \sum_{j=1}^{n} Q_j \tag{3-53}$$

式中，$R_n(S_n,\ d_n)$ 为从上一台阶沟口 S_{n-1}（状态）至下一台阶沟口 S_n（状态）的阶段指标；d_n 为第 n 阶段出入沟道的长度，即决策变量；I 为沟道单位长度的基建费用；Q_j 为第 j 分层的矿石量；$l_{n\delta}$ 为第 n 分层矿岩中心点到该层出入沟口 δ 的距离；Q_1 为水平运输的单价；Q_2 为沿出入沟倾斜运输的单价。

为了比较各出入沟道的优劣，采用下述递推公式：

$$f_n(S_n) = M_m\{R_n(S_n,\ d_n) + f_{n-1}(S_{n-1})\} \tag{3-54}$$

式中，$f_n(S_n)$ 为第 n 台阶出入沟口 S_n 所需的总费用。

作为初始条件，上式有：

$$f_0(S_n) = 0$$

3.4.2.3　技术经济模糊评判

方案初选专家系统提出了一组可行的开拓运输方案，沟道定线的动态规划又针对不同的总出入沟口位置提出一些运输沟道布线方案。本部分的目的，就是要对这些方案进行综合评价，从中筛选出最优的开拓运输方案及其线路。

在方案评价中，应从技术、经济、环境、社会等各方面进行综合分析，其指标体系包括劳动生产率、设备可靠性、组织管理复杂性、基建费、经营费、投资回收期、设备供应可能性、安全性等。对于定量的评价指标，它们的单位不尽相同。为了消除单位在比较中的影响，可用下述方法将定量值转变成方案之间两两比较的相对值：

$$V_{ij} = \begin{cases} u_{ij} & \text{当 } u_{ij} > 1 \\ 1 & \text{当 } -1 \leqslant u_{ij} \leqslant 1 \\ -1/u_{ij} & \text{当 } u_{ij} < -1 \end{cases} \tag{3-55}$$

其中

$$u_{ij} = \frac{u_i - u_j}{u}$$

$$u = |u_i - u_m|/9$$

$$u_i = \text{Min}\{u_1,\ u_2,\ \cdots,\ u_n\}$$

$$u_m = \text{Max}\{u_1,\ u_2,\ \cdots,\ u_n\}$$

式中，u_i 为同一评价判据下 i 方案的定量指标；V_{ij} 为 i 方案与 j 方案的相对比较值。

然后，累计每个方案的相对比较值，得

$$a_i = \sqrt[n]{\sum_j u_{ij}} \tag{3-56}$$

$$a = \sum_i a_i \tag{3-57}$$

对于定性指标，采用评分的方法使之定量化。具体评分标准如表 3-9 所示。

表 3-9　评分标准

评价	很好	好	较好	一般	较差	差	很差
分值	10	8	7	5	3	1	0

对于各种因素的权重，也用评分的方法给出。将权重乘以各项评价指标值，则得出如下评价矩阵，见表 3-10。

表 3-10　评价指标

开拓方案	C_1	C_2	…	C_j	…	C_m
P_1	f_{11}	f_{12}	…	f_{1j}	…	f_{1m}
P_2	f_{21}	f_{22}	…	f_{2j}	…	f_{2m}
⋮	⋮	⋮	⋮	⋮	⋮	⋮
P_i	f_{i1}	f_{i2}	…	f_{ij}	…	f_{im}
⋮	⋮	⋮	⋮	⋮	⋮	⋮
P_n	f_{n1}	f_{n2}	…	f_{nj}	…	f_{nm}

$$F = \{f_{ij}\}_{n \times m} \tag{3-58}$$

式中，f_{ij} 为 i 方案在 j 评价判据下的评价值。

在这些可行开拓方案中，取各种评价判据下指标的最优值构造一个假想的最优方案 $(f_{k1}, f_{k2}, \cdots, f_{km})$，其中

$$f_{ki} = \mathrm{Max}(f_{1i}, f_{2i}, \cdots, f_{ni}) \ \text{或}$$
$$\mathrm{Min}(f_{1i}, f_{2i}, \cdots, f_{ni}) \tag{3-59}$$

以 f_{ki} 作媒介，计算开拓方案两两之间在某一评价判据 C_i 下的比较值 r_{op}：

$$r_{op} = \frac{d_{op}}{d_{ko} + d_{kp}} \tag{3-60}$$

式中

$$d_{kp} = |f_{kj} - f_{pj}|$$
$$d_{ko} = |f_{kj} - f_{oj}|$$

从而构成单因素模糊相似优先比矩阵 $\boldsymbol{R}$：

$$\boldsymbol{R} = \begin{bmatrix} r_{11} & r_{12} & \cdots & r_{1m} \\ r_{21} & r_{22} & \cdots & r_{2m} \\ \vdots & \vdots & \cdots & \vdots \\ r_{n1} & r_{n2} & \cdots & r_{nm} \end{bmatrix} \tag{3-61}$$

若 $0 < r_{op} \leqslant 0.5$，说明 P 方案比 O 方案优越；若 $0.5 < r_{op} \leqslant 1$，说明 O 方案比 P 方案

优越。

在 R 基础上，选取 λ 水平。也就是说，让 λ 由大至小逐渐变化，将矩阵中各元素值与 λ 进行比较。当元素之值大于或等于 λ 时，该元素值变为 1。在矩阵中选最先到达全行都是 1 所对应的开拓方案为最优，记以序号 1。然后，在矩阵中删去该行及序号等于行号的列。再选取较小的 λ 值，依次求出次优、次次优的开拓方案与假想的最优方案的相似程度，也就是方案的优劣程度。

针对所有的评价判据，用同样的方法进行开拓方案优劣排队，得出一系列排队序号，此累加值表示各方案的综合评价结果。累加值愈小，则该方案与理想方案愈相似。具有最小累加值的方案便是最优方案。开拓方案比较结果见表 3-11。

表 3-11　开拓方案比较结果

开拓方案	C_1	C_2	$\cdots$	C_j	$\cdots$	C_m	序号和
P_1	b_{11}	b_{12}	$\cdots$	b_{1j}	$\cdots$	b_{1m}	$\sum_j b_{1j}$
P_2	b_{21}	b_{22}	$\cdots$	b_{2j}	$\cdots$	b_{2m}	$\sum_j b_{2j}$
$\vdots$	$\vdots$	$\vdots$	$\cdots$	$\vdots$	$\cdots$	$\vdots$	$\vdots$
P_i	b_{i1}	b_{i2}	$\cdots$	b_{ij}	$\cdots$	b_{im}	$\sum_j b_{ij}$
$\vdots$	$\vdots$	$\vdots$	$\cdots$	$\vdots$	$\cdots$	$\vdots$	$\vdots$
P_n	b_{n1}	b_{n2}	$\cdots$	b_{nj}	$\cdots$	b_{nm}	$\sum_j b_{nj}$

3.4.3　运输排土规划

露天矿开采时，经常会遇到下列问题：有多个剥离地点 n，剥离量为 Q_1，Q_2，$\cdots$，Q_n，有多个排土地点 m，容纳量为 Z_1，Z_2，$\cdots$，Z_m；而各剥离地点到各排土地点的运费单价为 C_{ij} 元/t（$i = 1$，2，$\cdots$，m）；求运费最低的运量分配 x_{ij}。

对此，可用线性规划方法求解，标准形式为：

$$\text{Min} \quad f = \sum_{i=1}^{n} \sum_{j=1}^{m} C_{ij} x_{ij}$$

$$\text{s.t.} \quad \begin{cases} \sum_{i=1}^{n} x_{ij} \leqslant Z_j & j = 1, 2, \cdots, m \\ \sum_{j=1}^{m} x_{ij} = Q_i & i = 1, 2, \cdots, n \\ x_{ij} \geqslant 0 & i = 1, 2, \cdots, n; j = 1, 2, \cdots, m \end{cases} \tag{3-62}$$

可以用单纯形式求解。

如果 n 与 m 的数量不大，那么可以不用计算机，采用图上作业法求解上述线性规划模型。

3.4.4 露天采剥计划优化

3.4.4.1 采剥计划的种类

根据我国的惯例，露天矿采剥计划分为三类，即长期计划，年度计划与短期计划。长期计划指矿山整个寿命期间采剥顺序的安排，也可以只安排十年或五年。年度计划指一年内的采剥顺序安排，但要细分到季。短期计划为月、旬、周、日、班计划。

三类计划的优化方法不尽相同，但又不存在严格的界限，可以互用。

3.4.4.2 数学模型考虑的因素

长期采剥计划的数学模型往往以规划时期的总利润最大为目标，同时要满足资源、生产能力、质量均衡、剥采比均衡、生产任务、几何关系等约束。

年度采剥在长期计划的指导下进行，其数学模型的目标可以是质量均衡稳定，也可以是产品利润最大，或产量最高。它也要考虑资源、生产能力、质量与剥采比均衡、年生产任务、几何关系等约束条件，有时还要考虑实际存在的问题，如欠剥时不严格要求最小平盘宽度，优先保证重点部位的推进，某些工程施工时对正常生产的干扰等。

短期计划是在月计划的指导下进行的，其采剥位置已经确定。短期计划的数学模型的目标往往是矿石质量均衡，使选厂生产稳定，实质上是个配矿问题。岩石剥离计划往往只是在数字上分摊上级计划数据。

3.4.4.3 基础资料

（1）矿床地质模型、经济模型与境界模型。长期计划往往采用方块模型，便于数学规划。长期计划要求精度不高，以方块为开采单位安排计就可以满足要求。

年度计划也可用方块模型，计划时可以只采部分方块，使推进线符合实际情况，它也可采用不规则块模型。

短期计划规划量较少，最好采用生产炮孔取样的资料来组成地质模型。

（2）技术经济指标。根据实际情况和各种数学模型的不同而要求各异，一般为铲车、台阶、选厂的生产能力、选矿参数、工艺成本、商品售价、工作帮坡角、最小工作平盘宽度、最小转弯半径等。

（3）上级指令。上级规定计划期间应保证的产量、质量、三级矿量等。

3.4.4.4 优化模型

剥采进度计划的优化研究，已有五十余年的历史，至今仍是国内外长盛不衰的课题。在研究方法上可大致划分为以下四类：

（1）数学规划方法。包括线性规划，整数规划（或混合整数规划），动态规划，目标规划等。

（2）计算机辅助设计或系统模拟方法，属于探索寻优方法。

（3）人工智能方法。这是近年兴起的一个新的学科分支，正在采矿工程中得到应用。

（4）综合方法。将上述各种优化方法综合应用，以便取长补短。

长期采剥计划编制多用（0，1）整数规划与动态规划，也有用到有向图模拟法编制露天矿长期计划。年度采剥计划编制和短期采剥计划编制多用线性规划与以 CAD 为平台的设计方法，也有用试凑法编制短期配矿计划。

下面介绍几种典型的优化模型。

A 用（0，1）整数规划编制长期采掘进度计划

数学模型：

$$\text{Max} \sum^{L, M, N} \rho(i, j, k)x(i, j, k) \tag{3-63}$$

$$\text{s. t.} \quad \underline{S} \leqslant \sum^{L, M, N} s(i, j, k)x(i, j, k) \leqslant \overline{S} \tag{3-64}$$

$$\underline{T} \leqslant \sum^{L, M, N} t(i, j, k)x(i, j, k) \leqslant \overline{T} \tag{3-65}$$

$$\underline{C} \leqslant \sum^{L, M, N} c(i, j, k)x(i, j, k) \leqslant \overline{C} \tag{3-66}$$

$$x(i, j, k) \leqslant x(i', j', k') \tag{3-67}$$

$$i, i' \in 1, 2, \cdots, L; \quad j, j' \in 1, 2, \cdots, M; \quad k, k' \in 1, 2, \cdots, N$$

$$x(i, j, k) = \{0, 1\} \quad i = 1, 2\cdots, L; \quad j = 1, 2\cdots, M; \quad k = 1, 2\cdots, N \tag{3-68}$$

式中，i，j，k 为方块坐标；L，M，N 为方块模型中有 $L \times M \times N$ 个方块；$x(i, j, k)$ 为待解未知数，$x = 1$ 指方块当年采出，$x = 0$ 指方块当年不采；$\rho(i, j, k)$ 为方块 (i, j, k) 的价值；$s(i, j, k)$ 为方块 (i, j, k) 需用电铲台班数；$t(i, j, k)$ 为方块 (i, j, k) 含矿量；$c(i, j, k)$ 为方块 (i, j, k) 含金属量；$\underline{S}$，$\overline{S}$ 为年电铲开动台班数下、上限；$\underline{T}$，$\overline{T}$ 为年需求矿量下、上限；$\underline{C}$，$\overline{C}$ 为年需求金属量下、上限。

目标式（3-63）表示当年开采方块的总价值要求最大。式（3-64）~式（3-66）表示当年开采方块所需年电铲台班数、年采矿总量与年采金属总量必须在规定的上、下限范围内。式（3-67）表示位于下方的方块 (i, j, k) 的开采要滞后于其上方的方块 (i', j', k') 的开采一定距离，以保证几何约束。

用上述数学模型解出当年开采的方块，这些方块的 $x(i, j, k) = 1$。因此每年开采的方块的价值 $\rho(i, j, k)$ 置零，不再参加下一年的规划。这样依次逐年优化，构成整体的长期采掘计划。

上述模型是一个巨大的线性方程组，不能用常规的方法解算。因此，引入拉格朗日乘子 λ_s、λ_t、λ_c，使模型简化如下：

$$\text{Max} \sum^{L, M, N} \{\rho(i, j, k) - \lambda_s s(i, j, k) - \lambda_t t(i, j, k) - \lambda_c c(i, j, k)\} \cdot x(i, j, k) \tag{3-69}$$

进一步表示为

$$\text{Max} \sum^{L, M, N} \rho'(i, j, k) \cdot x(i, j, k) \tag{3-70}$$

$$\text{s. t.} \quad x(i, j, k) \leqslant x(i', j', k'), \tag{3-71}$$

$$i \cdot i' \in 1, 2, \cdots, L; \quad j, j' \in 1, 2, \cdots, M; \quad k, k' \in 1, 2, \cdots, N;$$

$$x(i, j, k) = \{0, 1\} \quad i = 1, 2\cdots, L; \quad j = 1, 2\cdots, M; \quad k = 1, 2\cdots, N \tag{3-72}$$

式（3-70）中 $\rho'(i, j, k)$ 为方块的伪价值，比 $\rho(i, j, k)$ 小。

对上述方程求解，具体步骤如图 3-28 所示。

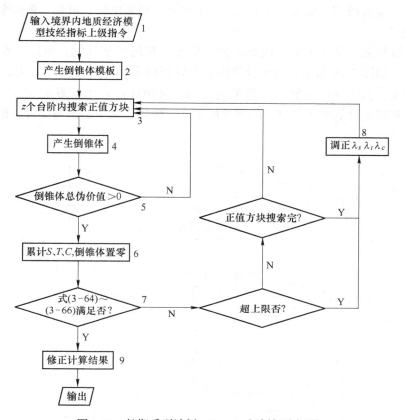

图 3-28　长期采剥计划（0，1）规划解法框图

第一步：输入原始数据及 λ_s、λ_t、λ_c 的初始值。

第二步：用工作帮坡角生成倒锥体模板。

第三步：在境界内，逐层（台阶）搜索伪价值 $\rho'(i, j, k)$ 为正的方块，每年只搜索 z 个台阶，z 为同时开采台阶数，尽量从掘沟位置搜索起，按推进方向扩展，顺序搜索。

第四步：以搜索到的正值方块中心为顶点，利用模板产生倒锥体。

第五步：判断倒锥体内方块总伪价值是否大于等于零，如小于零返回第三步；如大于等于零，倒锥体开采。其中方块加开采标记，即 $x(i, j, k) = 1$，执行第六步。

第六步：累计所有开采方块（即所有开采倒锥体内方块）的 S、T、C。
$$S = \sum_{i, j, k \in \{D\}} s(i, j, k), \quad T = \sum_{i, j, k \in \{D\}} t(i, j, k), \quad C = \sum_{i, j, k \in \{D\}} c(i, j, k).$$
第七步：将求出的 S、T、C 与式（3-64）~式（3-66）对比，看是否满足。（1）如同时满足，进入第九步。（2）如有一项或更多项超过上限，进入第八步。（3）如未超过上限，又至少有一项未满足下限要求时，且 z 个台阶内正值方块全部搜索完，进入第八步；否则，返回第三步继续搜索正值方块。

第八步：调整 λ_s、λ_t、λ_c，按预定的步距 $\Delta\lambda$ 减小其中一个，返回第三步，以前搜索作废，从头搜索。

第九步：计算结果，进行局部修正，增删个别方块，以满足工艺要求。

第十步：输出结果，如当年开采方块、矿岩量，所需电铲台班数，提供金属量等，输出采剥进展图。

上述计算结果，是一年的最优解。为了构成逐年的长期计划，可进一步采用 N-Best 动态规划法，如图 3-29 所示，每年计算出 n 个较好的采剥计划方案 d_t^1、d_t^2、d_t^3，然后从这些结果出发，为下一年编制出一些采剥计划，从中选出 n 个较好的 d_{t+1}^1、d_{t+1}^2、d_{t+1}^3，作为再下一年编制计划的出发点，如此发展下去。最后，从中选出最优者，构成最终长期采剥计划。

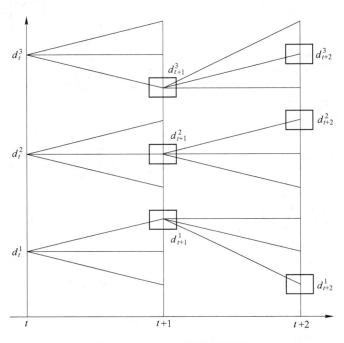

图 3-29　N-Best 动态规划原理

从运筹学衡量，N-Best 过程不是严格的最优解。但由于可能有的方案太多，只能这样逼近动态规划的最优解。

B　用交互式动态优化法编制长期采剥计划

这一方法由三部分组成。

（1）用存贮论理论求逐年最优生产剥采比。

如果提前剥离，其优点是可缓解剥离洪峰，可以减少设备购买总量，减少设备投资；但缺点是提前剥离需要提前投资，积压资金。为此可用动态规划法综合优化，求出逐年最优生产剥采比，计算步骤如下：

第一步：计算每下降一个台阶所能采出的矿量 q_i 与必须采出的岩量 r_i（$i = 1, 2, \cdots, N$；N 为境界台阶总数）。

第二步：按台阶累计采出总矿量 Q_i 与总岩量 R_i（$i = 1, 2, \cdots, N$）：$Q_i = \sum_{i=1}^{N} q_i$，

$$R_i = \sum_{i=1}^{N} r_i。$$

第三步：由给定的历年采矿量 p_t，求出历年累计总采矿量 P_t，其中 $t = 1, 2\cdots, T$；T 为矿山服务年限，用插值法求出与 P_t 对应的历年累计总剥岩量 V_t：

$$V_t = R_i \frac{(P_t - Q_{i+1})(P_t - Q_{i+2})}{(Q_i - Q_{i+1})(Q_i - Q_{i+2})} + R_{i+1} \frac{(P_t - Q_i)(P_t - Q_{i+2})}{(Q_{i+1} - Q_i)(Q_{i+1} - Q_{i+2})} +$$

$$R_{i+2} \frac{(P_t - Q_i)(P_t - Q_{i+1})}{(Q_{i+2} - Q_i)(Q_{i+2} - Q_{i+1})} \tag{3-73}$$

式中，Q_i，Q_{i+1}，Q_{i+2} 为最接近 P_t 的三点，且 $Q_i < P_t < Q_{i+2}$，由此构成 P_t-V_t 曲线，即临界剥离曲线。

第四步：用动态规划求逐年最优剥采比。

令动态规划分为 T 个阶段（T 年）。设阶段 t 有 m 个状态，每一个状态对应的提前剥离量为 $r_t^i(t = 1, 2, \cdots, T; i = 1, 2, \cdots, m)$ 如果 $t-1$ 阶段的状态为 i，t 阶段的状态为 j，则 t 阶段的剥岩量为 X_t^{ij}，总支付费用为 f^{ij}，它包括 t 阶段的设备购买费与剥离费。

用前进式动态规划方法，其递推方程是

$$C_{\min}^{(t)}(j) = \underset{i}{\mathrm{Min}}\left\{\frac{f^{ij}}{(1 + a)^{t-1}} + C_{\min}^{(t-1)}(i)\right\} \tag{3-74}$$

式中，$C_{\min}^{(t)}(j)$ 为从 0 到 t 阶段 j 状态所支付的最小费用现值；a 为贴现率。

递推方程的边界条件为

$$C_{\min}^{(t)}(j) = C(0, j) \tag{3-75}$$

递推方程的约束条件为

$$X_t^{ij} + r_{t-1}^i = d_t + r_t^i \tag{3-76}$$

式中，d_t 为第 t 年必须剥离的岩石量，即第 t 年临界剥岩量的增量，$d_t = V_t - V_{t-1}$。

由式（3-74）反复递推，到达最后一年时，得 $C_{\min}^{(t)}(j)$，根据其中费用最小的一种状态，再反向追踪、可以得到每年的设备添置数、剥岩量与提前剥岩量，由此得逐年最优生产剥采比，以此作为第二部分的目标。

（2）模拟法编制各年采剥计划。

第一步：确定可采方块。

方块 (i, j, k) 可采的条件为

$$G(i, j, k) > 0 \tag{3-77}$$

$$\sum_{x=1}^{m_x} \sum_{y=1}^{m_y} G(i \pm x, j \pm y, k-1) = 0 \tag{3-78}$$

$$(i - i_a)^2 + (j - j_b)^2 \geqslant L^2 \tag{3-79}$$

式中，$G(i, j, k)$ 为方块 (i, j, k) 的状态参数，方块为矿石时为 1，为岩石时为 2，境界外或空气为 0，采去后也为 0；m_x，m_y 为 x、y 方向的最小平台宽度；i_a，j_b 为 k 台阶上另一台电铲所在位置；L 为最小工作线长度。

式（3-77）说明 (i, j, k) 为境界内未采方块。式（3-78）说明上一台阶 $(k-1)$ 的

推进已能保证最小平台宽度；式（3-79）说明同一台阶上两台电铲之间间距应大于最小工作线长度。如不是直线段，则逐块累计工作线长度。

此外，还应按开采推进方式来挑选方块 (i, j, k)。

第二步：选择最优的开采方块。

在上面确定的可采方块集合中，为各台电铲选择开采方块，使生产剥采比与第一部分计算得到的最优生产剥采比最接近，即

$$\left| \frac{R_{t-1} + r_t}{Q_{t-1} + q_t} - B_t \right| \to \mathrm{Min} \tag{3-80}$$

式中，R_{t-1}，Q_{t-1} 分别为起点至 $(t-1)$ 阶段累计采出的岩量与矿量；r_t，q_t 为 t 阶段开采的岩石与矿石增量；B_t 为 t 阶段的最优生产剥采比。

如果采剥计划对矿石的品位有限制时，式（3-80）改用式（3-81）

$$\left| \frac{Q'_{t-1} + q'_t}{Q_{t-1} + q_t} - G_t \right| \to \mathrm{Min} \tag{3-81}$$

式中，Q'_{t-1} 为起点到 $(t-1)$ 阶段所采出的金属量；q'_t 为 t 阶段开采的金属增量；G_t 为 t 阶段选厂要求的原矿品位。

（3）人机对话式修改采剥计划。

操作人员根据计算机屏幕上显示的采场开采状态图，适当添删某些矿岩方块，使开采状态完全满足各种工艺技术要求。

C 用线性规划编制年度采掘计划

数学模型如下：

$$\mathrm{Max} \sum_{t=1}^{T} \left[U + n(\beta_t - \beta) - C_t \right] \eta \sum_{e=1}^{M} x_{et} - $$
$$\sum_{t=1}^{T} \sum_{e=1}^{M} C'_{et} x_{et} S'_{et} - \sum_{t=1}^{T} \sum_{e=1}^{M} C''_{et} y_{et} S''_{et} \tag{3-82}$$

$$\mathrm{s.\,t.} \quad \eta \sum_{e=1}^{M} x_{et} \geq D_t, \ t = 1, 2, \cdots, T \tag{3-83}$$

$$\eta \sum_{e=1}^{M} x_{et} \geq D'_t, \quad t = 1, 2, \cdots, T \tag{3-84}$$

$$\sum_{e=1}^{M} a_{et} x_{et} \geq a_{t\min} \sum_{e=1}^{M} x_{et}, \quad t = 1, 2, \cdots, T \tag{3-85}$$

$$\varepsilon_{t\min} \leq \frac{\sum\limits_{e=1}^{M} x_{et} u_e}{\sum\limits_{e=1}^{M} x_{et} v_e} \leq \varepsilon_{t\max}, \quad t = 1, 2, \cdots, T \tag{3-86}$$

$$\frac{1}{\phi} \sum_{t=1}^{T} \sum_{e=1}^{M} \left(\frac{x_{et} g_e}{\gamma_{et}} + \frac{y_{et} g_e}{\gamma'_{et}} \right) - \sum_{t=1}^{T} \sum_{e=1}^{M} x_{et} \geq 0 \tag{3-87}$$

$$\sum_{t=1}^{T} x_{et} \leqslant Q_e, \quad e = 1, 2, \cdots, M \tag{3-88}$$

$$b'_{et} \leqslant \frac{y_{et}}{x_{et}} \leqslant b_{et}, \quad t = 1, 2, \cdots, T; \quad e = 1, 2, \cdots, M \tag{3-89}$$

$$Q'_{et} \leqslant x_{et} + y_{et} \leqslant Q_{et}, \quad t = 1, 2, \cdots, T; \quad e = 1, 2, \cdots, M \tag{3-90}$$

$$\frac{1}{\sum_{e=1}^{M} L_{et} H_{et}} \sum_{e=1}^{M} \sum_{t=1}^{t'} \left(\frac{x_{et} h_{ie}}{\gamma_{et}} + \frac{y_{et} h_{ie}}{\gamma'_{et}} \right) + B_0 - \frac{1}{\sum_{e=1}^{M} L_{et} H_{et}} \sum_{e=1}^{M} \sum_{t=1}^{t'} \left(\frac{x_{et} q_{ie}}{\gamma_{et}} + \frac{y_{et} q_{ie}}{\gamma'_{et}} \right) \geqslant B_{\min} \tag{3-91}$$

$$i = 1, 2, \cdots, N; \quad t' = 1, 2, \cdots, T; \quad e = 1, 2, \cdots, M$$

$$x_{et} \geqslant 0, \quad y_{et} \geqslant 0, \quad t = 1, 2, \cdots, T; \quad e = 1, 2, \cdots, M \tag{3-92}$$

式中，x_{et}，y_{et} 分别为 t 期 e 采区计划采出矿量与岩量，t；M 为以电铲为单元的采区数；T 为时间分段，一般为四个季，$T=4$；U 为标准品位 β 时的精矿售价，元/t；n 为品位差价，元/t；β_t 为 t 时期实际精矿品位；C_t 为 t 时期扣除运输部分的精矿成本，元/t；η 为精矿回收率；C'_{et}，C''_{et} 分别为 t 时期 e 采区矿厂与岩石的运输成本，元/t·km；S'_{et}，S''_{et} 分别为 t 时期 e 采区的矿石与岩石的运距，km；D_t，D'_t 分别为 t 时期精矿国家任务与选厂能力，t；a_{et} 为 t 时期 e 采区的品位；$a_{t\min}$ 为 t 时期要求的最低原矿品位；u_e，v_e 分别为 e 区为硬矿石时，$u_e=1$，$v_e=0$，为软矿石时，$u_e=0$，$v_e=1$；$\varepsilon_{t\min}$，$\varepsilon_{t\max}$ 为 t 时期硬软矿石比值的下限与上限；$g_e=1$，采区为开拓工程，否则，$g_e=0$；γ_{et}，γ'_{et} 分别为 t 时期 e 采区矿岩的比重；ϕ 为开拓矿量保有系数，m^3/t；Q_e 为 e 采区保有矿量，t；b_{et}，b'_{et} 分别为 t 时期 e 采区要求剥采比的上限与下限；Q_{et}，Q'_{et} 分别为 t 时期 e 采区设备能力的上限与下限；B_0，$B_{\min}$ 分别为计划开始时平盘宽度及最小平盘宽度，m；L_{et}，H_{et} 分别为 t 时期 e 采区的工作线长度与台阶高度，m；h_{ie}，q_{ie} 为第 i 对上下相邻采区标志，凡参与规划的采区 $q_{ie}=1$，否则 $q_{ie}=0$；其上部采区如同时参与规划，则 $h_{ie}=1$，否则 $h_{ie}=0$；N 为共有 N 对相邻上下采区。

式 (3-82) 为目标函数，要求赢利最大。式 (3-83) 为精矿任务约束；式 (3-84) 为选厂能力约束；式 (3-85) 为最低品位约束；式 (3-86) 为硬软矿配比约束；式 (3-87) 为保有开拓矿量约束；式 (3-88) 为采区储量约束；式 (3-89) 为采区剥采比约束；式 (3-90) 为采区设备能力发挥的约束；式 (3-91) 为最小平盘宽度约束；式 (3-92) 为非负约束。

上述数学模型为典型的线性规划模型，可以用单纯形法求解。

模型以采区作为规划单元，故适用于采区矿石质量比较均匀的场合，否则品位约束与硬度配比约束不一定能满足。

D　露天矿短期计划多目标优化

生产计划的实质就是根据矿山生产条件和环境，将高低品位各不相同的矿石按照比例进行混合以满足矿石的质量要求，如图 3-30 所示。将编制好的生产计划方案反馈到采装、运输、选矿等环节，指挥生产作业。在露天矿山生产中，通常会存在很多采区，每个出矿点的平均品位不同。精细化生产就是根据不同矿区的品位分布和资源量分布，按照质量目标和产量目标，制定详细的生产计划。实现矿石品质的搭配，提高资源利用率，变废为宝，增加矿山的使用年限。

最终境界内，如何合理安排每个出矿点的出矿量是编制露天矿生产计划的关键。本模型仅考虑一个采区的不同的出矿点。在计划期内，设露天矿山本采区含 i 个出矿点，每个出矿点的出矿量为 x_i，$i = 1, 2, \cdots, n$，以 x_i 为变量，建立多目标生产计划模型。

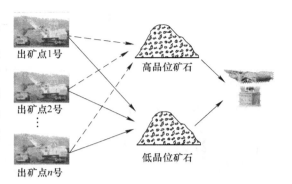

图 3-30   配矿生产计划原理图

a   目标函数

（1）开采成本最小目标函数。每个出矿点的采掘成本不同，同时出矿点到卸矿点的距离有所不同，所以采掘运输费用不同。因此，以采掘和运输成本最小为目标函数。

$$f_1(x) = \min\left(\sum_{i=1}^{n} x_i c_i \right) \tag{3-93}$$

式中，c_i 为出矿点 i 运输和采掘成本，\$/t；x_i 为第 i 个采点的出矿量。

（2）矿石品位波动最小目标函数。为了满足选矿厂的矿石质量要求，通常要合理地安排不同品位矿石的出矿量，矿石品位要最大限度地满足最佳生产要求，同时力求各种矿石的品位偏差最小，进而提高整个矿床的利用率。

$$f_2(x) = \min \sum_{l=1}^{m} \left(\frac{\sum\limits_{i=1}^{n} x_i g_i^l}{\sum\limits_{i=1}^{n} x_i} - q_l \right)^2 \tag{3-94}$$

式中，g_i^l 为第 l 种矿石的质量分数；q_l 为第 l 种矿石的目标品位。

b   约束条件

（1）出矿点出矿量的约束。采场的出矿量必须小于或者等于其最大出矿量，同时为了保证露天矿山企业的收益，出矿量不能小于最小允许采掘量。

$$q_{\min} \leqslant x_i \leqslant q_{\max} \tag{3-95}$$

式中，$q_{\min}$、$q_{\max}$ 分别为每个出矿点的最低出矿量和最高出矿量。

（2）矿石质量分数约束。由于每个出矿点矿石品位不同，配矿的质量决定了最终开采矿石质量的优劣，按照入选矿石的质量要求进行选矿，尽可能让入选矿石的品位指标在一定的范围内进行波动。

$$g_{\min}^l \leqslant \frac{\sum\limits_{i=1}^{n} x_i g_i^l}{\sum\limits_{i=1}^{n} x_i} \leqslant g_{\max}^l \tag{3-96}$$

式中，$g_{\min}^l$、$g_{\max}^l$ 分别为 l 类型矿石的最低品位和最高品位标准。

（3）破碎站处理能力约束。露天矿山的采场的处理能力要根据出矿量计划合理安排。

$$O_{\min} \leqslant o_i x_i \leqslant O_{\max} \tag{3-97}$$

式中，O_{max}、O_{min} 分别为矿山出矿量的上限和下限；o_i 为每个受矿点的处理能力。

（4）出矿总量约束。在某一计划期内，露天矿的出矿总量是根据露天矿长期的生产计划制定的，要同时满足每个出矿点的要求和出矿总量要求，即不大于最大出矿总量。

$$\sum_{i=1}^{n} x_i \varphi_i \leqslant Q \tag{3-98}$$

式中，Q 为某一计划期的出矿总量；φ_i 为第 i 个出矿点的矿石回采率。

（5）矿产资源利用率约束。矿石回采率影响着矿石资源的利用率以及矿山成本，适当的提高矿山的回采率可以提高矿产资源利用率。

$$\theta_{min} \leqslant \frac{\sum_{i=1}^{n} x_i \varphi_i}{\sum_{i=1}^{n} x_i} \leqslant \theta_{max} \tag{3-99}$$

式中，θ_{min}、θ_{max} 分别为综合回采率的下限和上限。

c　模型处理

（1）目标函数处理。根据矿山的实际情况，将各个指标的计划值作为目标函数 $f_i(x)$ 的一个标准值 f_i^0，求函数 $f_i(x)$ 与计划值之间的偏差最小。将模型中的多目标函数优化模型转化为单目标函数模型进行求解。转化方式如下：

$$F(x) = \sum_{i=1}^{2} w_i \left(f_i(x) - f_i^0 \right)^2 \tag{3-100}$$

式中，f_1^0 为成本最小值；f_2^0 为品位波动最小值；w_i 反映在优化过程中对各个目标侧重程度，引入均差排序法确定各个权系数[16]。

（2）约束条件处理。露天矿生产计划优化模型是一个具有复杂约束的多目标问题，对多个约束的有效处理是问题优化的关键，先对问题的约束条件作如下处理：

$$\begin{cases} \phi_1(x) = x_i - q_{max} \leqslant 0 \\ \phi_2(x) = -x_i + q_{min} \leqslant 0 \\ \phi_3(x) = \sum_{i=1}^{n} x_i \theta_i / \sum_{i=1}^{n} x_i - \theta_{max} \leqslant 0 \\ \phi_4(x) = -\sum_{i=1}^{n} x_i \theta_i / \sum_{i=1}^{n} x_i + \theta_{min} \leqslant 0 \\ \phi_5(x) = o_i x_i - O_{max} \leqslant 0 \\ \phi_6(x) = -o_i x_i + O_{min} \leqslant 0 \\ \phi_7(x) = \sum_{i=1}^{n} x_i \varphi_i - Q \leqslant 0 \\ \phi_8(x) = \sum_{i=1}^{n} x_i \varphi_i / \sum_{i=1}^{n} x_i - \theta_{max} \leqslant 0 \\ \phi_9(x) = -\sum_{i=1}^{n} x_i \varphi_i / \sum_{i=1}^{n} x_i + \theta_{min} \leqslant 0 \end{cases} \tag{3-101}$$

约束条件难以处理的问题，通过引入惩罚函数，把模型转化为无约束优化。用约束条件构建目标函数通常是在目标函数中加入惩罚约束函数，从而对不可行解进行过滤，处理形式如下：

$$vio(x) = \sum_{j=1}^{J} \lambda \left((\min \text{ or } \max)(0, \phi_j(x))^{\omega} \right) \tag{3-102}$$

式中，λ 为惩罚因子；$\phi_j(x)$ 为约束条件。将处理后的约束条件加到目标函数中，将复杂的多约束非新型问题转化为无约束问题，便于问题的求解。

d   用改进灰狼算法求解生产计划模型

（1）基本灰狼算法。

灰狼优化算法（grey wolf optimization algorithm，GWO）是 Mirgalili 在 2014 年提出的一种模拟灰狼种群的等级制度和捕食行为的新型群体智能优化算法。灰狼群体遵循等级社会制度，其层级分为 α、β、σ、ω 四个层次，规定 α 为群体的历史最优解，β 为次优解，σ 为第三最优解，其他个体为 ω。在 d 维的搜索空间中，灰狼群体在移动时采用下式进行更新：

$$X_i^d(t+1) = X_p^d(t) - A_i^d \left| C_i^d X_p^d(t) - X_i^d(t) \right| \tag{3-103}$$

式中，t 为当前的迭代次数；$X_p^d(t)$ 为猎物在维空间上的位置；$A_i^d \left| C_i^d X_p^d(t) - X_i^d(t) \right|$ 为狼群对猎物的包围步长；A_i^d 为收敛系数，用来平衡全局搜索和局部搜索；C_i^d 表示自然界的影响作用。A_i^d 和 C_i^d 分别为

$$A_i^d = 2a. \text{rand}_1 - a \tag{3-104}$$

$$C_i^d = 2\text{rand}_2 \tag{3-105}$$

式中，rand_1、rand_2 为 $[0, 1]$ 之间的随机变量；a 为收敛因子，随着迭代线性递减：

$$a = 2 - t/t_{\max} \tag{3-106}$$

灰狼群体是根据前三个最优解的位置来更新各自的位置，更新公式如下：

$$X_i^d(t+1) = \frac{X_{i,\,\alpha}^d(t+1) + X_{i,\,\beta}^d(t+1) + X_{i,\,\sigma}^d(t+1)}{3} \tag{3-107}$$

（2）改进的灰狼优化算法。

灰狼算法原理简单，易于实现，参数设置简单。但是与其他的以种群迭代的智能算法相似，灰狼算法也有求解精度低、易陷入局部最优的缺点。为了改善算法的寻优性能，本文对基本灰狼算法做相应改进。

1）反向学习生成初始种群。

对于以种群迭代为更新方式的优化算法而言，初始种群的优劣影响着算法全局搜索的速度以及解的质量。基本的灰狼算法初始种群的多样性不足，会影响种群的优化效率和结果。为了提高种群的多样性，在本文中采用反向学习策略，利用已知个体位置的对立点生成新的个体位置，从而增加种群的多样性。

①先在搜索空间中随机初始化 N 个灰狼个体的位置 X_i^d，作为初始种群 P_1。

②找到个体的反向点，根据初始种群 P_1 来生成反向种群 P_2。

③合并种群 P_1 和 P_2，对新的种群按照适应度值进行升序排序，为保证每一代种群的

数量一致，选取前 N 个个体作为新的初始种群。

2）非线性收敛因子调整。

灰狼算法的全局搜索和局部搜索之间的有力协调是保证算法寻优性能的关键。算法中的收敛系数 $|A|$ 与算法的全局搜索和局部搜索能力有很大的关系，由式（3-104）可知，A 随收敛因子 a 的变化而进行变化，a 又是进行线性递减。但是在算法的实际搜索过程中，收敛因子 a 的线性递减方式不能体现在优化过程之中。所以对收敛策略进行改进，为了更好地平衡算法的局部和全局的搜索能力，采用非线性变化更新方式：

$$a(t) = a_{ini} + (a_{ini} - a_{fin}) \left(1 - \frac{t}{t_{max}} \right)^2 \tag{3-108}$$

式中，a_{ini} 和 a_{fin} 分别为收敛因子的初始值和终止值。

3）改进更新公式。

灰狼算法首先随机产生一组候选解，每次迭代选出最好的三个候选解称为 α、β 和 σ，它们引导着整个种群朝着最优解方向移动，但是在寻优过程中对较好的解并没有记忆功能。受粒子群算法[20]寻优策略的启发，在灰狼算法迭代的过程中引入自我学习和群体学习策略，保留较优解的信息，避免算法陷入局部最优。对 α 狼的位置进行跟踪，视 α 狼的位置为全局最佳位置，更新公式如下：

$$X_i^d(t+1) = w \frac{X_{i,\ \alpha}^d(t+1) + X_{i,\ \beta}^d(t+1) + X_{i,\ \sigma}^d(t+1)}{3} + c_1 r_3 (X_{pbest} - X) + c_2 r_4 (X_1 - X)$$

$$\tag{3-109}$$

式中，w 为惯性权重；r_3、r_4 为 $[0,1]$ 的随机变量；X_{pbest} 为个体所经历过的最佳位置；X_1 为全局最佳位置；c_1 为自我学习因子；c_2 为群体学习因子。c_1、c_2 为 $[0,1]$ 之间的随机数，主要协调群体和个体记忆对 GWO 算法搜索的影响，从而使得全局搜索和局部搜索平衡，减少陷入局部最优的概率。

（3）模型求解。

设计 IGWO 的粒子编码方法，每个个体代表一种生产计划方案，灰狼算法中每个粒子的维度表示出矿点，每个粒子的位置表示出矿点的采掘量，将模型处理后的目标函数作为 IGWO 算法的适应度值。采用 IGWO 对模型进行求解，算法流程图如图 3-31 所示。

e 工程应用和结果分析

为了验证多目标露天矿生产计划模型有效性和 IGWO 算法的优越性，以某露天矿的生产数据为样本进行仿真实验。通过对某生产作业计划周期内的生产作业指标进行统计，已知作业期内矿石量为 90 万吨，所有矿石来自于Ⅷ出矿点。矿物成分和生产作业指标如表 3-12 所示，各个出矿点的采掘和运输成本如表 3-13 所示。算法参数设置：最大迭代次数 $t_{max} = 1000$，种群规模为 50，维数为 8，$a_{ini} = 2$，$a_{fin} = 0$。根据勘探爆破数据，各个出矿点计划期内计划采掘量为 $x^0 = (5.00,\ 8.00,\ 20.00,\ 8.00,\ 5.00,\ 17.00,\ 9.00,\ 18.00)$，矿石的质量分数分别为（铁，铅，铝，锌）$= (65.54\%,\ 1.40\%,\ 2.05\%,\ 2.76\%)$。在配矿生产中，每个出矿点的出矿量综合指标为 $5 \leq x_i \leq 20$，各种矿石品位综合指标范围为 $65\% \leq g_{铁} \leq 66\%$，$g_{铅} \leq 1.8\%$，$g_{铝} \leq 2.2\%$，$g_{锌} \leq 3.5\%$。

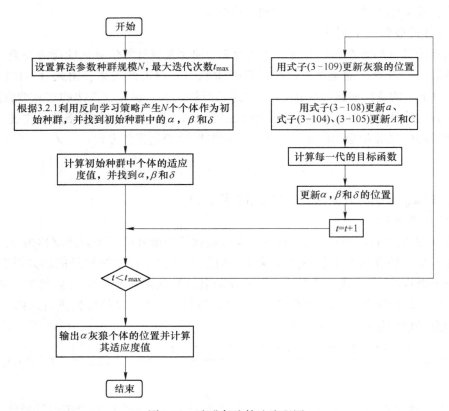

图 3-31   改进灰狼算法流程图

表 3-12   各个出矿点的综合指标

出矿点	回采率/%	矿石组成成分的质量分数/%			
		铁	铅	铝	锌
Ⅰ	0.935	64.05	2.56	2.80	3.00
Ⅱ	0.945	66.50	1.02	1.00	2.50
Ⅲ	0.930	67.01	0.31	1.94	2.05
Ⅳ	0.960	64.05	2.56	2.80	3.00
Ⅴ	0.940	61.26	3.30	3.95	5.50
Ⅵ	0.950	67.01	0.31	1.94	2.05
Ⅶ	0.965	61.26	3.30	3.95	5.50
Ⅷ	0.975	66.50	1.00	1.45	2.05

表 3-13   各个出矿点的采掘和运输成本   （$/t）

出矿点	x_1	x_2	x_3	x_4	x_5	x_6	x_7	x_8
采掘成本	2.000	3.400	3.300	2.000	3.375	3.300	3.375	1.000
运输成本	3.500	3.000	2.250	3.950	1.850	3.250	2.550	1.250
综合成本	5.500	6.400	5.550	5.950	5.225	6.550	5.925	2.250

分别用 PSO 算法、GWO 算法和 IGWO 算法对本文模型进行优化求解，得到三种算法求解迭代曲线，如图 3-32 所示。三种算法的寻优结果以及各个出矿点的出矿量如表 3-14 所示。

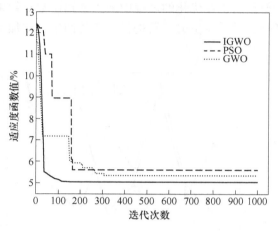

图 3-32　PSO、GWO 与 IGWO 算法适应度进化曲线对比

表 3-14　PSO、GWO 和 IGWO 优化结果对比　　　　　　　　　　　　（t）

出矿点	计划期计划采掘量	PSO 优化结果	GWO 优化结果	IGWO 优化结果
I	5.00	9.65	14.65	12.77
II	8.00	5.00	5.00	7.05
III	20.00	20.00	20.00	18.55
IV	8.00	10.95	12.00	10.00
V	5.00	14.77	14.77	14.77
VI	17.00	6.83	5.00	5.00
VII	9.00	5.00	5.00	7.65
VIII	18.00	20.00	18.00	20.00
合计	90.00	90.00	94.42	95.79

从图 3-32 中适应度曲线可知，IGWO 算法在迭代 100~200 次时，其结果在 5.00%~5.05%之间波动，趋于平稳，验证了 IGWO 算法在解决生产计划问题方面的可行性；在三种算法迭代的过程中，PSO 算法和 GWO 算法在寻优的过程中，均有不同阶段陷入局部最优，IGWO 算法相对两者而言具有较好的寻优性能，表明 IGWO 算法的全局搜索和局部搜索之间协调较平衡。在求解精度方面，最终目标函数值为 PSO（5.71%）、GWO（5.38%）和 IGWO（5.05%），将三种算法的优化结果进行对比分析，IGWO 的优化结果相对于 PSO 和 GWO 求解结果较优，验证了在 IGWO 算法中可提高解的质量。其次，在求解速度方面，优化所用时间分别为 6.55s（PSO）、4.45s（GWO）和 1.923s（IGWO），IGWO 算法所消耗的时间最短，相对于 PSO 算法求解速度提高 71%。

将 IGWO 算法优化后各个出矿点的出矿量与优化前进行对比，如图 3-33 所示。将表

3-12 和图 3-33 中各个出矿点的出矿量进行对比分析，IGWO 算法优化求解得到生产计划方案为 X_0 = （12.77，7.05，18.55，10.00，14.77，5.00，7.65，20.00），总共矿量为 95.79 万吨。计划期的采掘计划总量为 90 万吨，在用算法优化的过程中，往往会比计划期的采掘量要高，这主要是由于在优化的过程中采用惩罚函数对约束条件进行处理以及模型中品位偏差的约束影响，对低品位的矿石进行一定的回采，增加资源的利用率，同时也验证了模型的优越性。

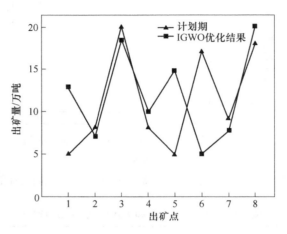

图 3-33　各个出矿点出矿量优化前后对比

f　IGWO 优化不同的目标函数

以综合多目标函数值 F 最小、采掘和运输成本 f_1 最小和品位偏差 f_2 最小三种目标下的优化，分别用 IGWO 算法优化不同的目标函数，得到的出矿量结果如表 3-15 所示。

表 3-15　不同目标函数下的优化结果　　　　　　　　　　　　　（t）

出矿点	X_F	X_{f_1}	X_{f_2}
I	12.77	20.00	5.43
II	7.05	5.00	20.00
III	18.55	14.13	15.87
IV	10.00	5.00	17.36
V	14.77	20.00	5.03
VI	5.00	5.00	13.73
VII	7.65	5.00	6.81
VIII	20.00	20.00	9.75
合计	95.79	94.13	93.98

在综合多目标模型达到最优时，运输成本 f_1 增加了，同时品位偏差值减少了。对于此种现象可认为多目标优化模型兼顾了矿石经济和质量双重因素，并且能够达到相对较优。在三种优化目标之下，综合多目标模型求解得到的总出矿量为 95.79t，相对单一目标函数较多，在兼顾经济的同时，模型更加符合露天矿生产需求，增加矿山企业的产量。虽

然三种结果出矿总量相差较少，但是对于注重精细化生产且年产量较大的矿山其效益显著。大多露天矿山为伴生或共生矿，多种金属同时参与配矿，这对矿山的战略规划和可持续发展具有重要的现实价值。

3.5 地下开采系统优化

3.5.1 地下矿开拓系统优化

3.5.1.1 综合评价法

本方法是从多种可行的开拓方案中，依据选取的一系列优化标准，对各个方案进行综合性评价，从中找出较优开拓方案。步骤如下：

（1）提出可行开拓方案。根据矿山的地质地形条件及其他有关因素，用常规方法提出各种可行的开拓方案。经过分析比较，筛选出几个需要进一步比较的方案。

（2）确定评价标准。根据影响方案选择的重要性，选取评价各方案的标准，如基建投资、基建工期、生产经营费、对环境的影响等。然后计算各方案评价标准的指标值，求出方案指标矩阵 $F = [f_{ij}]_{m \times n}$，其中 m 为评价指标的数目，n 为待比较的方案数目。对定性指标也要给数值，使其定量化。

（3）确定评价指标的重要性权数。在这个评价过程中，各个指标的作用不等，需要用重要性权数加以区别。通常，采用专家评分法决定权值。将可能选取的评价指标印成表格，请生产、设计、科研和教学的有关专家对指标重要性评分，评分标准常取 $0 \sim 20$。然后，可用下述两种方法确定各指标权数 ϕ_j。

1）取每一个指标得分的算术平均值作为权数：

$$\phi_j = \sum_{i=1}^{n} s_{ij}/n \quad i = 1, \cdots, n; j = 1, \cdots, m \tag{3-110}$$

式中，s_{ij} 为第 i 个评分人对第 j 个指标的评分值；n 为评分总人数；m 为评价指标的数目。

2）按指标重要性序列矩阵计算权数。各指标按专家评分高低排序，依次给分。最低的为 1 分，最高的为 N 分，将各专家评分所得分值列入序列得分矩阵 $A = [a_{i:}]_{m \times n}$。用序列得分矩阵算得指标重要性序列矩阵 $B = [b_{kl}]_{m \times n}$。

$$b_{kl} = \sum_{i=1}^{n} \left[(a_{ik} - a_{il}) \begin{Bmatrix} = 1 & a_{ik} > a_{il} \\ = 0 & a_{ik} \leqslant a_{il} \end{Bmatrix} \right]_{m \times n} \tag{3-111}$$

$$k = 1, \cdots, m; l = 1, \cdots, m$$

由矩阵 $B = [b_{kl}]_{m \times n}$ 计算指标重要性权数 ϕ_j：

$$\phi_j = \frac{N}{\mathrm{Max}\left\{ \sum_{l=1}^{m} b_{jl} \mid j = 1, \cdots, m \right\}} \cdot \sum_{l=1}^{m} b_{jl} \tag{3-112}$$

式中，N 为权数最高给分值，常取 20。

（4）将权数标准化。为便于比较，将权数除以权数平均值 ϕ_c，得标准权数 ϕ_i^0。

$$\phi_i^0 = \frac{\phi_i}{\phi_c} = \frac{\phi_i m}{\sum\limits_{l=1}^{m} \phi_i} \tag{3-113}$$

（5）选出最优值。自各方案的各指标中选出其最优值 f_i^0，作为理想最优方案的指标集，最大最优时取最大值，最小最优时取最小值。

（6）将标准值无量纲标准化。以理想最优方案指标值为准，取各方案指标值 f_{ij} 与理想方案最优值 f_i^0 的差的绝对值，除以各相应指标最大值和最小值之和，使各指标值化为无量纲标准值 δ_{ij}，即

$$\delta_{ij} = \frac{|f_i^0 - f_{ij}|}{\mathrm{Max} f_{ij} + \mathrm{Min} f_{ij}} \tag{3-114}$$

（7）计算综合优化值。以每一方案无量纲标准值 δ_{ij} 与标准权数 ϕ_i^0 的积的平方根作为综合优化值 F_j。

$$F_j = \frac{m}{\sum\limits_{i=1}^{m} \phi_i^0} \sqrt{\sum\limits_{i=1}^{n} (\delta_{ij}\phi_i^0)^2} \tag{3-115}$$

具有最小 F_j 者为综合最优方案，即最优的方案 j 要求：

$$F_j^0 = \mathrm{Min}\{F_j | j = 1, \cdots, n\} \tag{3-116}$$

综合评价法计算表格见表 3-16。

表 3-16　综合评价法计算表格

评价指标编号	n 个比较方案的指标值		理想方案指标	n 个方案的无量纲标准化指标值		重要性权数	标准化重要性权数
	1，2，$\cdots$，j，$\cdots$，n			1，2，$\cdots$，j，$\cdots$，n			
1	f_{11}，$f_{12}\cdots f_{1j}$，f_{1n}		f_1^0	δ_{11}，$\delta_{12}\cdots\delta_{1j}$，$\delta_{1n}$		ϕ_1	ϕ_1^0
2	f_{21}，$f_{22}\cdots f_{2j}$，f_{2n}		f_2^0	δ_{21}，$\delta_{22}\cdots\delta_{2j}$，$\delta_{2n}$		ϕ_2	ϕ_2^0
$\vdots$	$\vdots$　$\vdots$　$\vdots$		$\vdots$	$\vdots$　$\vdots$　$\vdots$		$\vdots$	$\vdots$
i	f_{i1}，$f_{i2}\cdots f_{ij}$，f_{in}		f_i^0	δ_{i1}，$\delta_{i2}\cdots\delta_{ij}$，$\delta_{in}$		ϕ_i	ϕ_i^0
$\vdots$	$\vdots$　$\vdots$　$\vdots$		$\vdots$	$\vdots$　$\vdots$　$\vdots$		$\vdots$	$\vdots$
m	f_{m1}，$f_{m2}\cdots f_{mj}$，f_{mn}		f_m^0	δ_{m1}，$\delta_{m2}\cdots\delta_{mj}$，$\delta_{mn}$		ϕ_m	ϕ_m^0
			$\sum\limits_{i=1}^{m}$	δ_{i1}，$\delta_{i2}\cdots\delta_{ij}$，$\cdots\delta_{in}$			
算法	$f_i^0 = \mathrm{Max}\{f_{ij}\}$ 最大最优			$\delta_{ij} = \dfrac{|f_i^0 - f_{ij}|}{\mathrm{Max} f_{ij} + \mathrm{Min} f_{ij}}$			
	$f_i^0 = \mathrm{Min}\{f_{ij}\}$ 最小最优			$F_j = \dfrac{m}{\sum\limits_{i=1}^{m} \phi_i^0} \sqrt{\sum\limits_{i=1}^{n} (\delta_{ij}\phi_i^0)^2}$			
	$\phi_i^0 = \dfrac{\phi_{im}}{\sum\limits_{i=1}^{m} \phi_i}$			$F_j^0 = \mathrm{Min}\{F_j | j = 1, \cdots, m\}$			

3.5.1.2　网络流法

地下矿开拓系统核心是物料流动（包括矿石、废石、材料、人员、空气等）的安排，力图用最小的费用完成各种物料输送。因此，可以把开拓系统视作一个网络流，然后根据最小费用的计算，确定物流的最优路径，进而得出最优的开拓运输方案。具体方法步骤如下：

（1）提出各种可行的开拓运输方案。例如，在图 3-34 的矿山横剖面图中，可以采取单一竖井（AB）开拓，单一斜井（CD）开拓或是平硐盲竖井（EIFG）开拓等。

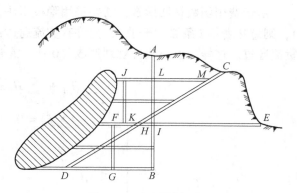

图 3-34　矿山横剖面图

（2）将上述各种开拓运输方案综合在一起，构成网络流图。图 3-35 是相应于图 3-34 的网络流图，其中 O_1，O_2，…，O_5 是流的发点，T_1，T_2，T_3 是流的收点。A、B、C……诸点是节点，AL、CM、EI……诸线段是弧，其上的箭头表示物流的方向。

（3）进行最小费用流的计算。在网络理论中，最小费用流的主要参数是费用和弧容量两项。所谓费用，是指每条弧线上流量经过后所消耗的资金。它由两部分组成：一为建立这条弧（基道）的基建费用 H_f，它是一次性支付；另一为运送矿石的经营费用 H_v，它是经常性的消耗。对于给定的一条弧，H_f 是常数，H_v 是随流量大小而变化的一个变量，可视作线性关系。因此，费用函数是始于 H_f 的凹函数（图 3-36）。

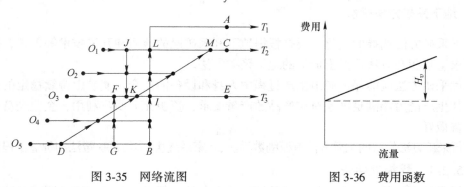

图 3-35　网络流图

图 3-36　费用函数

最小费用流计算的第二个基本参数是弧容量。它是指每条弧所能通过的最大流量。严格地说，本课题的弧容量是没有限额的，因为巷道断面和运输设施可按需要增加。然而，为了减少有关凹函数的计算工作量，我们把每条弧上有可能通过的流量的总和视作弧容量。

在上述参数基础上，最小费用流问题可写作线性规划：

$$\text{Min} \sum_{ij} h_{ij} f_{ij} \tag{3-117}$$

$$\text{s. t.} \begin{cases} \sum_j f_{ji} - \sum_j f_{ij} = 0 & \text{始点、终点除外的 } i \text{ 点} \\ f_{ij} \leqslant C_{ij} & \text{所有的}(i, j) \end{cases}$$

式中，C_{ij} 为弧容量；f_{ij} 为在弧 (i, j) 上的流量；h_{ij} 为在弧 (i, j) 上的单位流费用；i, j 为节点。

由于费用函数是凹函数，需要采用隐枚举法，在每条凹函数弧上添加参数 x_i。若 $x_i = 1$，则意味着第 i 条弧"开放"，允许有货流通过；若 $x_i = 0$，则指第 i 条弧"关闭"，没有货流通过。这样，上述线性规划变成（0-1）混合整数规划。

$$\text{Min} \sum_{i \in \omega^+} H_{fi} + \sum_{i \in \omega^0} H_{fi} x_i + \sum_{i=1}^{m} h_{vi} f_i \qquad (3\text{-}118)$$

$$\text{s. t.} \begin{cases} \sum_j f_{ji} - \sum_j f_{ij} = 0 & \text{始点终点除外的 } i \\ 0 \leqslant f_i \leqslant C_i & i = 1, 2, \cdots, m \\ f_i \leqslant x_i C_i & i \in \omega^+ \\ f_i = 0 & i \in \omega^- \\ x_i = 0 \text{ 或 } 1 & i \in \omega^0 \end{cases}$$

式中，H_{fi} 为第 i 条弧线的基建费用；h_{vi} 为第 i 条弧线的单位流费用；ω^+ 为 $x_i = 1$ 的弧子集；ω^- 为 $x_i = 0$ 的弧子集；ω^0 为 x_i 有待确定的弧子集。

（4）确定开拓运输系统。经过最小费用流的计算，在原有网络图中存有物流的弧（基道），说明它必须存在（即要开掘）；对于没有物流的弧（巷道），说明它没有存在的必要，应该从图中删除。这样，删除后剩下的网络系统图，就是矿山的开拓运输系统。

3.5.2 地下采矿方法优选

地下采矿方法选择的优化主要是根据地下开采矿段的地质和开采技术等条件，按照一定的要求、步骤和方法选择出最优的地下采矿方法。

最优采矿方法应能保证矿山生产过程中人身和设备的安全，使矿山持续稳定的进行生产，矿井生产能力能满足国家对矿产品的产量要求，资源充分回收利用，企业经济效益和社会效益最好。

进行采矿方法优选的主要方法有模糊数学法、专家系统法、多目标决策法和价值工程法等。

3.5.2.1 模糊数学法

选择采矿方法的主要依据是众多的地质技术条件。但是，并没有定义明确的选择准则可以遵循，所以，采用模糊数学法处理。首先，初选一些采矿方法作为候选者，已知这些采矿方法所要求的地质条件。然后列出拟选择采矿方法的矿山的地质技术条件，计算并确定它们与候选采矿方法所要求的地质技术条件之间的模糊相似程度，选择条件最相近的那个采矿方法。

模糊数学还可以用来预测采矿方法将取得的技术经济指标。首先列出本矿山的地质技术条件，对它们进行模糊聚类。聚类时，与本矿山近似程度最高的矿山取得高权值，其余矿山按聚类近似程度排序依次取较低的权值；然后将各矿山用这种采矿方法取得技术经济指标加权平均，得到本矿山采用这种采矿方法取得的技术经济指标加权平均，得到本矿山采用这种采矿方法可能取得的技术经济指标。

3.5.2.2　专家系统法

采矿专家选择采矿方法时，通常先根据矿岩稳固性选择空场法、崩落法或充填法等采矿方法的大类别；然后根据矿体倾角及其他条件选择运输方式和长壁法、分段崩落法等采矿方法小类别；再根据矿体厚度或分段高度选择浅孔或深孔等不同的落矿方式。这个过程是一个明显的逻辑推理过程。把这种逻辑因果关系总结成规则，存放在计算机系统中，就建立了采矿方法选择的专家系统。使用时，输入所设计的矿山的地质技术条件，系统就会自动推理，选择出适用的采矿方法。

3.5.2.3　多目标决策法

选择采矿方法时，考虑采矿成本、采准切割量、矿石贫化率、采场生产能力等多个因素。这些因素从不同侧面反映采矿方法的优劣，具有各自的计算单位。采用多目标决策法，将这些因素综合起来，从整体上评价几种采矿方法的可行方案，从中择优。

3.5.2.4　价值工程法

价值工程中，事物的价值用其功能与成本的比值来衡量。选择采矿方法时，将采场生产能力、回采率、贫化率等技术指标视作功能，支出的开采费用视作成本，比较各种采矿方法的功能/成本比，选择比值最大者作为应选的采矿方法。

3.5.2.5　实例分析

某铜铁矿床，走向长 350m，倾角 60°~70°，平均厚度 50m。矿体连续性好，形状比较规整，地质构造简单。矿石为含铜磁铁矿，致密坚硬，$f = 8 \sim 12$，属中等稳固。上盘为大理岩，不够稳固，$f = 7 \sim 9$，岩溶发育；下盘为矽卡岩化斜长岩及花岗闪长斑岩，因受风化，稳固性差。矿石品位较高，平均含铜 1.73%，平均含铁 32%。矿山设计年产矿石量43 万吨，地表允许陷落。

第一步，对采矿方法进行初选。由于矿石中等稳固、围岩稳固性差、矿体倾角大、地表允许陷落等条件，结合考虑矿石的损失、贫化率、采矿工艺等因素，可用无底柱分段崩落法，分段高 10m，回采巷道间距 10m，垂直走向布置，矿块生产能力 350~400t/d，采准工作量 15m/kt，矿石损失率和矿石贫化率分别为 18%、20%，劳动生产率为 715t/（人·a）。根据矿石价值、围岩与矿石稳固性和矿床规模等条件，又可用上向水平分层充填法。由于矿柱回采方法的不同，这种方法又可分为两种方案：第一种方案，矿房宽 10m、矿柱宽5m、矿房用上向水平分层尾砂充填法回采；矿柱用留矿法回采，事后一次胶结充填。先采矿柱，后采矿房，矿块生产能力 120~160t/d，采准工作量 10m/kt，矿石损失率和矿石贫化率均为 6%，劳动生产率为 429t/（人·a）。第二种方案，矿房宽 10m，用上向水平分层尾砂充填法回采，靠矿柱边砌隔离墙，矿柱宽 5m，用无底柱分段崩落法回采，矿块生产能力 200~250t/d，采准工作量 10m/kt，矿石损失率和矿石贫化率均为 9%，劳动生产率为 613t/（人·a）。

第二步，构造模糊优先关系矩阵。经分析该矿具体情况，并对两方案优缺点和主要技术经济指标进行比较，建立如下模糊优先关系矩阵（$C_1 \sim C_5$ 分别代表矿块生产能力、采准工作量、矿石损失率、矿石贫化率、劳动生产率；P_1、P_2 分别代表方案一和方案二）。

$$
\begin{vmatrix}
A & C_1 & C_2 & C_3 & C_4 & C_5 \\
C_1 & 0.5 & 1 & 0 & 1 & 0 \\
C_2 & 0 & 0.5 & 0 & 1 & 0 \\
C_3 & 1 & 1 & 0.5 & 1 & 0 \\
C_4 & 0 & 1 & 0 & 0.5 & 0 \\
C_5 & 1 & 1 & 0 & 1 & 0.5
\end{vmatrix}
\quad
\begin{vmatrix}
C_1 & P_1 & P_2 \\
P_1 & 0.5 & 1 \\
P_2 & 0 & 0.5
\end{vmatrix}
\begin{vmatrix}
C_2 & P_1 & P_2 \\
P_1 & 0.5 & 0 \\
P_2 & 1 & 0.5
\end{vmatrix}
\begin{vmatrix}
C_3 & P_1 & P_2 \\
P_1 & 0.5 & 0 \\
P_2 & 1 & 0.5
\end{vmatrix}
$$

$$
\begin{vmatrix}
C_4 & P_1 & P_2 \\
P_1 & 0.5 & 0 \\
P_2 & 1 & 0.5
\end{vmatrix}
\begin{vmatrix}
C_5 & P_1 & P_2 \\
P_1 & 0.5 & 1 \\
P_2 & 0 & 0.5
\end{vmatrix}
$$

第三步，构造模糊一致矩阵，并计算排序向量，由模糊优先关系矩阵变换为模糊一致矩阵并进行层次单排序，结果如下：

$$
\begin{vmatrix}
A & C_1 & C_2 & C_3 & C_4 & C_5 & W \\
C_1 & 0.5 & 0.7 & 0.3 & 0.4 & 0.4 & 0.2012 \\
C_2 & 0.3 & 0.5 & 0.1 & 0.2 & 0.2 & 0.1094 \\
C_3 & 0.7 & 0.9 & 0.5 & 0.6 & 0.6 & 0.2879 \\
C_4 & 0.4 & 0.6 & 0.2 & 0.3 & 0.3 & 0.1566 \\
C_5 & 0.6 & 0.8 & 0.4 & 0.5 & 0.5 & 0.2548
\end{vmatrix}
$$

$$
\begin{vmatrix}
C_1 & P_1 & P_2 & R_3 \\
P_1 & 0.5 & 0.75 & 0.6340 \\
P_2 & 0.25 & 0.5 & 0.3660
\end{vmatrix}
\begin{vmatrix}
C_2 & P_1 & P_2 & R_3 \\
P_1 & 0.5 & 0.25 & 0.3660 \\
P_2 & 0.75 & 0.5 & 0.6340
\end{vmatrix}
\begin{vmatrix}
C_3 & P_1 & P_2 & R_3 \\
P_1 & 0.5 & 0.25 & 0.3660 \\
P_2 & 0.75 & 0.5 & 0.6340
\end{vmatrix}
$$

$$
\begin{vmatrix}
C_4 & P_1 & P_2 & R_3 \\
P_1 & 0.5 & 0.25 & 0.3660 \\
P_2 & 0.75 & 0.5 & 0.6340
\end{vmatrix}
\begin{vmatrix}
C_5 & P_1 & P_2 & R_3 \\
P_1 & 0.5 & 0.75 & 0.6340 \\
P_2 & 0.25 & 0.5 & 0.3660
\end{vmatrix}
$$

第四步，方案综合评价分值如下：

$$
\boldsymbol{C} = \boldsymbol{W} \cdot \boldsymbol{R} = (0.2012 \quad 0.1094 \quad 0.2879 \quad 0.1566 \quad 0.2448) \cdot
\begin{pmatrix}
0.6340 & 3360 \\
0.3360 & 6340 \\
0.3360 & 6340 \\
0.3360 & 6340 \\
0.6340 & 3360
\end{pmatrix}
$$

$$
= (0.4689 \quad 0.5010)
$$

最后对以上计算结果进行分析，可知矿房用上向水平分层尾砂充填法回采、矿柱用无底柱分段崩落法回采的方案的评分值相对较大。因此，综上分析后，该矿采矿方法选用第二种方案。

3.5.3　采场结构参数优化

采场结构参数优化是采矿方法设计的重要组成部分，它是指在满足矿山安全生产条件下，选择最佳的矿房、矿柱尺寸或采准、切割工程间距。合理地选择采场结构参数，能够较好地控制地压，保证围岩稳固，更是安全、高效和经济回采的关键。目前，对采场结构参数进行优化研究的方法主要有解析法、工程类比法、数值模拟分析法以及模型试验法等。优化的思路是：首先，根据矿山岩体力学条件与矿体特征，利用解析法或工程类比法初步确定各参数取值的上下限；然后设计实验方案，采用物理模型实验或数值模拟法对参数方案进行分析，获得各方案下采场的力学响应；最后利用数学分析法对方案结果进行评价，优选出最佳参数。

3.5.3.1 理论分析

在空场采矿法中，矿房顶板跨度是采场的主要结构参数，其确定方法主要有简支梁理论、普氏压力拱、Mathews 稳定图方法、工程类比法等。

根据简支梁理论，顶板的允许跨度

$$l \leqslant 1.29H\left[\sigma_c/(\gamma H) + \lambda\right]^{0.5}$$

式中，γ 为上覆岩层容重；λ 为原岩应力场侧压系数；H 为上覆岩层厚度；l 为开采空间跨度。

根据普氏压力拱理论，顶板的允许跨度

$$l \leqslant Hf - 2h\tan\left(45° - \frac{\varphi}{2}\right)$$

式中，H 为上覆岩层厚度；h 为采矿区高度；φ 为岩体内摩擦角；f 为普氏系数。

Mathews 于 1981 年建立了岩体稳定性指数 N 与采矿暴露面形状系数 S 之间关系，通过计算采场的稳定性指数 $N = Q \cdot A \cdot B \cdot C$（$Q$ 为修改的 NGI 岩体质量指数；A 为应力系数；B 为岩体缺陷方位修正系数；C 为设计采场暴露面方位修正系数），结合 Mathews 稳定性图表，即可得出采场的极限暴露面积。

矿房尺寸确定以后，矿柱尺寸可以通过柱子所承担的上覆岩体重量来进行计算。矿柱的截面积 $s \geqslant \dfrac{\gamma Hkn}{\sigma_0 k_f} \cdot S$，式中，$S$ 为矿柱支撑的上部覆岩面积；γ 为上覆岩平均容重；H 为开采深度；k 为载荷系数；σ_0 为矿柱矿石单轴抗压强度；n 为安全系数。

在无底柱分段崩落采矿法中，分段高度、进路间距和崩矿步距可以根据放矿理论，利用下列公式计算得出。根据放矿物理试验，可以得到放出椭球体的偏心率方程：

$$1 - \varepsilon^2 = KH^{-n} \tag{3-119}$$

式中，ε 为偏心率；H 为放出高度，放出高度近似为分段高度的 2 倍；K、n 是与矿岩性质和放出条件有关的待求常数，

且沿进路方向，$\varepsilon = \dfrac{\sqrt{a^2 - b^2}}{a}$。

当分段高度定好以后，进路间距可用下式给出：

$$B_1 = \frac{2Hb}{\sqrt{3}\,a} \text{（高分段）} \tag{3-120}$$

$$B_2 = \frac{6Hb}{\sqrt{3}\,a} \text{（大间距）} \tag{3-121}$$

崩矿步距可用回贫差函数进行优化得到，计算模型如图 3-37 所示。

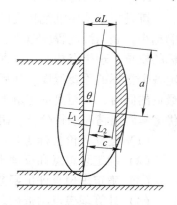

图 3-37 回贫差计算示意图

考虑正面废石混入对矿石损失贫化的影响，设放出体的体积为 V_d，正面废石混入的体积为 V_1，实际放出矿石体积为 V，则矿石回收率 H_K 为

$$H_K = \frac{1}{(\alpha L)S}\left\{\left[\pi abc\frac{L_1}{\sqrt{A_{ac}}}\left(1-\frac{L_1^2}{3A_{ac}}\right)\right] + \left[\pi abc\frac{L_2}{\sqrt{A_{ac}}}\left(1-\frac{L_2^2}{3A_{ac}}\right)\right]\right\} \tag{3-122}$$

矿石贫化率 P_K 为

$$P_K = \frac{\dfrac{2}{3}\pi abc - \pi abc\dfrac{L_2}{\sqrt{A_{ac}}}\left(1-\dfrac{L_2^2}{3A_{ac}}\right)}{\dfrac{2}{3}\pi abc + \pi abc\dfrac{L_1}{\sqrt{A_{ac}}}\left(1-\dfrac{L_1^2}{3A_{ac}}\right)} \tag{3-123}$$

式中，$L_1 = a\tan\theta$；$L_2 = \dfrac{\alpha L}{\cos\theta} - L_1$；$L$ 为崩矿步距；α 为挤压爆破条件下的矿石松散系数，因此 αL 为放矿步距；$A_{ac} = a^2(\tan\theta)^2 + c^2$；$S$ 为每排炮孔控制的面积。

根据定义，则回贫差 E_K 为

$$E_K = H_K - P_K \tag{3-124}$$

通过对 E_K 求导，即可得到最佳的崩矿步距。

通过上述理论，可分析出采场结构参数的合理取值范围。

3.5.3.2　数值分析

通过理论分析，得到采场结构参数的取值范围，为了获得最佳的组合方案，可采用数值分析的方法进一步研究各参数条件下采场的力学响应。常见的数值模拟方法有：有限单元法、有限差分法、离散元法与边界元法。最后根据模拟的试验结果，采用综合评价方法对各方案进行比较，从而得到最佳的结构参数，如层次分析法、熵值法、满意度计算法、价值工程法、灰色理论等。

3.5.3.3　模型试验

在崩落式采矿方法中，矿块结构参数影响放矿效果和贫化损失指标。因此，可以用室内物理试验或计算机模拟放矿过程，根据模拟结果选择最优的矿块结构参数。

3.5.3.4　实例分析：基于熵权-理想点的采场结构参数优化

A　熵权理想点评价模型原理

熵是指系统中混乱程度的一个度量。如果熵越大，表示越混乱，信息量就越小；反之熵越小，表示混乱程度越小，信息量越大。熵权法的含义就是通过指标变化的程度确定指标的权重。理想点法是一种评价函数方法，通过构建合理的评价体系，选择合理的方法确定各个指标的重要程度。然后计算各个指标和其理想目标的距离，如果指标距离最理想解最近的同时，又距离最劣解最远，就表示是最好的，反之则最差。最后通过对各个指标的优劣解距离情况进行分析，确定其所属。其运算步骤为：

（1）建立评价指标矩阵；

（2）确定理想点和反理想点；

（3）确定理想点评价函数；

（4）计算理想点贴近度。

熵权理想点法是一种结合了熵权法和理想点法的多指标综合评价方法。首先，熵的表

示可以很好地体现系统中信息的无序程度，进而可以客观地评价出各个指标的权重系数。然后再建立加权标准化决策矩阵，通过计算方案的正负理想解，并且计算出各个方案与理想解的间距进行排序，得出最优的一个解。

B 建立熵权理想点模型

设在计算熵权理想点模型时共有 m 个方案：A_1，A_2，$\cdots$，A_m，每个方法有 n 个评判指标。评价过程主要有以下几步。

建立初始决策矩阵，式中，X_{ij} 为第 i 个方案中第 j 个指标。

$$
\boldsymbol{A} = \begin{bmatrix} X_{11} & X_{12} & X_{13} & \cdots & X_{1n} \\ X_{21} & X_{22} & X_{23} & \cdots & X_{2n} \\ X_{31} & X_{32} & X_{33} & \cdots & X_{3n} \\ \vdots & \vdots & \vdots & & \vdots \\ X_{m1} & X_{m2} & X_{m3} & \cdots & X_{mn} \end{bmatrix}
\tag{3-125}
$$

从式（3-125）获得模型的决策矩阵，并归一化以矩阵 $B = [b_{ij}]_{m \times n}$。其中 b_{ij} 是决策矩阵归一化后得到的指标属性值。

$$
r_{ij} = \frac{x_{ij}}{\sum\limits_{i=1}^{m} x_{ij}}
\tag{3-126}
$$

计算评价指标输出信息熵。

$$
C_{(r_j)} = \frac{-\sum\limits_{i=1}^{m} r_{ij} \ln r_{ij}}{\ln m}
\tag{3-127}
$$

计算各评价指标的差异程度系数。

$$
H(r_j) = 1 - C(r_j)
\tag{3-128}
$$

确定评价指标的权重系数。

$$
w_j = \frac{H(R_j)}{\sum\limits_{j=1}^{m} H(R_j)}
\tag{3-129}
$$

建立加权标准化决策矩阵：

$$
\boldsymbol{C} = (c_{ij})_{m \times n} = \begin{bmatrix} w_1 R_{11} & w_2 R_{12} & \cdots & w_n R_{1n} \\ w_1 R_{21} & w_2 R_{22} & \cdots & w_n R_{2n} \\ \vdots & \vdots & & \vdots \\ w_1 R_{m1} & w_2 R_{m2} & \cdots & w_n R_{mn} \end{bmatrix}
\tag{3-130}
$$

当评价指标为正时，其正负理想解分别为

$$
\begin{cases} V^+ = (\max\limits_{j} c_{ij} \big|_j \in J) \\ V^- = (\min\limits_{j} c_{ij} \big|_j \in J) \end{cases}
\tag{3-131}
$$

当评价指标为负时，其正负理想解分别为

$$
\begin{cases}
V^+ = (\min_j c_{ij} \big|_j \in J) \\
V^- = (\max_j c_{ij} \big|_j \in J)
\end{cases}
\tag{3-132}
$$

各评判对象与理想解的距离为

$$
\begin{cases}
d_i^+ = \sqrt{\displaystyle\sum_{j=1}^{n} (c_{ij} - v_j^+)^2} \\
d_i^- = \sqrt{\displaystyle\sum_{j=1}^{n} (c_{ij} - v_j^-)^2}
\end{cases}
\tag{3-133}
$$

评判对象的贴近度为

$$
E^+ = \frac{d_i^-}{d_i^+ + d_i^-}
\tag{3-134}
$$

在公式中，$0 \leqslant E^+ \leqslant 1$，将 E^+ 的值由大到小进行排列，最大的 E^+ 值便为最佳解。

C 采场结构参数优化

根据厚跨比法、普氏拱法、荷载传递交汇法、弹性力学法、结构力学法计算，确定了四个参数的合理范围。在确保稳定性的前提下初步确定了四套优化方案，如表 3-17 所示。

表 3-17 每个方案采场结构参数

因素 方案	顶柱厚度/m	矿房宽度/m	矿柱宽度/m	暴露面积/m²
原方案	15	42	8	336
方案 1	15	44	6	352
方案 2	10	40	10	320
方案 3	10	42	8	336
方案 4	10	44	6	352

为了保证评价体系的科学合理性，从技术、安全、经济三个项目入手，选用十个影响因素作为评价指标，其中技术方面包括 X_1 顶柱厚度 (m)，X_2 矿房宽度 (m)、X_3 采切比 (m²/kt)、X_4 采场生产能力 (t/d) 四个指标；安全方面包括 X_5 空区暴露面积 (m²)、X_6 矿柱宽度 (m)、X_7 矿柱稳定性系数三个指标；经济方面包括 X_8 成本/t (元/t)、X_9 回收率 (%)、X_{10} 贫化率 (%) 三个指标。综合评判体系如表 3-18 所示。

表 3-18 综合评价体系

项目准则层	指标层	原方案	方案 1	方案 2	方案 3	方案 4
P1	X_1	15	15	10	10	10
	X_2	42	44	40	42	44
	X_3	48.92	47.06	45.49	43.26	41.63
	X_4	200	200	230	230	230

项目准则层	指标层	原方案	方案1	方案2	方案3	方案4
	X_5	336	352	320	336	352
P2	X_6	8	6	10	8	6
	X_7	1.49	1.16	1.69	1.35	1.07
	X_8	96.0	91.6	94.8	89.6	85.5
P3	X_9	75.0	78.5	76.5	80.3	83.1
	X_{10}	12.35	13.51	11.44	12.60	13.89

（1）建立评价体系。

$$A = \begin{pmatrix} 15 & 42 & 48.92 & 200 & 336 & 8 & 1.49 & 96 & 75 & 12.35 \\ 15 & 44 & 47.26 & 200 & 352 & 6 & 1.16 & 91.6 & 78.5 & 13.51 \\ 10 & 40 & 45.49 & 230 & 320 & 10 & 1.69 & 94.8 & 76.5 & 11.44 \\ 10 & 42 & 43.26 & 230 & 336 & 8 & 1.35 & 89.6 & 80.3 & 12.6 \\ 10 & 44 & 41.64 & 230 & 352 & 6 & 1.07 & 85.5 & 83.1 & 13.89 \end{pmatrix} \tag{3-135}$$

$$B = \begin{pmatrix} 0.25 & 0.198 & 0.216 & 0.183 & 0.198 & 0.211 & 0.220 & 0.210 & 0.190 & 0.194 \\ 0.25 & 0.208 & 0.208 & 0.183 & 0.208 & 0.158 & 0.172 & 0.200 & 0.200 & 0.212 \\ 0.167 & 0.189 & 0.201 & 0.211 & 0.189 & 0.263 & 0.250 & 0.207 & 0.194 & 0.179 \\ 0.167 & 0.198 & 0.191 & 0.211 & 0.198 & 0.211 & 0.200 & 0.196 & 0.204 & 0.198 \\ 0.167 & 0.208 & 0.184 & 0.211 & 0.208 & 0.158 & 0.158 & 0.187 & 0.211 & 0.218 \end{pmatrix} \tag{3-136}$$

$$w = \begin{pmatrix} 0.340 & 0.007 & 0.028 & 0.051 & 0.007 & 0.312 & 0.227 & 0.014 & 0.023 & 0.014 \end{pmatrix}^T \tag{3-137}$$

$$C = \begin{pmatrix} 0.085 & 0.0014 & 0.0060 & 0.0093 & 0.0014 & 0.0658 & 0.0499 & 0.0029 & 0.0044 & 0.0027 \\ 0.085 & 0.0015 & 0.0058 & 0.0093 & 0.0015 & 0.0493 & 0.0390 & 0.0028 & 0.0046 & 0.0030 \\ 0.0568 & 0.0013 & 0.0056 & 0.0108 & 0.0013 & 0.0821 & 0.0568 & 0.0029 & 0.0045 & 0.0025 \\ 0.0568 & 0.0014 & 0.0053 & 0.0108 & 0.0014 & 0.0658 & 0.0454 & 0.0027 & 0.0047 & 0.0028 \\ 0.0568 & 0.0015 & 0.0052 & 0.0108 & 0.0015 & 0.0493 & 0.0359 & 0.0026 & 0.0049 & 0.0031 \end{pmatrix} \tag{3-138}$$

$$\begin{cases} V^+ = \begin{pmatrix} 0.0568 & 0.0015 & 0.0052 & 0.0093 & 0.0015 & 0.0493 & 0.0390 & 0.0026 & 0.0049 & 0.0025 \end{pmatrix} \\ V^- = \begin{pmatrix} 0.850 & 0.0013 & 0.0060 & 0.0108 & 0.0013 & 0.0821 & 0.0568 & 0.0029 & 0.0044 & 0.0031 \end{pmatrix} \end{cases} \tag{3-139}$$

$$\begin{cases} d_i^+ = 0.0345 \\ d_i^- = 0.0177 \end{cases} \begin{cases} d_i^+ = 0.0282 \\ d_i^- = 0.0373 \end{cases} \begin{cases} d_i^+ = 0.0373 \\ d_i^- = 0.0895 \end{cases} \begin{cases} d_i^+ = 0.0178 \\ d_i^- = 0.0445 \end{cases} \begin{cases} d_i^+ = 0.0235 \\ d_i^- = 0.0480 \end{cases} \tag{3-140}$$

（2）建立初始决策矩阵，见式（3-135）。

（3）根据式（3-125）将初始决策矩阵归一化得到标准决策矩阵 B，见式（3-136）。

（4）由式（3-126）~式（3-129）确定权重指标系数，见式（3-137）。

（5）由式（3-130）得加权后的标准决策矩阵 C，见式（3-138）。

（6）由式（3-131）和式（3-132）计算理想解得式（3-139）。

（7）通过式（3-133）计算每个方案与理想解之间的距离，见式（3-140）。

由式（3-134）计算各评判对象的贴近度分别为：33.9%、56.9%、70.5%、71.4%、67.1%。所以根据各方案贴近度排序，可以得出选用方案 3 时采场结构参数最优。

通过熵权-理想点综合评价模型对五个初选方案进行评价分析，得到了五个方案的贴进度，进一步确定顶板的厚度为 10m，矿房跨度为 42m，矿柱宽度为 8m。

3.5.4　基于混合整数规划法的地下矿采掘计划编制

3.5.4.1　计划编制混合整数规划模型

A　计划编制原理

为了从井下采出一定量的矿石，必须首先完成包括开拓、探矿、采准和切割在内的一系列准备工作，而计划编制的目的就是将这些工作在时间上按一定的先后顺序进行排列，并尽可能使矿山企业获得最大效益。因此，对于无底柱分段崩落法开采的矿山，根据井下采掘生产过程可分为掘进、中深孔和回采三个阶段。掘进阶段又可分为系统工程掘进和采准掘进，系统工程掘进主要指开拓巷道、探矿巷道以及溜井的掘进；采准掘进是指采场进路、切割巷和切割井的掘进。中深孔阶段主要是在采场内钻凿中深孔。回采阶段主要是落矿和矿石运搬等回采作业。采掘过程划分完成后，便可通过提取各阶段工序活动所特有的数学关系完成数学模型的创建。

B　混合整数规划模型

（1）目标函数。

在模型中，选取计划周期内每月出矿品位波动最小为目标函数，这样的优点是使采出矿石品位偏差量最小，以减少配矿和选矿成本，提升企业经济效益。

$$\text{Min} \sum_{t \in T} (g_{t1} + g_{t2}) \tag{3-141}$$

式中，T 为时间 t 的集合；g_{t1} 为 t 时期出矿品位超过入选品位的偏差量；g_{t2} 为低于入选品位的偏差量。定义 g_{t1}、g_{t2} 均取正值，因此同一时期 t 内 g_{t1} 和 g_{t2} 必有一个为零和一个非零。

（2）决策变量。

通过对无底柱分段崩落法采掘生产过程的划分，选取回采、中深孔、采准掘进和系统工程掘进为混合整数规划模型的二元决策变量，并定义当一个采场或一段系统工程在 t 时期开始推进时，取值为 1，否则为 0。

$$H_{at} = \begin{cases} 1 & \text{假如 } a \text{ 采场在 } t \text{ 时期开始回采} \\ 0 & \text{其他} \end{cases} \tag{3-142}$$

$$Z_{at} = \begin{cases} 1 & \text{假如 } a \text{ 采场在 } t \text{ 时期开始中深孔} \\ 0 & \text{其他} \end{cases} \tag{3-143}$$

$$J_{at} = \begin{cases} 1 & \text{假如 } a \text{ 采场在 } t \text{ 时期开始采准掘进} \\ 0 & \text{其他} \end{cases} \tag{3-144}$$

$$X_{lt} = \begin{cases} 1 & \text{假如系统工程 } l \text{ 在 } t \text{ 时期开始推进} \\ 0 & \text{其他} \end{cases} \tag{3-145}$$

（3）约束条件。

1）回采约束。

①逻辑约束。计划周期内 a 采场最多能开采一次。

$$\sum_{t\in T} H_{at} \leqslant 1 \quad \forall a\in A,\ t\in T \tag{3-146}$$

式中，A 为采场 a 的集合。

②变量非负，二元变量。

$$H_{at} = 1\ 或\ 0 \quad \forall a\in A,\ t\in T \tag{3-147}$$

③每月出矿品位约束。

$$\sum_{a\in A}\ \sum_{\substack{t'\in T \\ t-h_a+1\leqslant t'\leqslant t}} g_a H_{at'}\gamma/P + g_{t2} - g_{t1} = g \quad \forall a\in A,\ t\in T \tag{3-148}$$

式中，h_a 为 a 采场回采的持续时间；g 为矿石的入选品位；g_a 为 a 采场矿石的平均品位；γ 为 a 采场每月采下的矿石量；P 为矿山每月采下矿石总量。

④分段回采设备数量约束。

$$\sum_{a\in A_v}\ \sum_{\substack{t'\in T \\ t-h_a+1\leqslant t'\leqslant t}} H_{at'} \leqslant N_{vt} \quad \forall v\in V,\ t\in T \tag{3-149}$$

式中，V 为分段 v 的集合；A_v 为分段 v 内采场 a 的集合；N_{vt} 为分段 v 在 t 时期最多能容纳的回采设备数量。

⑤回采设备总量约束。

$$\sum_{a\in A}\ \sum_{\substack{t'\in T \\ t-h_a+1\leqslant t'\leqslant t}} H_{at'} = N_h \quad \forall t\in T \tag{3-150}$$

式中，N_h 为回采设备总数。

⑥水平约束。

$$H_{at} \leqslant \sum_{\substack{t'\in T \\ t'\leqslant t-h_{a'}}} H_{a't'} \quad \forall a\in A,\ a'\in \boldsymbol{A}_{al},\ t\in T \tag{3-151}$$

式中，$\boldsymbol{A}_{al}$ 为水平约束矩阵，规定当采场 a' 必须优先于采场 a 回采时取值为 1，否则为 0。

⑦垂直约束。

$$H_{at} \leqslant \sum_{\substack{t'\in T \\ t'\leqslant t-0.5h_{a''}}} H_{a''t'} \quad \forall a\in A,\ a''\in \boldsymbol{A}_{av},\ t\in T \tag{3-152}$$

式中，$\boldsymbol{A}_{av}$ 为垂直约束矩阵，并规定当采场 a'' 必须优先于采场 a 回采时取值为 1，否则为 0。

⑧回采设备调度约束。

$$\sum_{v'\leqslant v}\ \sum_{a\in A'_v}\ \sum_{\substack{t'\in T \\ t-h_a+1\leqslant t'\leqslant t}} H_{at'} \leqslant \sum_{v'\leqslant v}\ \sum_{a\in A'_v}\ \sum_{\substack{t''\in T \\ t-h_a\leqslant t''\leqslant t-1}} H_{at''} \quad \forall t\in T,\ v\in V \tag{3-153}$$

2）中深孔约束。

①逻辑约束。计划周期内 a 采场中深孔最多能钻进一次。

$$\sum_{t \in T} Z_{at} \leqslant 1 \quad \forall a \in A, \, t \in T \tag{3-154}$$

②变量非负，二元变量。

$$Z_{at} = 1 \text{ 或 } 0 \quad \forall a \in A, \, t \in T \tag{3-155}$$

③采场内中深孔超前回采约束。

$$H_{at} \leqslant \sum_{\substack{t' \in T \\ t' \leqslant t - Z_a}} Z_{at'} \quad \forall a \in A, \, t \in T \tag{3-156}$$

式中，Z_a 为 a 采场钻进中深孔的时间长度。

④中深孔设备数量约束。

$$\sum_{a \in A} \sum_{\substack{t' \in T \\ t - Z_a + 1 \leqslant t' \leqslant t}} Z_{at'} = N_z \quad \forall t \in T \tag{3-157}$$

式中，N_z 为中深孔设备总数。

⑤中深孔设备调度约束。

$$\sum_{v' \leqslant v} \sum_{a \in A_v'} \sum_{\substack{t' \in T \\ t - Z_a + 1 \leqslant t' \leqslant t}} Z_{at'} \leqslant \sum_{v' \leqslant v} \sum_{a \in A_v'} \sum_{\substack{t'' \in T \\ t - Z_a \leqslant t'' \leqslant t - 1}} Z_{at''} \quad \forall t \in T, \, v \in V \tag{3-158}$$

3）采准掘进约束。

①逻辑约束。计划周期内 a 采场采准掘进最多能掘进一次。

$$\sum_{t \in T} J_{at} \leqslant 1 \quad \forall a \in A, \, t \in T \tag{3-159}$$

②变量非负，二元变量。

$$J_{at} = 1 \text{ 或 } 0 \quad \forall a \in A, \, t \in T \tag{3-160}$$

③采准掘进超前中深孔约束。

$$Z_{at} \leqslant \sum_{\substack{t' \in T \\ t' \leqslant t - j_a}} J_{at'} \quad \forall a \in A, \, t \in T \tag{3-161}$$

式中，j_a 为 a 采场进行采准掘进的时间长度。

④采准掘进设备数量约束。

$$\sum_{a \in A} \sum_{\substack{t' \in T \\ t - j_a + 1 \leqslant t' \leqslant t}} J_{at'} = N_j \quad \forall t \in T \tag{3-162}$$

式中，N_j 为采准掘进设备总数。

⑤采准掘进设备调度约束。

$$\sum_{v' \leqslant v} \sum_{a \in A_v'} \sum_{\substack{t' \in T \\ t - j_a + 1 \leqslant t' \leqslant t}} J_{at'} \leqslant \sum_{v' \leqslant v} \sum_{a \in A_v'} \sum_{\substack{t'' \in T \\ t - j_a \leqslant t'' \leqslant t - 1}} J_{at''} \quad \forall t \in T, \, v \in V \tag{3-163}$$

4）系统工程约束。

①逻辑约束。计划周期内系统工程 l 最多能推进一次。

$$\sum_{t \in T} X_{lt} \leqslant 1 \quad \forall t \in T, \, l \in L \tag{3-164}$$

式中，L 为系统工程 l 的集合。

②变量非负，二元变量。

$$X_{lt} = 1 \text{ 或 } 0 \qquad \forall t \in T, \ l \in L \tag{3-165}$$

③系统工程超前采准掘进约束。

$$J_{at} \leqslant \sum_{\substack{t' \in T \\ t' \leqslant t - x_l}} X_{lt'} \qquad \forall a \in A, \ t \in T, \ l \in A_L \tag{3-166}$$

式中，x_l 为推进系统工程 l 的时间长度；A_L 为 a 采场采准掘进与系统工程 l 之间的约束矩阵，规定当系统工程 l 优先于 a 采场采准掘进时取值为 1，否则为 0。

④系统工程间相互约束。

$$X_{lt} \leqslant \sum_{\substack{t' \in T \\ t' \leqslant t - x_l}} X_{l't'} \qquad \forall t \in T, \ l \in L, \ l' \in L_L \tag{3-167}$$

式中，L_L 为系统工程之间的相互约束矩阵，规定当系统工程 l' 必须优先于系统工程 l 推进时取值为 1，否则为 0。

⑤系统工程设备数量约束。

$$\sum_{l \in L} \sum_{\substack{t' \in T \\ t - x_l + 1 \leqslant t' \leqslant t}} X_{lt'} = N_x \qquad \forall t \in T \tag{3-168}$$

式中，N_x 为系统工程的设备总数。

3.5.4.2 模型分析

A 约束条件分析

利用混合整数规划模型编制矿山采掘进度计划时，目标函数、决策变量以及约束条件的选取是模型求解质量优劣的关键，文中选取以出矿品位波动最小为目标函数，决策变量为回采、中深孔、采准掘进以及系统工程掘进等工序活动，约束条件为井下各生产工序在时空上存在着的相互关系。在约束条件中，式（3-148）是用于衡量时期 t 内出矿品位与入选品位之间的偏差情况，所得值 g_{t1}、g_{t2} 将为目标函数的求解提供基础数据，其余约束条件大体上可分为以下五类：

（1）逻辑约束。式（3-146）、式（3-154）、式（3-159）、式（3-164）限制的是每个采场和每段系统工程在计划周期内最多只能开采一次，而式（3-147）、式（3-155）、式（3-160）、式（3-165）则是保证当其参与计划编制时，取值为 1，否则为 0。式（3-167）是系统工程之间的约束关系，其定义如图 3-38 所示，即按照推进方向只有当 1 号系统工程完成后才可以进行 2 号和 3 号的推进，也只有当 3 号系统工程完成后才可以进行 5 号的推进，并依此类推，该约束目的是防止编制的计划出现逻辑上的错误。

（2）设备数量约束。式（3-149）和式（3-150）都是对回采设备数量的约束，不同之处在于式（3-149）限制的是同一分段内回采设备的数量，目的是防止回采设备在同一分段内过度集中，而式（3-150）限制的则是整个矿山可用于回采作业的设备数量。同理，式（3-157）、式（3-162）、式（3-168）分别限制的是矿山用于推进中深孔、采准掘进以及系统工程掘进的设备数量，且式（3-150）、式（3-157）、式（3-162）、式（3-168）还能确保任何时期所有设备都处于运行状态，从而可以有效避免设备的闲置问题。

（3）空间约束。由无底柱分段崩落法开采特点可知，回采中为降低矿石的贫化损失和保证开采的安全，采场开采在水平和垂直方向上会受到一定的约束。因此，模型中分别用式（3-151）和式（3-152）对水平约束和垂直约束进行限制（图3-39），并定义水平方向上限制采场 a 开采的采场 c 和 c' 未完成时，采场 a 不能开采；垂直方向上限制采场 b 开采的采场 a 未完成其50%时，采场 b 不能开采。

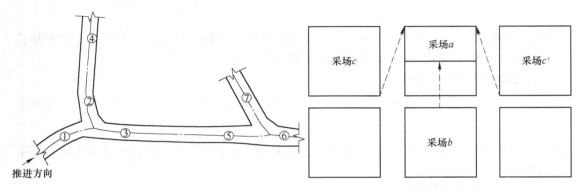

图3-38　系统工程之间约束关系　　　　　　图3-39　采场空间约束关系

（4）时间约束。井下采场在回采之前，需要先完成一系列准备工作，即一个采场在开始回采时，中深孔已经完成；一个采场在开始钻进中深孔时，采准掘进已经完成；一个采场在开始采准掘进时，相关的系统工程已经完成。所以模型中通过定义式（3-156）、式（3-161）、式（3-166）来保证各工序在时间上的这种连续性。

（5）设备调度约束。无底柱分段崩落法分段的开采顺序为下行式，因此为避免生产设备出现向上调度的问题，模型中分别用式（3-153）、式（3-158）、式（3-163）来约束回采、中深孔、采准掘进设备的调度方向，其原理是：对于第一个分段：t 时期生产采场数之和不大于 $t-1$ 时期生产采场数之和；对于第一、二个分段，t 时期生产采场数总和不大于 $t-1$ 时期生产采场数总和；对于第一、二、三个分段，t 时期生产采场数总和不大于 $t-1$ 时期生产采场数总和，并依此类推直至所有计划分段。

通过上述约束条件，能够很好地描述出生产开采过程中井下各工序在时空上的相互关系，也能够有效保证工序间的合理衔接，因此模型的约束条件是可行的、合理的和完备的。

B　回采顺序优化路线

通过对无底柱分段崩落法采掘生产过程及计划编制理论的研究分析，采场回采顺序的优化技术路线如图3-40所示。首先通过提取出用于编制计划的数学关系，建立起混合整数规划模型；然后将模型在 MATLAB+YALMIP 环境下完成程序语言的编写，载入基础数据并调用 CPLEX 求解器进行求解计算；最后验证结果是否满足计划编制的目标，如果各约束条件均能满足且目标函数最小，则输出结果，回采顺序优化方案确定，否则返回修改模型并重新求解。

3.5.4.3　工程实例

A　工程概况

北洺河铁矿是五矿邯邢矿业有限公司的一座大中型地下黑色冶金矿山。矿床产于燕山

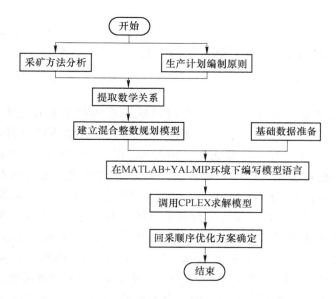

图 3-40 回采顺序优化路线

期闪长岩与奥陶纪石灰岩接触带，为接触交代型磁铁矿床，矿物以磁铁矿、黄铁矿为主，伴有少量赤铁矿、褐铁矿、硫、钴等。矿床埋藏深度为 265~679m，铁矿石平均品位为 49.79%，入选品位为 40%，设计年产量为 180 万吨，采用无底柱分段崩落法开采，分段高度为 15m，进路间距为 18m，崩矿步距为 1.7m。

矿山在 2015 年末回采、中深孔、掘进的生产现状为：回采和中深孔主要集中于 −140m 和−55m 分段；采准掘进主要集中于−140m、−155m、−170m 分段；系统工程除 −170m 分段剩余少量外，主要集中于−185m 分段系统工程的推进。矿山 2016 年采掘计划目标为 217 万吨铁矿石，其中主采场为 181.2 万吨，外委矿为 14.4 万吨，掘进带矿为 21.4 万吨。井下各工序设备数量及其生产能力如表 3-19 所示。

表 3-19 设备参数及其生产能力

工序名称	设备数量	设备型号	每月生产能力	备注
回采	6	TORO400E	3.1 万吨	5 台工作，1 台备用
中深孔	5	SIMBA	8000m	4 台工作，1 台备用
采准掘进	5	YT23 型	113m	4 台工作，1 台备用
系统工程掘进	2	7655 型	135m	有时 1 台，有时 2 台

B 数据准备

利用创建的混合整数规划模型编制北洺河铁矿 2016~2018 年采掘进度计划时，参与编制的采场有−140m 分段内的 5~11 号采场、−155m 分段内的 1~11 号采场、−170m 分段内的 1~13 号采场、−185m 分段内的 1~14 号采场以及−200m 分段内的 1~11 号采场，共

56 个采场，计划周期为 36 个月，即 $A = [1, 2, \cdots, 56]$，$A_v = \begin{bmatrix} 5, & 6, & \cdots, & 11 \\ 1, & 2, & \cdots, & 11 \\ 1, & 2, & \cdots, & 13 \\ 1, & 2, & \cdots, & 14 \\ 1, & 2, & \cdots, & 11 \end{bmatrix}$，$T =$

$[1, 2, \cdots, 36]$。系统工程量以一个周期内系统工程的推进长度进行量化，可得 $L = [1, 2, \cdots, 46]$，$x_l = [1, 1, \cdots, 1]$。由矿山生产现状及地质资料可知，a 采场矿石的平均品位 $g_a = [0.44, 0.47, \cdots, 0.35]$，矿石入选品位 $g = 0.40$。中深孔量和采准掘进量均以采场为单元进行量化，所以采场各工序剩余工作量的持续时间 $h_a = [1, 8, \cdots, 4]$，$Z_a = [0, 0, \cdots, 3]$，$j_a = [0, 0, \cdots, 4]$。回采过程中，一个采场只配备一台回采设备，因此采场每月采下的矿石量为一台回采设备的生产能力，即 $\gamma = 3.1$ 万吨，矿山每月采下矿石总量等于所有回采设备生产能力的总和，$P = 15.5$ 万吨。分段 v 在 t 时期最多能容纳的回采设备数 $N_{vt} = 3$，由表 3-20 可知，每月用于回采、中深孔、采准掘进的设备数量分别为 5 台、4 台、4 台，即 $N_h = 5$，$N_z = 4$，$N_j = 4$，用于掘进系统工程的设备在矿山实际运用中有时为 1 台，有时为 2 台，因此有 $1 \leqslant N_x \leqslant 2$。根据水平约束、垂直约束、采场与系统工程间约束以及系统工程之间相互约束的定义并查分段平面图可知，$A_{al} = \begin{pmatrix} \alpha_{1,1} & \cdots & \alpha_{1,56} \\ \vdots & & \vdots \\ \alpha_{56,1} & \cdots & \alpha_{56,56} \end{pmatrix}$、$A_{av} = \begin{pmatrix} \beta_{1,1} & \cdots & \beta_{1,56} \\ \vdots & & \vdots \\ \beta_{56,1} & \cdots & \beta_{56,56} \end{pmatrix}$、$A_L = \begin{pmatrix} \varepsilon_{1,1} & \cdots & \varepsilon_{1,46} \\ \vdots & & \vdots \\ \varepsilon_{56,1} & \cdots & \varepsilon_{56,46} \end{pmatrix}$、$L_L = \begin{pmatrix} \phi_{1,1} & \cdots & \phi_{1,46} \\ \vdots & & \vdots \\ \phi_{46,1} & \cdots & \phi_{46,46} \end{pmatrix}$，其中 α，β，ε，ϕ 取值为 1 或 0。

C　模型求解

在 MATLAB+YALMIP 环境中编写完程序语言后，调用 CPLEX 求解器求解。求解计算机型号参数为：Windows7 操作系统，Intel（R）i5 处理器，4GB 内存，软件版本为：MATLAB2014，CPLEX12.5.1，YALMIP2013。模型求解时长 8095s，变量个数为 7704 个，约束个数为 21306 个，月最大品位偏差量为 0.035，目标函数值为 0.267。采场回采顺序 H_{at} 如表 3-20 所示。

表 3-20　采场回采顺序 H_{at} 求解结果

采场 a	时间 t/月																
	1	2	3	4	5	6	7	8	$\cdots$	29	30	31	32	33	34	35	36
−140m5 号	1	0	0	0	0	0	0	0	$\cdots$	0	0	0	0	0	0	0	0
−140m6 号	1	0	0	0	0	0	0	0	$\cdots$	0	0	0	0	0	0	0	0
−140m7 号	0	0	0	0	0	0	0	1	$\cdots$	0	0	0	0	0	0	0	0
−140m8 号	1	0	0	0	0	0	0	0	$\cdots$	0	0	0	0	0	0	0	0
$\vdots$	$\vdots$	$\vdots$	$\vdots$	$\vdots$	$\vdots$	$\vdots$	$\vdots$	$\vdots$	$\vdots$	$\vdots$	$\vdots$	$\vdots$	$\vdots$	$\vdots$	$\vdots$	$\vdots$	$\vdots$
−200m8 号	0	0	0	0	0	0	0	0	$\cdots$	0	0	0	0	0	0	0	0
−200m9 号	0	0	0	0	0	0	0	0	$\cdots$	0	0	0	0	0	0	0	0
−200m10 号	0	0	0	0	0	0	0	0	$\cdots$	0	0	0	0	0	0	0	0
−200m11 号	0	0	0	0	0	0	0	0	$\cdots$	0	0	0	0	0	0	0	0

根据 H_{at} 的求解结果以及各采场的回采持续时长，可编制出北洺河铁矿 2016~2018 年采场回采网络衔接甘特图，如图 3-41 所示。

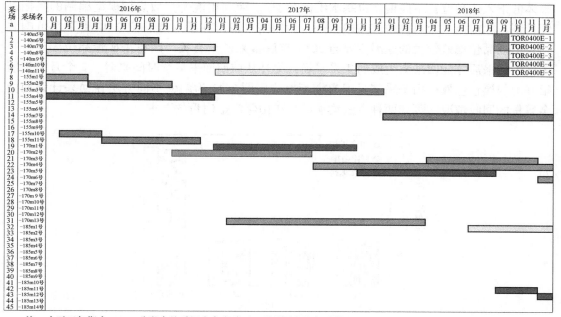

注：由于三年期内-200m 分段内的采场未产出矿石，所以图中未加以显示。

图 3-41　回采网络衔接甘特图

在图 3-41 中，颜色深浅不同的色条分别代表着五台回采设备的调度情况，可知首采地段分别为-140m 分段的 5 号、6 号、8 号采场以及-155m 分段的 1 号、4 号采场，设备调度方向均为自上而下，且在任何时间 t 内都有 5 台设备在回采作业，计划周期内没有出现设备闲置的问题。

D　结果对比分析

设备参数和生产能力将混合整数规划模型求得的每月出矿品位偏差量 g_{t1} 和 g_{t2} 值与手动编制的品位偏差量进行对比，并用折线图表示出来，其结果如图 3-42 所示。再根据每月出矿品位，便可求得北洺河铁矿计划期内的年回收金属量（图 3-43）。

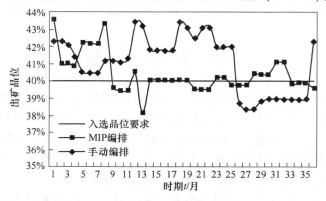

图 3-42　品位波动图

由图 3-41 可知，当采用手动编制进度计划时，出矿品位整体波动很大，在前两年内，出矿品位均高于入选品位，且上向偏差在 2% 左右；到第三年时，全年采出矿石的品位又整体低于入选品位，下向偏差也基本维持在 1%。而利用混合整数规划模型编制的采掘进度计划，除前期 7 个月品位偏差较大外，后期基本稳定在了入选品位 0.40 上下小范围波动。出现品位偏差较大的原因主要与 2015 年底备采矿量有关，因备采矿量品位固定，且需优先回采后才能回采新生成的备采采场；另外从前期回采持续时间来看，7 个月时长能很好地与黑色金属矿山备采储量保有期相对应。图 3-43 为两种不同方法在回采计划期内金属量的回收情况，可知两种方法均能满足矿山年产金属量的要求。

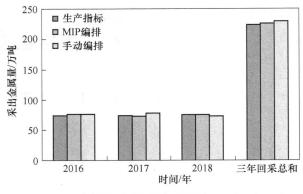

图 3-43　回收金属量

综合图 3-42 和图 3-43 的计算结果，可分别计算出两种方法在品位和金属量上偏差量的期望与标准差，结果如表 3-21 所示。通过数据对比可知，利用混合整数规划模型编制的采掘进度计划出矿品位更均衡，计划编制时间更短，因此利用混合整数规划模型编制的采掘进度计划较手动编制计划更优。

表 3-21　偏差量的期望与标准差

编制方法	品位		金属量	
	期望	标准差	期望	标准差
手动编制	1.09%	1.61%	16.96%	24.88%
MIP 编制	0.42%	1.08%	6.54%	16.76%

3.6　本章小结

矿区开发规划的系统优化方法有方案比较法、0-1 整数规划与动态模拟分析。优化方法不同，其模型建立也不一样。矿山生产能力确定方法主要有经验公式法、数学优化法与方案比较法，在进行生产能力优化时可综合几种方法进行。常见的边界品位的确定有盈亏平衡法、最大限值优化法。在利用盈亏平衡法时，要根据生产情况，分析盈亏平衡条件。不同生产阶段，盈亏平衡条件不同，所得的边界品位也不相同。

露天矿开采境界优化方法有浮动圆锥法、图论法。浮动圆锥法实质上是一种试错方法，得到的是相对最优境界；而 LG 图论法是严格的数学方法，只要给定价值模型，它都能计算出最优的开采境界。露天矿开拓运输系统优化包含三个步骤，即通过专家系统选出较优方案；然后利用动态规划方法对坑内沟道进行定线；最后通过模糊评价理论优选最佳方案。露天矿的采剥计划分为长期计划、中期计划与短期计划，生产各阶段的计划目标与约束条件都不一样，可利用线性规划、整数规划类进行建模求解。

地下矿开拓系统优化方法有综合评价法、网络流法。地下采矿方法优选有模糊数学法、专家系统法、多目标决策法与价值工程法等，而采场结构参数优化则多采用理论分析与数值模拟方法确定参数范围，然后结合方案评价模型，确定最优方案。地下矿采掘计划编制可采用混合整数规划，结合人机交互的方式来进行优化。

习　题

3-1　利用 0-1 整数规划进行矿区开发方案优化选择的目标函数与约束条件是什么？

3-2　如何确定矿山的生产规模，产能规模优化的目标函数是什么？

3-3　什么是边界品位？在矿山生产过程中，矿床的边界品位是否是变化的，为什么？请说明如何确定最佳的边界品位。

3-4　露天矿年度采剥计划优化中的目标函数是什么，约束条件有哪些？

3-5　露天矿境界优化需要哪些基础资料？简述浮动圆锥法优化露天矿境界的基本原理。

3-6　利用浮锥法圈出图中矿床模型的最优开采境界，并求出剥采比的大小。图中方块体积相等，方块中的数字表示块体的净价值，边坡角为 45°。

−1	−1	+2	+2	−1	−1	−1
−2	−2	+3	+3	−2	−2	−2
−3	−3	+8	−2	+5	−3	−3

3-7　与浮动圆锥法相比，LG 图论法优化露天矿开采境界有什么优缺点？

3-8　什么是露天矿配矿，进行露天矿配矿优化时的目标函数与约束条件是什么？

3-9　分析题：在露天矿生产中，境界内有个 n 剥离地点，剥离量分别为 Q_1，Q_2，…，Q_n，有 m 个排土场，排土场的容纳量为分别为 Z_1，Z_2，…，Z_m；假设第 i 个剥离点到第 j 个排土地点的运费单价为 C_{ij} 元/t（$i=1$，2，…，m）；求运费最低的运量分配 x_{ij}。写出此优化问题的目标函数与约束条件。

3-10　什么是层次分析-模糊评价法？请论述利用这种方法进行采矿方法优选的步骤。

3-11　简述采用混合整数规划法进行地下矿采掘计划编制的步骤。

参 考 文 献

[1] 韩可琦，王玉浚，张先尘. 矿区规划的 SD 模型及其应用 [J]. 系统工程理论与实践，1997，2：16~21.

[2] 张幼蒂. 采矿系统工程 [M]. 徐州：中国矿业大学出版社，2000.

[3] 中国矿业学院. 露天采矿手册（第 5 册）[M]. 北京：煤炭工业出版社，1986.

[4] 杨荣新. 露天采矿学（下册）[M]. 徐州：中国矿业大学出版社，1990.

[5] 王玉浚，张先尘，韩可琦. 矿区最优规划理论与方法 [M]. 徐州：中国矿业大学出版社，1993.

[6] 张幼蒂，姬长生. 大型矿山生产规模及其相关决策要素综合优化 [J]. 中国矿业大学学报，2001，15~19.

[7] Taylor H K. General background theory of cutoff grade [J]. Transactions of the Institution of Mining and Metallurgy, Section A：Mining Technology, 1972, 81：160~179.

[8] 袁怀雨，李秀峰. 用利润指标代替品位指标圈定矿体的初步研究 [J]. 金属矿山，2001（8）：5~8.

[9] 董藏海. 矿石品位指标优化方法在二峰山铁矿的应用 [J]. 金属矿山，2002（4）：14~15.

[10] Lane K F. Choosing the optimum cutoff grade [J]. Quarterly of the Colorado School of Mines, 1965, 59：811~829.

[11] 初道忠. 地下开采边界品位动态优化研究及其应用 [D]. 沈阳：东北大学，2008.

[12] 吴国遴. 圈定露天矿境界的电算方法介绍 [J]. 有色矿山，1982（6）：6，50~56.

[13] 陈晓青，任凤玉，张国建，等. 一种计算机圈定露天矿境界的新方法 [J]. 辽宁工程技术大学学报（自然科学版），2011，30（01）：5~8.

[14] Chen Tai. 3D pit design with variable Wall slope capabilities [C]// Proceedings of the 14th International Symposium on the Application of Computers and Operations Research in the Mineral Industry（APCOM），New York，1976.

[15] Lemieux M J. Moving cone optimizing algorithm [C]// The Computer Method for the 80's in the Mineral Industry. Weiss A. New York：AIME，1979：329~345.

[16] Lerchs H, Grossmann I P. Optimum design at open-pit mines [J]. Transactions CIM, 1965, 68：17~24.

[17] 赵景昌. 露天矿短期采剥计划 CAD 及其优化研究 [D]. 阜新：辽宁工程技术大学，2003.

[18] 陈建宏，邓顺华，王李管. 交互式图形环境 CAD 软件的开发 [J]. 中国矿业，1996，5（3）：125~127.

[19] 李耀娟. 用线性规划编制年采掘进度计划 [J]. 化工矿山技术，1987（1）：7~10，27.

[20] Mirjalili S, Mirjalili S M, Lewis A. Grey wolf optimizer [J]. Advances in Engineering Software, 2014, 69（3）：46~61.

[21] Saremi S, Mirjalili S Z, Mirjalili S M. Evolutionary population dynamics and grey wolf optimizer [J]. Neural Computing and Applications, 2015, 26（5）：1257~1263.

[22] A. C. 布尔查柯夫. 矿井设计 [M]. 北京：煤炭工业出版社，1982.

[23] 龙科明，王李管. 基于 ANSYS-R 法的采场结构参数优化 [J]. 黄金科学技术，2015，23（6）：81~86.

[24] 龚原，郭忠林，柳群荣，等. 基于熵权-理想点的采场结构参数优化研究 [J]. 矿冶，2019，28（6）：10~14.

[25] 刘晓明，徐志强，陈鑫，等. 基于混合整数规划法的地下矿采掘计划编制 [J]. 东北大学学报，2017，6：880~885.

4 露天矿生产工艺优化

4.1 引　言

金属矿床露天开采的工艺主要包括穿孔、爆破、铲装、运输与排土，各工序之间相互衔接，相互影响，相互制约。露天矿生产工艺的选择结果直接影响矿山开采程序、开拓运输方式以及生产成本等一系列重大问题。同时工艺系统投资大、影响矿山周期较长，工艺系统一旦确定，将长时间服务于矿山生产并且难以改变。因此，必须对露天矿生成工艺进行优化，保证露天矿生产技术的先进合理，降低企业生产成本。

露天矿生产工艺优化包含两个方面的内容：（1）对露天矿单项作业工序的优化；（2）对整个开采流程的系统优化。其中单项作业优化包括开采设备优化、爆破优化、电铲作业过程优化、运输与排土工艺优化；开采流程优化主要包括爆-铲作业优化、铲-装作业优化，以及露天矿整个作业流程的优化。本章将从以上几个方面讲述露天矿生产工艺优化的一些内容。

4.2　露天开采设备优化选择

露天矿的采剥设备主要有牙轮钻机、电铲、汽车，以及推土机。随着设备的老化，其生产能力逐年减低，如何搭配新老设备的数量以保障矿山的产能，是摆在企业面前的一个问题。当露天矿具体开采工艺方案确定后，矿床开采设备优化选择主要是确定设备型号和设备数量。

4.2.1　确定露天矿设备的常用方法

在设计和生产实践中确定露天矿设备的方法归纳起来有如下几种：

（1）类比法。按照资料不同可分为扩大指标法和类似矿山类比法。扩大指标法是对生产矿山的大量资料进行统计分析，在此基础上归纳出不同设备年能力或作业时间指标。类似矿山类比法是按照与设计矿山条件相似的生产矿山的指标取值。

（2）分析计算法。分析计算法是目前应用最广和通用性最强的计算方法。依据计算单位的不同，可分为以年工作班数或工作小时为基础的计算方法，本方法实质是一种均值法。

（3）概率计算法。概率计算法就是在计算设备的生产能力时，设备的出动率以概率计算。它可以反映出设备出动的随机性，能真实反映设备的运营情况，但该方法的计算量较大。

（4）计算机模拟法。计算机模拟法是以计算机为工具对不同的设备型号和数量的匹配进行模拟以寻求优化的组合。它的优点是可以考虑各种情况的设备应用，搜索范围比较广，计算的可信度大。

4.2.2 露天矿运输设备规划

在露天矿中，汽车为主要的运输设备。汽车运输效率的大小直接关系到整个露天矿的生产效率。根据汽车的运输效率，可以计算汽车车辆的组合，以及与装载设备合理配合的情况。

露天矿常采用单一的汽车运输形式，汽车在露天矿决策者心中的分量是不言而喻的。根据汽车的运输能力可以确定历年所需汽车的数量。在计算过程中，可以用两种方法确定汽车的运输能力：（1）根据统计报表解线性方程组；（2）直接由统计报表计算。

4.2.2.1 线性方程组的构造与求解

当行驶速度 V 不变时，汽车运输能力（单位：$t \cdot km/（台 \cdot a）$）与运距无关。据此，可建立如下方程：

$$\sum_{j=1}^{n} N_{ij}X_i = Q_iL_i \quad i = 1, 2, \cdots, n \tag{4-1}$$

式中，N_{ij} 为第 j 年动用车龄为 i 年的汽车数量，台；X_i 为车龄为 i 年的汽车台年运输能力，$t \cdot km/（台 \cdot a）$；Q_i 为第 i 年全部汽车运输矿岩总量，t；L_i 为第 i 年全部汽车的总运距，km；n 为汽车车龄分类数目。

将式（4-1）用矩阵形式表示，即为

$$A \cdot X = W \tag{4-2}$$

$$式中，A = \begin{bmatrix} N_{11} & N_{12} & \cdots & N_{1n} \\ N_{21} & N_{22} & \cdots & N_{2n} \\ \vdots & \vdots & & \vdots \\ N_{n1} & N_{n2} & \cdots & N_{nn} \end{bmatrix}; \quad X = \begin{bmatrix} X_1 \\ X_2 \\ \vdots \\ X_n \end{bmatrix}; \quad W = \begin{bmatrix} Q_1L_1 \\ Q_2L_2 \\ \vdots \\ Q_nL_n \end{bmatrix}。$$

对式（4-2），采用 Gausse 消元法，用 C 语言编程即可求得线性方程组未知变量 X_1，X_2，$\cdots$，X_n 的值。

在矿山，汽车的使用期限为 5~8 年，而在实际工作中一般将四年以后的汽车归结为四年车。因此，对式（4-1）中的 n 最大取为 4，那么式（4-2）即为

$$\begin{bmatrix} N_{11} & N_{12} & N_{13} & N_{14} \\ N_{21} & N_{22} & N_{23} & N_{24} \\ N_{31} & N_{32} & N_{33} & N_{34} \\ N_{41} & N_{42} & N_{43} & N_{44} \end{bmatrix} \begin{bmatrix} X_1 \\ X_2 \\ X_3 \\ X_4 \end{bmatrix} = \begin{bmatrix} Q_1L_1 \\ Q_2L_2 \\ Q_3L_3 \\ Q_4L_4 \end{bmatrix} \tag{4-3}$$

根据矿山提供的"露天矿汽车行驶里程及各种检修统计表"和"月度报表"，经统计可确定汽车的运输能力。

4.2.2.2 汽车的运输能力的直接统计计算

其计算方法是由"月度报表"计算出汽车的装车质量的年平均值和汽车的行程利用

率，再由"露天矿汽车行驶里程及各种检修统计表"分别统计出一年到四年车的行驶里程数。由下述运输功的计算公式可得出具体年度各车龄车的运输能力：

$$X_i = Q \frac{L_i}{n} \eta \tag{4-4}$$

式中，X_i 为车龄为 i 的汽车的运输能力，$t \cdot km/(台 \cdot a)$；Q 为汽车的装载质量的均值，$t/$ 台；L_i 为车龄为 i 的汽车的总行程，km；n 为车龄为 i 的汽车数量，台；η 为行程利用率。

4.2.2.3 统计计算的数据分析

根据式（4-4）计算出的汽车的运输能力相当于求正态分布的期望。可以从数理统计的角度进行分析。

在式（4-4）中，装车质量和行程利用率为定值，汽车行驶里程根据车辆的运输情况而定，是一个随机变量，因此汽车的运输效率也是一个随机变量，其分布特征可由汽车的行驶里程而定。为了确定里程的分布，需要统计里程的频率，作出里程的频率直方图（或频率曲线图），从图中看出里程的大致分布；再通过统计假设检验估计相应的参数；最后确定里程的分布函数。统计假设检验的方法很多，主要采用的检验方法有偏度-峰度检验法。

我们知道，正态分布函数是以其平均值为中心的对称分布的函数，对称点峰高是受数值分布的离散性即标准偏差制约。若样本所属总体为非正态总体，要不就是曲线不对称，产生左偏（峰位左移）或右偏（峰位右移）；要不就是峰值过高（锐窄峰）或过低（平坦峰）。峰的偏移可用偏度来表示，峰的高低可用峰度来表示。

从理论上讲，

正态分布的偏度：$C_s = \dfrac{\dfrac{1}{n} \sum\limits_{i=1}^{n} (x_i - \bar{x})^3}{\left[\dfrac{1}{n} \sum\limits_{i=1}^{n} (x_i - \bar{x})^2 \right]^{\frac{3}{2}}}$ 应为 0；

正态分布的峰度：$C_e = \dfrac{\dfrac{1}{n} \sum\limits_{i=1}^{n} (x_i - \bar{x})^4}{\left[\dfrac{1}{n} \sum\limits_{i=1}^{n} (x_i - \bar{x})^2 \right]^{2}}$ 应为 3。

若样本所属总体为非正态总体，发生峰偏移或峰值过高或过低，则 C_s 和 C_e 值显然要偏离理论值。C_s 和 C_e 究竟要偏离理论值多大才能判定样本值为正态分布呢？这可用偏度-峰度检验的临界值作为判断依据。其判断准则为：

（1）若 $|C_s| < C_s(\alpha, n)$ 且 $C_e(\alpha, n)_下 < C_e < C_e(\alpha, n)_上$，则可认为总体呈正态分布；

（2）若 $|C_s| > C_s(\alpha, n)$ 或 $C_e > C_e(\alpha, n)_上$ 或 $C_e < C_e(\alpha, n)_下$，则认为总体呈非正态分布。

式中，$C_s(\alpha, n)$ 为在显著性水平下的偏度临界值；$C_e(\alpha, n)_上$、$C_e(\alpha, n)_下$ 分别为显著性水平 α 下的峰度上临界值与下临界值，其值可由偏度-峰度检验临界值表查得。

由上述理论，我们对金堆城的汽车行驶里程进行分析。表 4-1 列出了金堆城钼矿 2004~

166

2007 年度新车的行驶里程数。

表 4-1　2004~2007 年度新车行驶里程数

年份	行车里程/km								
2004	53733	55283	48466	62658	67628	61447	70024	59734	62003
2005	57300	58320	53716	60745	58260	62096	59871	57620	59536
2006	61574	67933	63139	66101	64951	70984	67404	67230	67321
2007	64240	70017	64153	52967	49371	59532	56147		

根据表 4-1 我们容易画出图 4-1 的频率直方图。

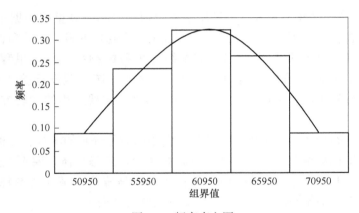

图 4-1　频率直方图

直观地看此图，汽车的行驶里程服从正态分布。经计算，其函数为：

$$f(x) = \frac{1}{5802.129\sqrt{2\pi}} e^{-\frac{(x-61220.41)^2}{2\times33664704}} \tag{4-5}$$

采用偏度-峰度检验法，由前述方法计算得：偏度 $C_s = -0.30$，峰度 $C_e = 2.47$。当 $\alpha = 0.01$ 时，查偏度-峰度临界值表：$C_s(0.01, 34) = 0.95$，$C_e(0.01, 34)_\text{上} = 5.15$，$C_e(0.01, 34)_\text{下} = 0.19$。显然，$|C_s| < C_s(\alpha, n)$ 且 $C_e(\alpha, n)_\text{下} < C_e < C_e(\alpha, n)_\text{上}$ 成立。故可判定：在显著性水平 $\alpha = 0.01$ 下，汽车行驶里程服从正态分布。所以可以用汽车行驶里程的算术平均值来计算汽车的运输能力。

4.2.3　应用实例——金堆城钼矿运输汽车的更新规划

陕西金堆城钼矿位于秦岭东段著名的西岳华山南麓，是世界第三、亚洲最大钼资源生产基地，该露天矿以汽车为主要的运输设备。汽车运输效率的大小直接关系到整个露天矿的生产效率。如果已知汽车的运输效率，如何计算汽车车辆的组合，以及与装载设备合理配合情况？如已知各年龄段汽车的运输能力。如何根据年采剥进度计划编制表计算各年完全用新车运矿岩时所需车辆台数？

计算如下。

4.2.3.1　根据金堆城露天矿 2006 年统计报表计算

由 2006 年报表统计得出，装车质量的均值 Q 为 34.18t/台，行程利用率 η 为

47.64%，则式（4-4）可变为

$$X_i = 16.28 \frac{L_i}{n} \tag{4-6}$$

根据式（4-6），即可计算出各车龄汽车的运输能力，其计算结果见表4-2。

4.2.3.2 根据2007年统计报表计算

由2007年报表统计得出，装车质量的均值 Q 为 34.87t/台，行程利用率 η 为 47.46%，则式（4-4）可变为

$$X_i = 16.55 \frac{L_i}{n} \tag{4-7}$$

根据式（4-7），即可计算出各车龄汽车的运输能力，其计算结果见表4-2。

表4-2 汽车运输能力计算

		一年车	二年车	三年车	四年车
	数量 n/台	10	10	13	16
2006 年	总行程 L_i/万公里	59.96	37.26	32.04	28.06
	运输能力 X_i/万吨·公里	97.61	60.66	40.12	28.55
	数量 n/台	10	6	19	18
2007 年	总行程 L_i/万公里	59.12	22.14	48.23	32.89
	运输能力 X_i/万吨·公里	97.84	61.07	42	30.24
两年运输能力均值/万吨·公里		97.73	60.87	41.06	29.40

由以上计算方法的结果我们可以看出：第二年的车与第一年的车相比其绝对效率下降最大，而在第三年及第四年时，汽车的效率降到第一年的50%以下。这说明自卸汽车在使用过程中，其技术状态随着汽车的老化和磨损程度的增大而恶化，而燃料、润滑油和备件的消耗量，定期的技术保养和修理的次数则增加，因而造成工作班数、行驶里程和运输效率等指标均降低。

4.2.3.3 根据年采剥进度计划编制表计算各年所需新车数量

随着矿山生产过程的深入，露天开采境界内的开采深度会逐年增大，而境界外的运距也随排土场的逐步升高而增大。由于排土场升高而引发去排土场线路变动等一些不确定因素的存在，这给计算运距带来了不确定性。根据金堆城矿山2008年采剥运输计划表，对矿石和废石的运距可以按如下原则进行处理：

（1）运往东川河倒装站、西川河倒装站以及卅亩地选厂的矿石的运距均以1140水平为基准，以后每向下延伸一个水平，运距增加200m。

（2）运往南牛坡排废场的废石的运距以1140水平为基准，并结合地形图确定其运距，每向下延伸一个水平，运距增加200m；运往卢家沟排废场的废石以1140水平为基准，并结合地形图确定其运距，每向下延伸一个水平，运距增加200m；运往北沟排废场的废石以1164水平为基准，结合地形图后确定其运距，每向下延伸一个水平，运距增加200m。

（3）在上述水平或其上的水平工作时，矿、岩石的运距以2008年采剥运输计划表

为准。

（4）向北沟所运废石量仅限于 1068m 水平以上。

根据以上处理原则，可计算出按 850 万吨/850 万吨剥采比计划时，各年所需汽车台数。计算结果见表 4-3。

表 4-3　汽车年需要量　　　　　　　　　　　　　　　（台）

年份	2009	2010	2011	2012	2013	2014	2015	2016	2017	2018	2019
车辆数	42	44	45	46	49	53	52	59	35	37	35
其中运矿车辆数	17	19	20	22	24	26	27	29	30	30	31
年份	2020	2021	2022	2023	2024	2025	2026	2027	2028	2029	2030
车辆数	37	34	38	36	41	40	46	59	69	75	36
其中运矿车辆数	31	31	32	33	35	35	37	40	50	55	25

在上述计算过程中，均以 95 万吨/a 的新车处理。但在实际工作中，矿岩运到地表的运距随着露天采场深度的增加而增加，这不仅是由于运输干线长度增加了，而且还由于增加了调车线、道路等数目；坑线的展线系数随着深度的增加也增大。这会使运输设备的周转时间加长，运输设备的周转率降低，为完成相同的运输量必须增加运输设备。为此，必须修正各年份的车辆数。

表 4-4 给出了在境界内不同车型在各种运距以及各种水平路段和倾斜（不小于 10%）路段比值条件下的不同运输效率。

表 4-4　不同车型在不同条件下的运输效率　　　　　　　（t·km）

	倾斜路段和总运输长度的比值（%）											
	40				60				80			
	运距/km											
	0.5	1.0	2.0	3.0	0.5	1.0	2.0	3.0	0.5	1.0	2.0	3.0
佩尔利 T20-203（20t）	1080	840	580	400	990	780	520	380	930	720	480	330
别拉斯 7523（BELAZ）（42t）	1570	1240	800	600	1490	1160	720	520	1400	1080	680	500
别拉斯 7555B（BELAZ）（55t）	2450	2020	1410	1070	2310	1940	1320	975	2100	1800	1160	860
别拉斯 75570（BELAZ）（90t）	3690	3040	2110	1600	3470	2900	1940	1480	3250	2680	1790	1380

根据表 4-4，可以拟合出运距（km）与效率的相对百分比的关系曲线，其曲线如图 4-2 所示。

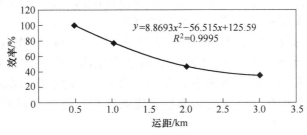

$$y = 8.8693x^2 - 56.515x + 125.59$$
$$R^2 = 0.9995$$

图 4-2　运距与运效比的拟合图

根据所得出的曲线方程，可以得出在境界内不同运距下汽车下降的效率，其结果列于表 4-5 中。在计算过程中，1140 到 1116 三个水平汽车的运效为 100%，再往下延伸时汽车的运效开始变化，其值由拟合出的方程计算。

表 4-5　开采境界内不同水平的汽车下降效率　　（%）

水　平	1104	1092	1080	1068	1056	1044	1032
下降效率	5.2	14	22.1	29.5	36.2	42.1	47.4
水　平	1020	1008	996	984	972	960	948 以下
下降效率	52	55.8	59	61.4	63.1	64.1	64.4

根据表 4-5，对各年份所得出的车辆数目重新计算，其计算结果如表 4-6 所示。

表 4-6　各年所需汽车数量　　（台）

年　份	2009	2010	2011	2012	2013	2014	2015	2016	2017	2018
车辆数	42	44	45	47	51	56	55	65	40	41
其中运矿车辆数	17	20	21	23	25	27	28	30	31	31
年　份	2019	2020	2021	2022	2023	2024	2025	2026	2027	
车辆数	38	42	41	47	43	53	52	63	75	
其中运矿车辆数	32	32	32	33	34	44	45	43	46	

应当指出，最后几年（2024~2027 年）由于矿石品位低而必须加大采矿量才能满足每年 2.1 万吨精矿的要求，而且每年要延伸三个水平以上，这实际上是难以实现的。因此需要降低矿石产量指标。也就是说，这几年的车辆数要大大减少。

4.2.4　运筹学理论在矿车更新中的应用

在矿山生产过程中，我们常常会遇到设备更新问题，即当汽车使用到一定的年限后，其故障率会明显增加，因此在每年年初，公司就要决定是购买新的设备还是继续使用旧设备。如果购置新设备，就要支付一定的购置费，当然新设备的维修费用就低。如果继续使用旧设备，可以省去购置费，但维修费用就高了。对于设备更新问题，可采用运筹学理论中的求最短路线的方法进行求解。最短路问题是网络图的典型问题之一，基本内容是：若网络中的每条边都有一个数值（长度、成本、时间等），如何找出两节点（通常是源节点和终节点）之间总和最小的路线。

最短问题可以采用狄更斯（Dijkstra）算法进行求解，其基本思路是：假设 P 是从 V_s 到 V_t 的最短路径，V_i 是 P 中的一个点，则 V_s 到 V_i 的最短路径就是 V_s 沿 P 到 V_i 的那条路。

采用标记法：T 标记与 P 标记。T 标记为暂定的标记，P 标记为永久性标记。给 V_i 点一个 P 标记时，该标记表示从 V_s 到 V_i 点的最短路径，并且该点的标记不再变化。当给出 T 标记时，T 标记表示从 V_s 到 V_i 点的最短路径的上限，这是其临时标记。凡没有得到 P 标记的点都有 T 标记。算法的每个步骤都将某个点的 T 标记更改为 P 标记。当终点 V_t 得到 P 标记时，结束以上的计算。

例如在矿山使用 1 台汽车，并且在每年年初决定是否更新。若购买新设备，则必须支付购买金额；若使用老设备，则要支出维修费用。尝试制定 5 年更新计划，使得五年内购置费用和维修费用总的支付费用最小。

假设已知在不同年份购买的设备和不同机器役龄时的残值和维护成本，如表 4-7 所示。

表 4-7 不同年份设备的购买费、残值和维护成本

	第 1 年	第 2 年	第 3 年	第 4 年	第 5 年
购买费	11	11	12	12	13
设备役龄	0~1	1~2	2~3	3~4	4~5
维修费	5	6	8	11	18
残值	5	6	8	11	18

将问题转化为最短路问题，见图 4-3，用 v_i 表示"第 i 年年初购进一台新设备"，弧 (v_i, v_j) 表示第 i 年年初购进的设备一直使用到第 j 年年初。

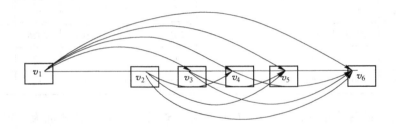

图 4-3 网络图的构建

所有弧的权数计算如表 4-8 所示，把权数赋到图中，见图 4-4，再用 Dijkstra 算法求最短路。

表 4-8 路径权值计算

	1	2	3	4	5	6
1		16	22	30	41	59
2			16	22	30	41
3				17	23	31
4					17	23
5						18

最终得到图 4-5，可知，v_1 到 v_6 的距离是 53，最短路径有两条，分别是：$v_1 \to v_3 \to v_6$ 和 $v_1 \to v_4 \to v_6$。

由计算结果可知，企业在第 1 年年初购买一台新汽车，在第 3 年或第 4 年年初购买新汽车更换比较划算，5 年的支出之和为 53 万元。

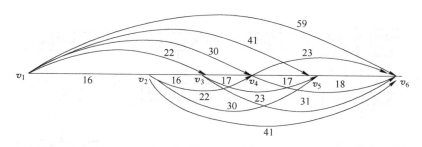

图 4-4 网络图的权值

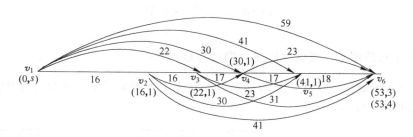

图 4-5 最短路求解结果

4.3 露天矿台阶爆破工程优化

爆破是露天矿开采的重要工序，通过爆破作业，将整体矿岩进行破碎及松动，形成一定形状的爆堆，为后续的采装作业提供工作条件。因此爆破质量与效果的好坏，直接影响着后续采装作业的生产效率与成本。在露天开采的总成本中，爆破成本约占总成本的15%～20%。因此，针对不同的条件和环境做出最优的爆破设计并有效地实施是决定爆破质量的关键。

4.3.1 露天矿台阶爆破施工流程与要求

露天开采台阶爆破施工的基本流程主要包括台阶爆破设计、炮孔定位、穿孔作业、装药量计算、爆破网络连接、起爆与爆破效果分析等，如图 4-6 所示。露天开采对爆破工作的基本要求如下：

（1）适当的爆破贮备量，以满足挖掘机连续作业的要求，一般要求每次爆破的矿量应能满足挖掘机 5～10 个昼夜的采装需要。

（2）有合理的块度，以提高后续工序的作业效率，使总成本最低。具体来说，爆破后的矿岩块度应小于挖掘设备铲斗所允许的最大块度和粗碎机入口所允许的最大块度。

（3）爆堆堆积形态好，前冲量小；无上翻，无根底；爆堆集中且有一定的松散度，以利于提高铲装设备的作业效率，在复杂的矿体中不破坏矿层层位，有利于选别开采。

（4）无爆破危害，由爆破所产生的地震、飞石、噪音等危害均应控制在允许的范围内，同时应尽量控制爆破带来的后冲、后裂和侧裂现象。

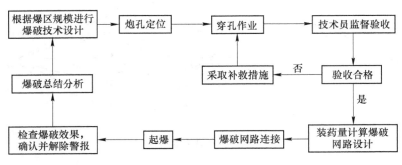

图 4-6 爆破工作程序图

4.3.2 露天矿台阶爆破工程优化的主要内容与技术路线

露天矿台阶爆破工程优化主要包括爆破参数优化、起爆顺序、延期时间组合优化等内容，其技术路线如图 4-7 所示。

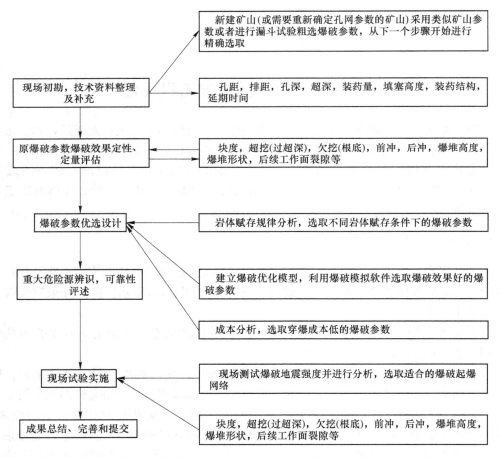

图 4-7 露天矿山爆破工程优化技术路线

针对露天矿山，其生产爆破台阶的设计高度通常是 10m。爆破参数优化是根据台阶高度及孔径等基本因素，优化确定主要的爆破参数，包括孔距、排距、超深、装药深度、孔间延期时间和排间延期时间等，在爆破软件中进行爆破参数优化的方法如图 4-8 所示。

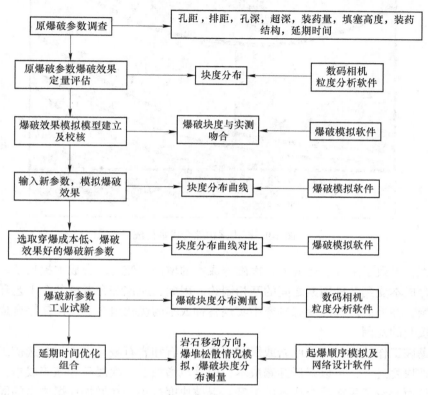

图 4-8 爆破参数优化流程图

图中各构成模块之间互为条件和结果的逻辑关系，说明爆破优化过程是一个渐次逼近的过程，不可能一下子就给出最佳方案，通过不断地动态整合，使爆破工作在实践中不断地精益求精，持续地追求方案最佳和成本最低。只有搜集到充分的矿山信息，有了各种典型矿岩的粒度分布曲线，配合矿岩的力学指标，就可对现有的爆破参数进行不断地优化。

4.3.3 露天矿爆破优化设计的主要方法

评价台阶爆破效果的指标很多，一般可分为爆破质量评价、爆破安全分析与爆破成本三大类。其中爆破质量包括爆破块度的分布，大块率，根底的形成，爆堆的形状以及松散度，爆破后爆堆适合铲装与否；在爆破安全上要求爆破时振动强度、飞石距离、空气冲击波强度和破坏范围符合爆破安全规程规定，并且容易控制；而考核爆破直接成本的因素有延米爆量、炸药单耗等。

爆破效果不仅反映了爆破设计参数和爆破方法的准确性、合理性，同时也影响着铲装、运输、破碎等后续工序和采矿总成本，如图 4-9 所示。

从图中可知，采矿总成本主要由穿孔成本、爆破成本、二次破碎成本、采装成本以及运输成本等几项构成。随着爆破孔网参数的拉大，穿孔成本逐渐降低；另一方面，爆破块

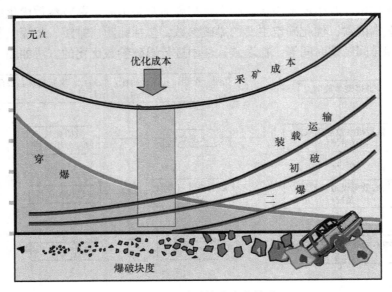

图 4-9　矿山采矿综合成本构成

度越来越大，导致了采装、运输和二次破碎成本的增加，使得综合成本提高了。这个结果反映了综合成本受到各种因素之间的互相制约。因此，应该综合考虑各个工艺环节对采矿成本的影响，在采矿过程的动态平衡中实现各种成本的优化组合，从而使综合成本保持在一个可以接受的范围。

矿山爆破工作的目的是将原岩或爆破下来的矿石和岩石破碎成为符合选矿工艺要求的块度。爆破块度过大，可以降低穿爆成本，但是也增加了二次爆破和破碎成本，提高了采装成本，从而导致了采矿综合成本的上升。爆破块度过小，在增加穿爆成本的同时使得选矿破碎设备的生产效率没有充分发挥出来，最终也会造成采矿综合成本的提高。

因此，爆破优化设计就是寻求"最佳爆破效果，以实现采矿作业总成本为最低"的爆破参数，主要包括两项基本内容：一是爆破效果的准确评价，二是爆破优化。其中，爆破优化是以建立准确的爆破效果评价体系为前提，其主要的研究方法和手段有两种：

（1）爆破机理研究。利用岩石破碎的极限强度准则和能量准则，依据爆炸应力波理论，在考虑岩体节理裂隙分割的基础上，通过一些必要的简化和假设，得到岩石被破碎后形成的块度。

（2）爆破成本研究。从现场资料统计着手，根据矿山现场测试的实际数据，经过数理统计分析，探讨爆破参数、爆破块度与矿山各主要工序成本之间的统计规律，建立一系列的经验公式，形成经验模型。

通过爆破质量评估模型的建立，就可以根据该模型对矿山爆破效果进行预测，建立爆破优化的数学经济模型，确定合理的爆破参数和爆破方法。

4.3.4　露天矿爆破优化经济数学模型

下面从爆破成本的角度，通过建立台阶爆破参数优化的数学模型，来确定合理的爆破参数。

4.3.4.1 块度方程

爆破块度分布是影响采矿作业成本的主要因素,爆破优化数学模型的建立应以爆破效果评价为基础,首先建立爆破优化的块度方程。根据线程统计资料,爆破后的块度分布可采用 R-R 分布方程式表述,即

$$\bar{X} = A\left(\frac{Q}{V}\right)^{-0.8} Q^{1/6}\left(\frac{115}{E}\right)^{2/3} \tag{4-8}$$

式中,$\bar{X}$ 为爆破后岩石平均块度,cm;A 为岩石硬度系数;Q 为每个炮孔的装药量,kg;V 为每个炮孔所爆破的炮孔体积,m³;E 为炸药威力,铵油炸药为 100。

$$Y = 1 - \exp\left[-\left(\frac{X}{X_0}\right)^n\right] \tag{4-9}$$

式中,Y 为块度小于 X 的累计相对量,%;X 为给定的岩石块度,cm;X_0 为岩块的特征尺寸,63.1%通过时的筛网尺寸。

其中

$$n = \left(2.2 - 14\frac{W}{d}\right)\left(1 - \frac{\delta}{W}\right)\frac{m+1}{2}\frac{L}{H} \tag{4-10}$$

式中,n 为块度分布参数;W 为底盘抵抗线,m;d 为炮孔直径,mm;δ 为钻孔孔位标准差,一般取 0.3~1.0;m 为炮孔密集系数;H 为台阶高度,m;L 为装药长度,m。

4.3.4.2 爆破优化经济数学模型

根据各种试验研究和矿山爆破经验,对爆破块度分布起主导作用的爆破参数是炮孔间距、排距、炸药单耗、密集系数等。因此,在建立矿山爆破优化经济数学模型时,决定以采矿总成本为因变量,以炮孔间距、排距、炸药单耗、密集系数为自变量,建立采矿总成本函数,即

$$C = C_{dr} + C_{bl} + C_1 + C_h + C_{cr} \tag{4-11}$$

式中,C 为采矿总成本,元/t;C_{dr} 为穿孔成本,元/t;C_{bl} 为爆破成本,元/t;C_1 为铲装成本,元/t;C_h 为运输成本,元/t;C_{cr} 为破碎成本,元/t。

(1)穿孔成本:

$$C_{dr} = K_{dr}L/(HS\gamma) \tag{4-12}$$

式中,K_{dr} 为每米穿孔费用,元/m;S 为炸药负担面积,m²;γ 为岩石容重,kg/m³。

(2)爆破成本:

$$C_{bl} = K_1 q + K_2 L/(HS\gamma) + K_3 Y_D \tag{4-13}$$

式中,K_1 为炸药单价,元/kg;K_2 为每米爆破器材消耗费用,元/m;K_3 为大块处理费用,元/m³;q 为单位炸药消耗,kg/m³;Y_D 为大块率,%。

根据块度分布方程,大块率确定为:

$$Y_D = \exp\left[-(600/X_o)^n\right]$$

(3)铲装成本:

$$C_1 = a_1 Y_D + b_1 \tag{4-14}$$

式中,a_1、b_1 可根据矿山统计资料,通过回归分析得出。

(4)破碎成本:

$$C_{cr} = a_2 e^{b_2 X} \tag{4-15}$$

式中，a_2、b_2 可根据矿山统计资料，通过回归分析得出。

（5）运输成本：

$$C_h = K(a_3 \overline{X}^2 - b_3 \overline{X} - c) \tag{4-16}$$

式中，a_3、b_3、c 可根据矿山实际通过测试得出；K 为从采场高破碎站的吨矿运输费用，元。

综合上述公式，可得出矿山爆破优化经济数学模型：

$$C = K_{dr}L/(HS\gamma) + K_1 q + K_2 L/(HS\gamma_l) + K_3 Y_D +$$

$$a_1 Y_D + b_1 + a_2 e^{b_2 X} + K(a_3 \overline{X}^2 - b_3 \overline{X} - c) \tag{4-17}$$

4.3.4.3 实例

根据某矿山实际资料，代入有关数据，得到成本函数为

$$C = 5.99 S^{-1} + 2.1q + 4.73 Y_D + (0.188 X^2 + 117\overline{X})/10^4 + 0.1071 e^{0.03998\overline{X}} + 5.617$$

其中

$$Y_D = \exp\left[-(600/\overline{X})^n \ln 2\right]$$

$$\overline{X} = 10 \times q^{-0.8} \gamma^{-0.8} (HSq\gamma)^{1/6} (1.5)^{2/3}$$

$$n = (2.2 - 14W/d)(1 - 0.5/W)(m + 1/2)0.85$$

$$S = a \cdot W$$

$$m = a/W$$

约束条件为

（1）$4 \leq a \leq 7$；   （2）$16 \leq S \leq 49$；   （3）$4 \leq W \leq 7$；

（4）$1 \leq m \leq 3$；   （5）$0.15 \leq q \leq 0.25$；   （6）$0.8 \leq n \leq 2.2$。

利用 Matlab 对建立的矿山爆破优化数学模型进行求解，得出优化结果：

（1）爆破优化参数。抵抗线 W 为 4.33m；孔间距 a 为 5.54m；炸药单耗 q 为 0.25kg/t；单孔药量 Q 为 159.3kg。

（2）优化参数所对应的块度分布。0~20cm 为 18.45%；21~40cm 为 42.37%；41~60cm 为 29.01%；61~80cm 为 8.82%；81cm 为 1.35%；大块率（>60cm）为 10.17%；平均块度为 34.88cm。

（3）优化参数所对应的各工序成本。穿孔成本为 0.24 元/t；爆破成本为 0.65 元/t；采装成本为 1.89 元/t；运输成本为 3.7 元/t；破碎成本为 0.43 元/t；总成本为 6.91 元/t。

4.3.5 爆破优化软件系统

下面以奥瑞凯威海爆破器材有限公司的 Orica Software 软件为例，来介绍爆破参数优化及降低爆破震动的具体流程。该软件包括爆破设计、爆破效果评估和爆破参数优化三个程序模块。三个模块互为因果，相互支持，进行爆破作业的模拟，解决爆破工作中存在的各种问题，其相互关系如图 4-10 所示。

4.3.5.1 爆破设计

包括布孔设计、装药设计、起爆网络设计与爆破的分析模拟等。

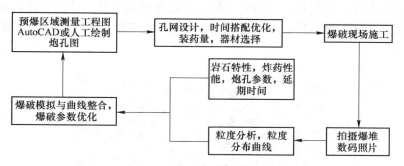

图 4-10 爆破优化系统

（1）布孔设计。可根据炮孔的孔距、排距、底盘抵抗线、孔深与孔径、方位角、倾角等，在台阶爆破区域范围内生成三维炮孔模型，同时可设置孔内雷管的延期时间，如图4-11 所示。

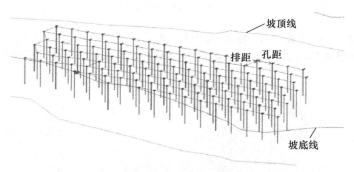

图 4-11 台阶炮孔位置设计

炮孔施工完成后，可将实测得到的炮孔孔口坐标、方位角、倾角、孔径与孔深等数据导入到软件中，得到炮孔的实测模型。

（2）装药设计。在实测炮孔模型中，可设置炮孔的装药方式、间隔装药的长度、填塞长度、炸药的属性与炸药单耗等，并生成可视化的装药模型，如图4-12 所示。

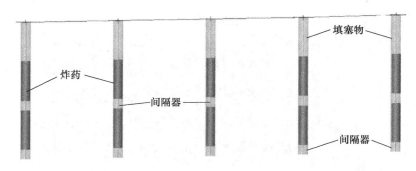

图 4-12 炮孔装药设计

（3）起爆网络设计。爆破网路包含地表和孔内起爆网路。布孔水平面内，处于横向排和纵向列上的炮孔分别采用不同的延期时间，但通常位于一排或一列中的炮孔具有相同的地表延期时间间隔。从起爆点开始每个炮孔的起爆时间按孔、排间延期时间累加实现，相对于周围炮孔依次相继起爆。爆破过程按起爆走时线向前推进，直至爆破过程完毕，如图 4-13 所示。

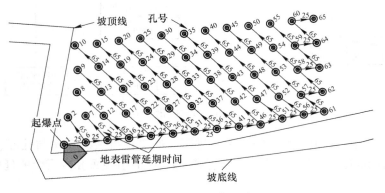

图 4-13　起爆网络设计

（4）爆破分析与模拟。根据爆破网络设计的时间参数，可进行爆破动画模拟（图 4-14）、绘制爆炸等时线，并进行抛掷方向分析（图 4-15）、爆时分析与爆破报告等。

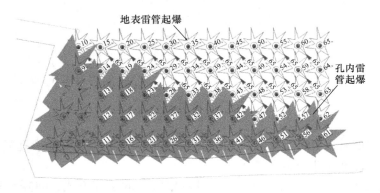

图 4-14　起爆动画模拟

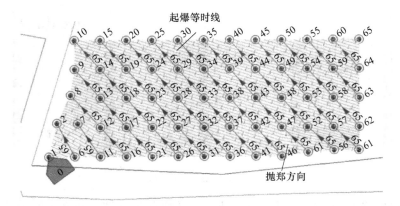

图 4-15　起爆等时线及抛掷方向分析

4.3.5.2 爆破粒度分析软件

矿山爆破工程的作用就是将岩石和矿石按照工程需要从原岩上剥离下来并破碎到一定的块度，使之符合后续工艺的要求，同时兼顾控制爆破成本。根据统计显示，在采矿综合成本之中，穿爆成本大约占40%，大块率的高低是影响采装工艺效率的关键。因此，控制爆破大块率在一个可以接受的范围内是极其重要的，也是矿山爆破工作评价的一项指标。这一点可以从采矿工程经济平衡图上明显看出来。

与其他粒度分析方法（比如目测法、筛分法、格筛法、统计推算法等）相比，影像处理技术能更快捷地反映出爆破块度的分布。现代爆破粒度分析软件是通过分析大量的实际拍摄的爆堆数码照片来获取爆破粒度分布状况，是一个统计量。因此，得到的爆破粒度分布曲线更可靠直观地反映了爆破效果的好坏，并且这种方法操作简便，经济实用。单张照片的计算机粒度分析时间（与所拍摄照片的块度大小有关）比较长，对于大爆区的大量采集的照片的分析是一项很费时、费力的工作。在专家系统中，爆破粒度分析软件主要有两个作用：一是爆破效果评估的依据；二是爆破参数优化的前提。爆破粒度分析软件的分析过程主要是把现场采集的数码照片调入分析程序，经过照片编辑分析后，获得单张照片的粒度分析曲线，如图4-16所示。

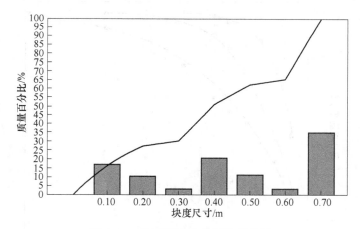

图4-16 单张照片的粒度分析曲线

当整个爆区的所有照片分析完毕后经过综合就可以得出一次爆破的粒度分布曲线，如图4-17所示。

粒度分析软件主要有两项作用，一是获取爆破粒度分布曲线；二是对于具有可比性的岩性的不同爆次的粒度分布曲线进行比较分析，定性地给出了爆破参数优化方向，如图4-18所示。

从图中的三条在同一岩性的不同孔网参数的粒度分布曲线可以看出，根据矿山对爆破粒度的要求，适当调整孔网参数可以获得不同的粒度分布曲线，从而为爆破参数优化提供了参考方向。

4.3.5.3 爆破模拟优化

爆破模拟软件在爆破参数优化时综合考虑了炸药能量、孔距、排距、填塞高度、岩石的力学指标对爆破效果的影响，对于同一岩性的爆区爆破进行参数优化具有很强的模拟作

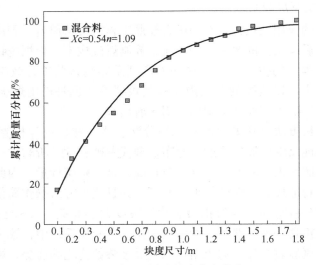

图 4-17　爆区的爆破粒度分布曲线

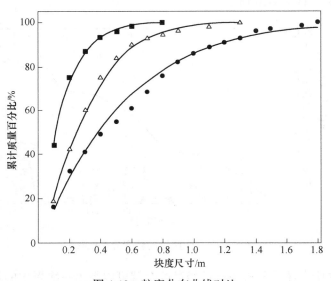

图 4-18　粒度分布曲线对比

用, 能生成不同爆破参数情况下的爆破效果对比曲线。并利用实测块度分布结果对最初的模拟数据进行校核, 从而使模拟结果接近实际爆破结果。

应用爆破模拟需要的基础数据有:

(1) 岩石的力学指标。岩石密度、单向抗压强度、声波速、动弹性模量、泊松比。

(2) 炸药能量指标。炸药密度、炸药体积能、炸药重量能。

(3) 炮孔参数。孔径、孔距、排距、台阶高度、超深、装药长度、填塞长度; 控制排孔间延期时间、排间时间。

进行爆破参数优化的基本过程如下:

(1) 输入岩石的物理力学指标;

（2）输入爆破孔网参数；

（3）输入新炮孔参数；

（4）比较原孔网参数和新孔网参数爆破模拟块度，对其进行校核。

图4-19中对原参数的粒度曲线经过校核，与现场实测结果一致；另一曲线为新参数的爆破块度模拟结果。从粒度分布曲线状况来看，新参数相比原参数的爆破效果有所改善。

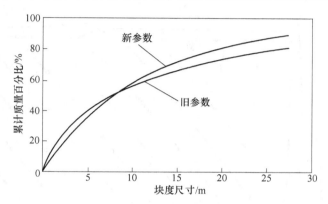

图 4-19　原孔网参数和新孔网参数爆破模拟块度比较

4.3.6　爆破工业试验

爆破工业试验方案的基本原则是利用新的爆破参数进行工业试验，并将取得的数据与既有的爆破数据进行对比，优化出更合适的爆破参数。

其中爆堆块度分布数据是通过对爆堆拍摄数码照片，并利用专业软件分析得出，实现爆破效果的定量评估。依靠所收集到的数据，优化出新的爆破参数，利用生产试验对新的爆破参数进行模拟检验，并对其调整，形成一套更完善的爆破孔网参数和装药结构。依靠爆破设计软件对调整后的爆破参数进行起爆顺序模拟，以实现起爆更具有次序性，同一延期时间内同时起爆药量更小，爆堆抛掷方向更具可控性。工业试验流程图如图4-20所示。

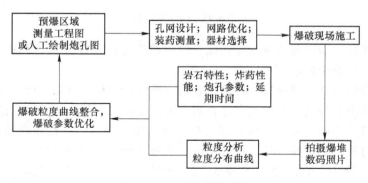

图 4-20　工业试验流程图

4.3.7　爆破优化应用实例

湖北某矿山进行了7次爆破工业试验，较好地改善了采场爆破效果目标。代表性实验如下。

爆破工业实验一：东坑 130m 水平 40 号勘探线。

孔数 52 个；矩形布孔方式，孔网 5m×5m；V 型起爆网络，爆量约 $1.2×10^4 m^3$，见图 4-21。

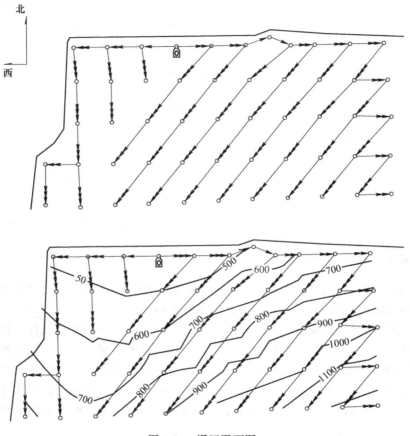

图 4-21　爆区平面图

爆破效果评价：通过对爆堆采样拍照，使用粒度分析软件分析得到图 4-22，90cm 以下的粒度分布占到整个爆堆 95% 左右。

该区域可爆性较好，爆堆集中但前扑较远，块度均匀粒度较为细碎。

但是可以看出起爆网络走时线分布相对紊乱，微差时间分布不均匀，这是因为在矩形布孔方式的爆破工作面上套用三角形布孔方式的 V 型起爆网络，且在现场可操作性不高，应该改进，通过后续的试验设计适应于矩形布孔方式的逐控起爆网络。

爆破工业实验二：东坑 130m 水平 51 号勘探线-1 号钻机、2 号电铲。

孔 66 个；爆量 $1.056×10^4 m^3$；孔网为 4m×4m，临自由面一二排孔孔距为 1.5m；电雷管起爆，见图 4-23。

爆破效果评价：前排一、二排孔距小，故前冲较远；右侧旁冲，从现场观察，属松动区域，爆破后鼓起；右后侧塌落线不清晰。

总体块度分布较均匀，表面未见大于 3m 块度出现，零星分布有 1m 左右岩体，爆堆

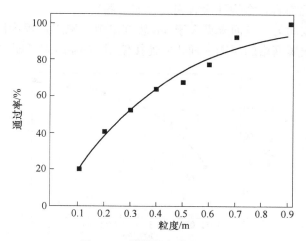

图 4-22　爆堆粒度分布曲线

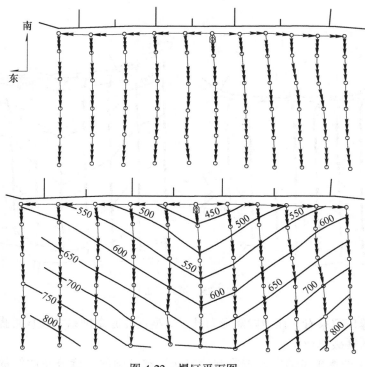

图 4-23　爆区平面图

粒度分布曲线见图 4-24。

　　应用根据矩形布孔方式设计的逐孔起爆网络，现场可操作性较好，证实该起爆网络的设计适用于矩形布孔方式，可以应用于后续的爆破作业中。

　　爆破工业实验三：王家山 51 号~54 号勘探线。

　　孔数 86 个，孔网为 4m×4m；采取 V 型起爆网络；爆量约 $1.38×10^4 m^3$，见图 4-25。

　　爆破效果评价：因为钻机设备状况的原因，工作面穿孔没有严格按照布孔设计的要求完成穿孔作业（西北部有 4 个炮孔没有完成，如上图）。

总体块度分布较均匀，表面未见大于 3m 块度出现。施工过程中因为地表连接雷管的数量不对，在爆破起爆网络的西侧一列孔的连接使用 17ms 地表延期雷管，导致有侧翻。

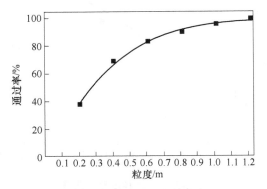

图 4-24 爆堆粒度分布曲线

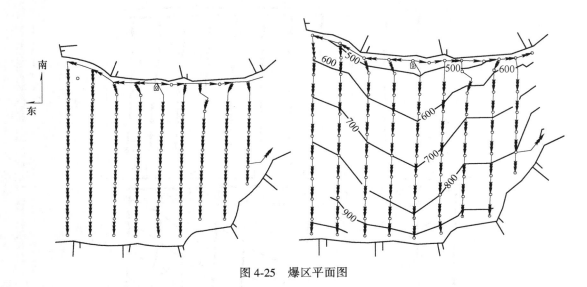

图 4-25 爆区平面图

根据此次爆破效果看，该地段矩形布孔、V 型逐孔起爆网络，现场可操作性较好，可以应用于后续的爆破作业中。

图 4-26 是工业爆破试验中比较典型的三次爆破试验的粒度分布曲线的比较，曲线代表实施爆破试验的爆堆粒度曲线分布。

从图中可以看出工业爆破试验的爆破效果改善趋势的过程，优化后的采场爆破参数如下：

（1）起爆网络。采用矩形布孔方式的"V"型逐孔起爆网络，如图 4-27 所示。

（2）控制排孔。在起爆方向上临近自由面的一排孔缩小孔距（加密），以克服采场存在的爆破自由面上因裂隙产生的爆破能量逃逸，如图 4-28 所示。

图中 a 和 b 为正常的孔网参数下的孔距、排距，而 a_1、a_2 表示加密后的前排（临自

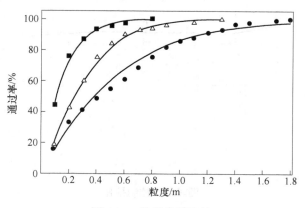

图 4-26 粒度曲线比较

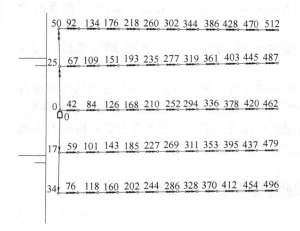

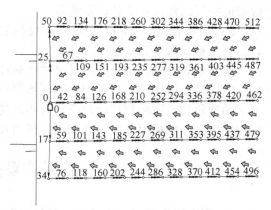

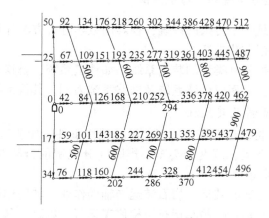

图 4-27 矩形布孔方式的"V"型逐孔起爆网络

由面的)孔距，从图中可以看出两者并不一定相等，需要根据现场自由面的情况进行调整。

正常孔排布：

高硬度团块状浅粒岩难爆地段：φ170mm，4m×5m；φ150mm，4m×4m；

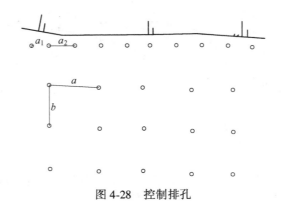

图 4-28 控制排孔

层岩难爆地段：$\phi170mm$，$4.5m\times5m$；$\phi150mm$，$4m\times4.5m$。

其中在现场试验过程中层岩难爆地段 $\phi170mm$，$4m\times5m$；$\phi150mm$，$4m\times4m$ 的孔网参数被证实可以保证较优的爆破效果。

（3）延期组合。高硬度团块状浅粒岩难爆地段：17～42ms；层岩难爆地段：25～42ms；一般地段：25～65ms。

爆破地表延期组合的选择是通过经验计算公式进行初步计算，然后通过爆破作业进行校正的过程。爆破作业过程中根据现场岩石性质、自由面情况等因素的不同要做出调整。不同的地段和孔网参数都会对延期时间的使用提出新的要求。在进行爆破设计时要着重选择起爆方向，然后根据起爆方向再进行布孔设计和计算延期时间。

4.4 露天矿采掘运输系统的优化

4.4.1 露天矿采掘运输系统的计算机模拟

露天矿装运系统是一个复杂的系统，很难用数学分析方法计算装运系统的指标，这种问题最好用计算机模拟方法求解。

可以用计算机模拟各种类型的装运系统，如铁道系统，公路系统，带式输送系统，箕斗系统以及混合系统。下面以公路系统及铁路系统为例，其他系统的模拟方法是一样的。

4.4.1.1 基础资料及其处理

（1）事件划分。将装运系统中的工艺过程视作事件。如装运循环的事件可规定如下：装载、重运、卸载、空运、调度、会车、排队（分电铲前排队与卸载点前排队，有时考虑会车点排队）、故障等。

按作业类型区分有矿石装运、岩石装运与辅助作业。辅助作业根据不同系统而有所区别，其中有设备材料车运行、吊车运行、检修车运行、修路、移道车运行及移道等。

根据模拟的要求来确定作业类型与事件，如果要详细地模拟，则各种事件、各种作业都要考虑；如果允许简化，有的次要作业及事件可以不予单独考虑。

（2）道路及其数字化。根据道路布置平面图，将道路系统分成若干路段。每个路段用两个端部节点及其他路段相连，构成一个网络。节点由道路交岔点、装载点、卸载点、转载点、车库、修理间等构成。路段及节点均编号，路段用长度、坡度、阻力、运行时间、节点号组成的数组描述。当路段正反向均运行时，可以视作两个段来编号，但彼此可对应检索。

（3）运行路径的数字化。介绍两种方法：

1）路径法：用车辆在起点至终点之间行径的路段号组成的数组描述。

2）前方进路法。车辆在某路段上，根据重车、空车与不同的目的地，列出该路段前方可能进入的下一路段号，并注明其优先权，前方进路信息可以并入路段数值中。

（4）选择装运设备的型号与数量。

（5）确定配车时的调度原则。汽车运输的露天矿有两类配车方法：

1）一种是固定配车法，即将几台车固定配给某台电铲，在铲位及指定的卸车点之间运行。固定配车的装运系统的指标可以用数学解析法求出，与模拟结果相差不多。因此，应用计算机模拟方法求解的意义不大。

2）混合配车法，即当某台车卸载后，调度员根据当时情况确定驶往电铲号，不固定于某台铲。计算机模拟主要用在混合配车的装运系统。编制程序时，程序中的调度原则根据矿山具体条件制订。可以参考选用下列原则：

①确定重点部位的优先权。优先权高的电铲优先配车，但不超过某一预先规定的限额，如某产量比值或最大理论配车数。

②按各电铲计划作业量的完成系数配车。配车电铲若为 j 时的条件为

$$\frac{X_j}{Q_j} = \text{Min}\left(\frac{X_j}{Q_j}\right), \quad i = 1, 2, \cdots, N \tag{4-18}$$

式中，N 为电铲数；Q_j，X_j 为 i 铲计划作业量与已完成量。

③按实际配车数与理论配车数比值最小原则配车。第 i 台电铲的理论配车数 m_i 为

$$m_i = \frac{t_{Li} + t_{Hi} + t_{Ei} + t_D}{t_{Li}}, \quad i = 1, 2, \cdots, N \tag{4-19}$$

式中，N 为电铲数；t_{Li}，t_{Hi}，t_{Ei} 分别为 i 电铲装车时间均值，i 铲到卸车点间重运与空运时间均值；t_D 为卸载时间均值。

配车电铲若为 j 的条件是

$$\frac{m_j'}{m_j} = \text{Min}_i\left\{\frac{m_i'}{m_i}\right\}, \quad i = 1, 2, \cdots, N \tag{4-20}$$

式中，m_i' 为 i 铲已配给车数。

铁道运输装运系统的调度原则与汽车运输时相似。但当一条铁路线上有两台电铲作业，在列车要进入该线路中的铲位时，要考虑以下两种情况：

1）里面的电铲正在给一列车装载，列车是否进入外面电铲铲位的判据是 Q_1 及 Q_2 两个衡量装载量的数值。当里面电铲已装量为 Q，当 $Q<Q_1$ 时列车可进入铲位；$Q>Q_2$ 时，列车在外等待，直到里面列车装完并且驶出后再进入；$Q_1<Q<Q_2$ 时，列车既不进入，亦不等待，重新调度往新电铲。Q_1 及 Q_2 的值根据具体情况确定，但 $Q_1<Q_2$。

2）外面电铲正在给一列车装载，列车是否等待以便进入里面铲位的判据是 Q_3。当外面列车已装载量为 Q，如 $Q_1>Q_3$，列车等待；如 $Q<Q_3$，列车不等待，重新调度。Q_3 根据具体情况确定。

（6）收集各工艺环节的作业时间。需要输入的作业时间有电铲装车时间、重车在各路段的运行时间、空车在各路段的运行时间、卸车时间以及其他要模拟的辅助作业时间。

作业时间可以是确定型的，也可以是随机型的。作业时间可由测时写实后整理取得。有时作业时间可以由厂商提供的数据选取，或根据厂商提供的特性曲线计算得到。

（7）收集模拟中考虑的各种因素，如故障、停工影响、会车、上下班集散等所占的时间。它们可以是随机型，也可以是确定型。

4.4.1.2 模拟时间

由于模拟中引入了随机因素，模拟班数太少，不容易得到稳定的运行指标。因此，运行模拟程序时，都要模拟数十个班。模拟班数越多，指标越稳定。可以在模拟时确定一个收敛原则或波动程度来截止模拟。

4.4.1.3 模拟结果

模拟结果可以得到装运系统的下列指标：系统的通过能力，各路段的车流密度与其概率分布，堵塞部位、频率与延续时间的概率分布，装运设备的效率与工时利用，电铲等车时间与车辆排队时间等。

4.4.1.4 模拟用途

如前所述，通过模拟结果可以评价各种装运系统专案的优劣。下列项目的不同，可以构成不同装运系统方案：道路布置，路段结构参数，出入沟及卸载点位置，设备型号与数量，工艺制度等。

因此，装运系统可以有如下用途：

（1）为新矿山选择装运系统。

（2）为老矿山选择装运系统的改造方案。

（3）选择合理的装运设备的规格与数量。

（4）选择合理的工艺制度，如上下班集散法、调度原则等。

4.4.2 模拟实例

实例 1   某矿采用电铲-汽车装运系统，有多台电铲，多个卸点和多台汽车。模拟时考虑故障及会车影响。计算机模拟的目的是要了解不同汽车数量所产生的装运结果。采用时间步长法模拟装运过程，具体步骤如下：

第一步：输入原始数据。将数字化了的道路系统与运行路径、装运时间的随机参数等原始数据输入。

第二步：班记录清零。

第三步：产生设备故障时间步长。即按产生随机变量的方法，根据故障发生的概率与延续时间的概率特性参数，产生一班中各种设备发生故障的时刻及其延续时间，即修复的时刻，记入故障时间表。

第四步：增加一个 ΔT 时间步长。

第五步：顺序扫描完好电铲与卸点队列，记录其在 ΔT 时间内事件的进展，一般有下列几种情况：

（1）电铲及卸点如没有卡车在装或卸，在电铲及卸点等车时间中累加一个 ΔT 时间；

（2）如有车在装卸，电铲及卸点在 ΔT 时间发生故障（根据故障时间表），电铲及卸点进入故障队列；排队卡车重新调度进入空运队列；

（3）如电铲或卸点未发生故障，有车排队，在车辆排队时间中累加一个 ΔT 时间；

（4）在电铲或卸点的作业时间中累加一个 ΔT，检查装卸完否。如完，累计电铲或卸点及卡车的产量，卡车进入空（重）运行队列，产生电铲随机装车时间，安排卡车前往的卸点或电铲，产生运行时间；如未完，跳过上述内容。

第六步：顺序扫描卡车重运队列及空运队列，记录其在 ΔT 时间内事件进展。一般有下列几种情况：

（1）如发生故障，卡车进入故障队列。

（2）如在交会点且会车，累计交会次数，进入交会队列；不会车则进入下一路段，产生运行时间，并在运行时间中累加一个 ΔT 时间。

（3）如不在交会点，在运行时间中累加一个 ΔT；检查是否到达电铲或卸点，如到达，进入排队队列。

第七步：模拟故障队列的电铲、卸点与卡车。在故障时间中累加一个 ΔT；故障如已结束，进入完好电铲或卸点队列或卡车运行队列。

第八步：模拟交会队列。在交会时间中累加一个 ΔT；如交会已完，则卡车进入运行队列，产生运行时间。

第九步：班结束否。未结束继续模拟；否则累计当班结果。

第十步：模拟总班数满否。未满则继续模拟，否则输出结果停机。

实例 2　某矿采用电铲-铁道装运系统。该矿拟改造现有部分线路，以期望提高总装运能力，现提出了几种改造方案，要求检查几种方案各能达到的总装运能力及其指标。

采用最短时间事件步长法进行模拟，由于模拟的过程比较复杂，下面仅说明模拟的思路。

（1）将道路系统中的路段分成六种类型，分别为：

1）电铲工作线前的路段。列车在此处时，要判断是否可以进入工作线，如不能进入，重新调度；如需等待，执行等待事件；否则进入铲位，执行装载事件。

2）排土线前的路段。列车在此处要判断是重新调度或是等待，或是进入卸车。

3）破碎机前的路段。列车在此处要判断进入哪一台破碎机的翻车线执行翻车事件，或者执行等待事件。

4）前方道岔有两个可能进入的路段。列车在此判断前方进路是否有列车或占线，如有，执行等待事件；如无，执行进入下一路段的运行通过事件。

5）前面有连续安设的两个岔道，因而有多个可能进入的路段。类似于 4），判断等待还是进入前方某一个进路。

6）自动闭塞路段。在一条线路上由信号分成若干路段，尾随列车之间要相隔一个路段。

（2）将列车看成顾客，上述路段作为服务台。计算机扫描所有列车，寻出当前具有最短时间事件的机车 u，由机车状态表中找出 u 列车所在路段 C，由路段中找出 C 路段属于哪一类路段，然后由六个路段过程 L_1，L_2，…，L_6 中找出与该路段相应的路段过程，加以调用。

（3）调用路段过程，执行相应事件，修改列车事件表的时钟，记录产量、等待时间、空闲时间、会车次数等，最后累计出模拟结果。

4.5　露天矿开采工艺综合能耗分析与优化方法

露天开采本质上是物料的搬移作业，开拓运输系统在露天煤矿总投资、运行成本和能耗中的占比最大，本文以乌优特露天煤矿设计为例，从节能、增效角度出发，对其深部岩石剥离进行不同工艺间的能耗、费用计算与分析。

4.5.1　开采工艺比选方案

露天矿设计生产能力为 3.00Mt/a，服务年限 50a，一期剥采比 14m³/t，最大开采深度 290m。本次工艺比选范围为深部第三系底板至 4-2 煤层底板侏罗系硬岩，主要设备配置如下：

方案一为"单斗–卡车"间断工艺。22m³ 挖掘机 2 台，154t 自卸卡车 19 台，450HP 轮式推土机 1 台（采装），580HP 履带推土机 1 台（排土），265HP 平路机 1 台，60t 洒水车 1 台。

方案二为"单斗–自移式破碎机–带式输送机–排土机"半连续工艺。49m³ 挖掘机 1 台，6500t/h 自移式破碎机 1 台，带式输送机 4 台，紧凑型排土机 1 台，580HP 履带推土机 2 台（采装、排土）。

方案三为"单斗–卡车–半移动破碎机–带式输送机–排土机"半连续工艺。22m³ 液压挖掘机 2 台，154t 自卸卡车 8 台，6500t/h 半移动破碎机 1 台，带式输送机 3 台，紧凑型排土机 1 台，450HP 轮式推土机 1 台（采装），580HP 履带推土机 1 台（排土），平路、洒水车配置取方案一的 50%。

4.5.2　不同工艺能耗计算

4.5.2.1　方案主要设备参数

本次对比的挖掘机参数选择国内外应用较广泛的 EX3600 液压电动挖掘机（22m³，挖掘高度为 10m）和 495HD 挖掘机（斗容 49m³，挖掘高度为 15m）。自卸卡车自重 106t，载重 154t，发动机功率 1343kW；履带推土机功率 433kW，轮式推土机功率 336kW，平路机功率 198kW，洒水车功率 540kW。

卡车运输条件见表 4-9，破碎机、排土机、带式输送机主要参数见表 4-10 和表 4-11，辅助设备参照国内应用情况进行计算。

表 4-9　卡车运输条件及主要参数

方案	运距/km	提升高度/m	运行速度/km·h⁻¹
方案一	0.95	40	16
方案三	3.5	135	24

表4-10 破碎机、排土机主要参数

型号	能力/t·h⁻¹	功率/kW	电压/V	备注
自移式破碎机	6500	2800	6600	含转载机
半移动式破碎机	6500	1300	6600	
紧凑型排土机	6500	1760	6600	含卸料车

表4-11 带式输送机主要参数

方案	输送机编号	长度/m	功率/kW	功率合计/kW	基础参数
方案二	B101	1260	800×2	10720	运量 $Q=6500$t/h 带宽 $B=1800$mm 带速 $V=4.5$m/s
	B102	450	800		
	B103	1250	2240×3		
	B104	1550	800×2		
方案三	B101	450	800	9120	
	B102	1250	2240×3		
	B103	1550	800×2		

4.5.2.2 各环节综合能耗计算方法

根据《综合能耗计算通则》（GB/T 2589—2008）规定：综合能耗是指统计报告期内，主要生产系统、辅助生产系统和附属生产系统的综合能耗总和。

（1）爆破环节能耗计算。根据《煤炭工业露天剥离工程综合预算定额》，当 $f<5$ 时，采用 KY-150 牙轮钻机、台阶高度 10m 的单位电耗为 0.5831kW·h/t；采用 KY-200 牙轮钻机、台阶高度 15m 的单位电耗为 0.3056kW·h/t。

（2）挖掘机电耗计算。根据同类型在国内露天煤矿使用中的年电耗和年作业量，综合考虑，EX3600 电铲取 0.66kW·h/m³，495HD 电铲取 0.53kW·h/m³。

（3）卡车油耗计算。根据车铲匹配计算，完成 1200 万立方米剥离物需要运输 189474 车。自卸卡车油耗采用 $q_Z = \dfrac{G(f+i)qk}{270}$ 计算。式中，q 为卡车单位油耗，kg/（车·km）；G 为卡车总重，取 258t；f 为阻力系数，取 0.03；i 为坡度系数，取 0.08；q 为发动机额定燃油消耗，取 118.96kg/h；k 为负荷系数，方案一取 0.45，方案三取 0.38。

（4）破碎环节电耗计算。根据《露天矿节能设计规范》条文说明提供的数据：$f<5$ 时，半移动破碎站单位动力消耗一般为 0.16~0.3kW·h/t，本书取 0.25kW·h/t；自移式破碎站国内尚缺乏相关计算数据，根据功率折算按 0.54kW·h/t 计算。

（5）带式输送机电耗计算。带式输送机按照年运行小时 4200h，负荷率 45%计算。

（6）排土机电耗计算。排土机电耗根据设备厂家提供的参考数据，取 0.44kW·h/m³。

（7）辅助设备油耗计算。辅助设备包括推土机、平路机和洒水车，由于方案三的卡车运输道路为 0.95km，远小于方案一的 3.5km，故其道路维护的平路机、洒水车能耗取方案一的 50%。

辅助设备的正常作业油耗如下：580HP 履带推土机 201g/(kW·h)，450HP 轮式推土机 225g/(kW·h)，265HP 平路机 201g/(kW·h)，年作业 2800h；洒水车 214g/(kW·h)，年作业 2000h。

4.5.2.3　不同方案综合能耗

将各类设备的燃料动力消耗按照穿爆、采装、运输（包括破碎）、排土四个环节进行分解，各类燃料动力消耗见表 4-12。

表 4-12　各方案油耗、电耗明细表　　　　　　　　（10⁴kW·h）

方案	穿爆	采装		运输		排土		合计	
	电耗	油耗	电耗	油耗	电耗	油耗	电耗	油耗	电耗
方案一	699.72	21.17	792.00	1122.23	—	24.36	—	1491.72	1167.76
方案二	366.24	24.36	636.00	2674.08		24.36	648.00	4324..32	48.72
方案三	699.72	21.17	792.00	188.51	2023.68	24.36	648.00	4163.40	234.4

计算综合能耗时，各种能源折算为一次能源的单位为标准煤当量。根据《综合能耗计算通则》附录 1 所列柴油的折标准煤系数为 1.4571kgce/kg，电力（当量值）的折标准煤系数为 0.1229kgce/(kW·h)，电力（等价值）按国家统计局公布的 2012 年全国火电供电平均煤耗 0.326kgce/(kW·h)，即折算系数 0.326kgce/(kW·h)。采用不同电力折算方法的分环节综合能耗情况见表 4-13、表 4-14。

表 4-13　按电力（当量值）折算综合能耗表　　　　　　（10⁴kgce）

方案	穿爆	采装	运输	排土	合计	能耗对比
方案一	86.00	128.18	1138.18	35.49	1387.85	100%
方案二	45.01	113.66	328.64	115.13	602.44	43.41%
方案三	86.00	128.18	523.36	115.13	852.67	61.44%

表 4-14　按电力（等价值）折算综合能耗表　　　　　　（10⁴kgce）

方案	穿爆	采装	运输	排土	合计	能耗对比
方案一	228.11	289.04	1138.18	35.49	1690.82	100%
方案二	119.39	242.83	871.75	246.74	1480.71	87.57%
方案三	228.11	289.04	934.37	246.74	1698.26	100.44%

从上述分析可见，运输环节在三个方案中的综合能耗占比分别为 82.01%、54.55% 和 61.38%（电力当量值）或 67.32%、58.87% 和 55.02%（电力等价值），对综合能耗影响最大。采用电力（当量值）进行比选时，深部岩石剥离采用"单斗-自移式破碎机-带式输送机-排土机"半连续工艺综合能耗最低，应予以推荐。

采用电力（等价值）进行比选时，方案二、方案三的综合能耗分别为方案一的 87.54% 和 100.44%，主要有以下原因：（1）电力的等量值与等价值折算比约为 1/2.65，而方案二、方案三综合能耗中电力（等价值）占比分别为 95.20%、79.92%，故电力折算标准煤采用等价值或等量值时各方案综合能耗变化较大；（2）方案二、方案三的破碎属于新增耗能作业，在综合能耗中的比重分别为 14.27% 和 5.76%，并且随着岩石硬度的增大而持续增加；（3）剥离物在工作面（方案二）和排土场（方案二、方案三）的可移式胶带运输机上的加权搬移距离只占到胶带机长度 50%，造成两条胶带的能量利用效率降低。

4.5.3　运行费用分析

现阶段评价露天开采工艺的主要指标是投资和运行费用，受篇幅所限，本书仅从运行费用中占比最大的燃料动力消耗角度对三个方案进行分析。

参照国内类似生产露天煤矿实际情况，按照电价 60 元/kW·h、柴油 7950 元/t，对三个方案的燃料动力费用进行计算，结果见表 4-15，从表中可见：

（1）运输环节在三个方案中的费用占比分别为 87.65%、53.81% 和 62.24%，对燃料动力费用和总运行费用影响最大。

（2）方案二、方案三的燃料动力费用仅为方案一的 29.30% 和 42.82%，下降明显，主要是由于同等量综合能耗的油电价格差异造成的，按本书采用的价格计算，1kg 标准煤折柴油 0.6863kg，费用为 5.46 元；1kg 标准煤折电力（等价值）3.0675kW·h，费用为 1.84 元，价格比为 2.97∶1。

表 4-15　各方案燃料动力费用汇总表　　　　　　　（万元）

方案	穿爆	采装	运输	排土	合计	费用对比
方案一	420	644	8922	194	10179	100%
方案二	220	575	1604	582	2982	29.30%
方案三	420	644	2713	582	4359	42.82%

（3）方案三中卡车在运输环节的综合能耗比重为 27.42%，但运行费用比重为 55.24%，造成其运行费用较方案二明显增加。

4.6　本章小结

本章主要介绍露天矿山生产工艺优化问题，包括汽车的设备选型与数量优化、设备更新，露天矿台阶爆破工程优化，采装运输系统优化，以及露天矿开采工艺综合能耗分析与优化等。文中以金堆城露天矿汽车规划为例，讲述了新旧汽车的数量规划方法，采用最短路方法，研究了汽车使用过程中的更新问题。在爆破优化中，主要介绍了工程爆破优化的技术路线，爆破参数优化的经济模型及工程应用。在采装运输优化中，主要介绍了露天矿装运过程的优化，即将露天矿装运过程分为装载、重运、卸载、空运、调度、会车、排队、故障等几个事件，采用计算机模拟方法，对车铲搭配与生产能力进行优化。最后通过方案比较法，介绍了露天矿综合能耗分析与优化方法。

习　题

4-1　露天矿设备优化有哪些方法？简述利用最短路径法对矿车更新的基本流程。

4-2　露天矿台阶爆破工程优化的主要内容有哪些，如何进行爆破参数优化？

4-3　简述模拟法优化露天矿装运系统的基本方法与步骤。

4-4　露天矿开采能耗由哪些方面构成，如何确定生产能耗？

参 考 文 献

[1]　张幼蒂，王玉俊采矿系统工程 [M].徐州：中国矿业大学出版社，2001.

[2]　王青，史维祥.采矿学 [M].北京：冶金工业出版社，2001.

[3]　李云峰.矿山爆破优化设计研究及应用 [J].世界采矿快报，2000(Z2)：82~85.

[4]　张寿涛，陈华颖.露天矿开采工艺综合能耗计算与分析 [J].煤炭工程，2015，47(8)：30~32.

5 地下矿生产工艺系统优化

5.1 引　言

地下矿山是一个复杂的生产系统，包括开拓、运输、充填、排水、通风、供电、供水、供气等八大组成部分，这些组成部分之间相互联系，相互制约，任何一个环节出现问题，都会对采矿过程造成重大影响。鉴于地下矿山的复杂性，要对矿山整个生产系统做整体优化是非常困难的，因此，国内外学者的研究重点都是单个系统的优化研究。在地下矿的生产过程中，最重要的工作就是掘、采、运、支、处（分别是掘进、采矿、运输、支护、空区处理），这些生产工艺的优化研究，对减少工程预算，提高回采的安全性与经济效益有着重要意义。在本章中，将为大家介绍地下矿山生产过程中的回采顺序、爆破、运输与通风等问题的优化方法。

5.2　开采顺序优化

地下矿的开采顺序包括阶段的开采顺序、阶段中矿块的开采顺序以及矿块中层间的开采顺序。其中阶段的开采顺序分为下行式和上行式；矿块的开采顺序分为前进式、后退式和混合式；矿块的开采可以从上往下，也可以从下往上，这几种开采顺序又可以组合出不同的形式。采矿工程结构在施工过程中都处于加载与卸载的复杂变化过程中，由于开挖具有加载途径性，所以施工过程不同，开挖顺序不同都有各自不同的应力/应变历史过程和最终不同的力学效应，采场的安全性表现也不一样。因此，开采顺序的优化问题就是在满足一系列经济的、几何的和技术上的约束条件的基础上，选择最佳的开采模式，使得回采过程中的危害性最小，经济效益最高。

5.2.1　开采顺序优化的目标与约束条件

开采顺序优化的目标可以分为单一目标和综合目标两个大类。（1）单一目标包括采场安全稳定性方面的参数，例如采场顶板最大下沉量、最大主应力、塑性区面积、顶板围岩能量释放率、地表平均沉降率、围岩平均收敛率、平均屈服率等；以及经济方面的目标，例如净现值、投资回收期、内部收益率等。从这些年研究的趋势来看，从采场安全稳定性角度来分析、优化开采顺序的案例比较多，而从经济角度分析的比较少。（2）综合目标指的是单一目标的两个或者多个指标的组合，指标组合不是简单的平均，而是通过详细的分析与评价确定单一目标的重要性权值，通过线性加权平均或非线性组合得到。

开采顺序优化常用的方法有方案比较法和数学优化法。（1）方案比较法的思路是，首先根据矿体的开采技术条件，拟定几种可行的开采顺序方案；然后对每个方案进行模拟、实验，计算该方案的目标值，通过横向对比与分析，选定最佳方案。（2）而数学优化法的解决办法是，首先建立目标函数，一般为经济方面的目标，如净现值最大；然后根据开采现状，拟定约束条件，包括年产量、矿石平均品位、设备数量、水平开采几何约束以及空间几何约束等；最后求解数学优化问题。从本质上来讲，开采顺序的数学优化与采矿计划编制是紧密结合在一块的，因此在本章里面，不做重点介绍，本章主要介绍开采顺序优化的方案比较法。

5.2.2　综合优化评价模型

5.2.2.1　指标满意度的定义

定义 1：设在多个指标评价中，各方案的指标为 $A_j(j=1,2,\cdots,n)$，所有指标组成论域 X，第 i 个方案中所得到的某指标 A_j 的值 $x_{ij}(i=1,2,\cdots,n)$ 为 X 中的元素，对于任意的 $x_{ij} \in X$ 给定映射：

$$X \mid \rightarrow f_{A_j}(x_{ij}) \in [0,1] \tag{5-1}$$

$$X \mid \rightarrow [0,1] \tag{5-2}$$

称"偶序"组成的模糊集合 $\widetilde{A}_j = \{(x_{ij} \mid f_{A_j}(x_{ij}))\}$，$\forall x_{ij} \in X$ 为 X 上的满意子集，称隶属函数 $f_{A_j}(x_{ij})$ 为 x_{ij} 对 $\widetilde{A}_j$ 的 A_j 指标满意度函数，对于具体的 x_{ij} 而言，隶属度 $f_{A_j}(x_{ij})$ 称为 x_{ij} 对 $\widetilde{A}_j$ 的 A_j 指标满意度。若 $f_{A_j}(x_{ij}) = 1$，表示 x_{ij} 完全隶属于 $\widetilde{A}_j$，即满意；若 $f_{A_j}(x_{ij}) = 0$，表示 x_{ij} 完全不隶属于 $\widetilde{A}_j$，即不满意。

定义 2：设在多方案评价中，第 i 个方案所得到的各指标满意度集合 $\widetilde{B}_i = \{f_{A_j}(x_{ij}),$ $j=1,2,\cdots,n\}$，$i=1,2,\cdots,m$，组成论域 Y，对于任意的 $\widetilde{B}_i \in Y$ 给定映射：

$$\widetilde{B}_i \mid \rightarrow f(\widetilde{B}_i) \in [0,1] \tag{5-3}$$

$$Y \mid \rightarrow [0,1] \tag{5-4}$$

称"偶序"组成的模糊集合 $\widetilde{C} = \{\widetilde{B}_i \mid f(\widetilde{B}_i)\}$，$\forall \widetilde{B}_i \in Y$ 为 Y 上的综合满意子集，称隶属函数 $f(\widetilde{B}_i)$ 为 $\widetilde{B}_i$ 对 $\widetilde{C}$ 的多指标满意度函数，对于具体的 $\widetilde{B}_i$ 而言，隶属度 $f(\widetilde{B}_i)$ 称为 $\widetilde{B}_i$ 对 $\widetilde{C}$ 的第 i 个方案的多指标满意度。

5.2.2.2　多指标综合评价模型

基于指标满意度的多指标综合评价模型构建过程如下：

（1）设有 m 个待评价方案，每个方案有 n 个评价指标来描述对象的属性，用 x_{ij} 表示第 i 个方案的第 j 个指标值，则原始指标模糊关系矩阵：

$$\boldsymbol{K} = \begin{bmatrix} x_{11} & x_{12} & \cdots & x_{1n} \\ x_{21} & x_{22} & \cdots & x_{2n} \\ \vdots & \vdots & & \vdots \\ x_{m1} & x_{m1} & \cdots & x_{mn} \end{bmatrix} \tag{5-5}$$

（2）将原始指标模糊关系矩阵转换为指标满意度矩阵。对于效益型指标，选用如下指标满意度函数：

$$f_{x_{ij}} = \frac{x_{ij} - x_{i\min}}{x_{i\max} - x_{i\min}}, \quad i = 1, 2, \cdots; m, j = 1, 2, \cdots, n \quad (5-6)$$

式中，$x_{i\min}$ 为第 i 个方案的最小指标值；$x_{i\max}$ 为第 i 个方案的最大指标值。对于成本型指标，选用如下指标满意度函数：

$$f_{x_{ij}} = \frac{x_{i\max} - x_{ij}}{x_{i\max} - x_{i\min}}, \quad i = 1, 2, \cdots, m; j = 1, 2, \cdots, n \quad (5-7)$$

转换后得到指标满意度矩阵：

$$\widetilde{E} = \begin{bmatrix} f_{x_{11}} & f_{x_{12}} & \cdots & f_{x_{1n}} \\ f_{x_{21}} & f_{x_{22}} & \cdots & f_{x_{2n}} \\ \vdots & \vdots & & \vdots \\ f_{x_{m1}} & f_{x_{m1}} & \cdots & f_{x_{mn}} \end{bmatrix} \quad (5-8)$$

（3）对于每个指标，用权重 w_i 表征其重要度，且 $\sum_{j=1}^{n} w_i = 1$，$w_i > 0$。

（4）根据模糊关系综合评价方法，得到多指标综合满意度：$\widetilde{R} = \widetilde{E} \cdot W^{\mathrm{T}} = (r_1, r_2, \cdots, r_m)^{\mathrm{T}}$。$\widetilde{R}$ 的第 i 个分量 r_i 表示第 i 个方案总体上的综合满意度隶属情况，r_i 越大，相应的满意度也越高，方案越优越。

5.2.3 开采顺序优化实例

5.2.3.1 矿山概况

某锡矿主要赋存于花岗岩凹陷构造带的变玄武岩中，凹陷带内矿体连续性好，规模大，矿体空间总体呈多层状重叠产出，7 个矿体分别为 13-8-1、13-8-2、13-8-3、13-8-4、13-8-5、13-8-6 和 13-8-7。各层矿体之间的夹石厚度较小，有的甚至不到 10m。矿体走向北西，总体上南西高北东低，向北东倾斜，倾角 0°~19°，平均 10°。勘探控制范围矿体宽 35~321m，长 100~550m，矿体最大厚度达 21.9m，单层平均厚度为 2.5~11.5m，埋深 700m 左右。属于典型的深埋缓倾斜薄-中厚多层矿体，是矿业界公认的难采矿体。根据以往的工程经验，制约此类矿体安全、高效、低成本开采的因素有很多，其中多层矿体之间的开采顺序和相互影响是关键。因此，选择合理的回采顺序尤为重要。

充分考虑矿体赋存的实际情况及数值模拟对计算机软硬件的要求，整个矿群 7 层矿体模型只选择具有代表性的 2 层矿体：上层中厚矿体，尺寸为 92m×40m×10m；下层薄矿体，尺寸为 92m×40m×3m。中间夹石厚度 10m，矿体倾角 12°，模型上部为大理岩，中部为变玄武岩，下部为花岗岩。

5.2.3.2 开采方案拟定

对于多层矿体的回采顺序，主要考虑以下两个方面：一是多层矿体之间上下层的回采顺序，有上向开采和下向开采两种方式；二是同层矿体不同阶段的回采顺序，有上行开采和下行开采两种方式。目前，关于同阶段采场回采顺序的研究较多，推荐从高端向低端的开采方式。结合建立的模型，上下两层矿体采场布置形式如图 5-1 所示。

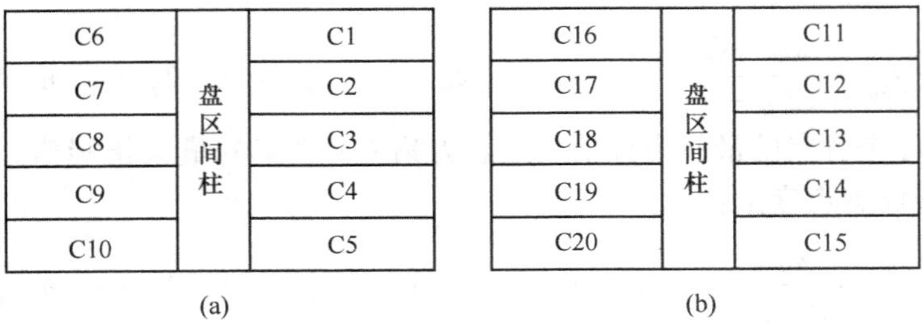

C6	盘	C1		C16	盘	C11
C7	区	C2		C17	区	C12
C8	间	C3		C18	间	C13
C9	柱	C4		C19	柱	C14
C10		C5		C20		C15

(a)　　　　　　　　　　　　　　　　　(b)

图 5-1　采场布置形式

（a）上层中厚矿体；（b）下层中厚矿体

4 种回采顺序数值模拟方案见表 5-1。

方案 1：下向下行式开采，即多层间从上至下，同层不同阶段从上至下，同阶段各采场从高端向低端隔一采一充一。

方案 2：下向上行式开采，即多层间从上至下，同层不同阶段从下至上，同阶段各采场从高端向低端隔一采一充一。

方案 3：上向下行式开采，即多层间从下至上，同层不同阶段从上至下，同阶段各采场从高端向低端隔一采一充一。

方案 4：上向上行式开采，即多层间从下至上，同层不同阶段从下至上，同阶段各采场从高端向低端隔一采一充一。

具体的开采过程见下表。

表 5-1　4 种数值模拟方案开采顺序

开采时步	方案 1	方案 2	方案 3	方案 4
0	初始应力场，位移清零	初始应力场，位移清零	初始应力场，位移清零	初始应力场，位移清零
1	开采 C1，充填 C1	开采 C6，充填 C6	开采 C11，充填 C11	开采 C16，充填 C16
2	开采 C3，充填 C3	开采 C8，充填 C8	开采 C13，充填 C13	开采 C18，充填 C18
3	开采 C5，充填 C5	开采 C10，充填 C10	开采 C15，充填 C15	开采 C20，充填 C20
4	开采 C2，充填 C2	开采 C7，充填 C7	开采 C12，充填 C12	开采 C17，充填 C17
5	开采 C4，充填 C4	开采 C9，充填 C9	开采 C14，充填 C14	开采 C19，充填 C19
6	开采 C6，充填 C6	开采 C1，充填 C1	开采 C16，充填 C16	开采 C11，充填 C11
7	开采 C8，充填 C8	开采 C3，充填 C3	开采 C18，充填 C18	开采 C12，充填 C12
8	开采 C10，充填 C10	开采 C5，充填 C5	开采 C20，充填 C20	开采 C13，充填 C13
9	开采 C7，充填 C7	开采 C2，充填 C2	开采 C17，充填 C17	开采 C14，充填 C14
10	开采 C9，充填 C9	开采 C4，充填 C4	开采 C19，充填 C19	开采 C15，充填 C15
11	开采 C11，充填 C11	开采 C16，充填 C16	开采 C1，充填 C1	开采 C6，充填 C6
12	开采 C13，充填 C13	开采 C18，充填 C18	开采 C3，充填 C3	开采 C8，充填 C8
13	开采 C15，充填 C15	开采 C20，充填 C20	开采 C5，充填 C5	开采 C10，充填 C10

续表5-1

开采时步	方案1	方案2	方案3	方案4
14	开采C12，充填C12	开采C17，充填C17	开采C2，充填C2	开采C7，充填C7
15	开采C14，充填C14	开采C19，充填C19	开采C4，充填C4	开采C9，充填C9
16	开采C16，充填C16	开采C11，充填C11	开采C6，充填C6	开采C1，充填C1
17	开采C18，充填C18	开采C13，充填C13	开采C8，充填C8	开采C3，充填C3
18	开采C20，充填C20	开采C15，充填C15	开采C10，充填C10	开采C5，充填C5
19	开采C17，充填C17	开采C12，充填C12	开采C7，充填C7	开采C2，充填C2
20	开采C19，充填C19	开采C14，充填C14	开采C9，充填C9	开采C4，充填C4

5.2.3.3 模拟结果与分析

将4种不同回采顺序的顶板沉降位移、底板隆起、最大压应力、最大拉应力、剪切破坏体积和拉伸破坏体积的数值模拟结果从软件中提取出来。限于篇幅，本书只列出下向下行式开采的数值模拟结果，如表5-2所示。

表5-2 下向下行式开采数值模拟结果

开采时步	位移场		应力场		塑性区	
	顶板沉降 /mm	底板隆起 /mm	最大压应力 /MPa	最大拉应力 /MPa	剪切破坏体积 /m³	拉伸破坏体积 /m³
1	5.035	5.093	36.092	1.606	547.390	0.000
2	7.616	7.451	38.743	1.285	488.780	17.111
3	9.953	9.334	41.497	1.047	321.150	11.800
4	11.485	10.572	46.163	1.235	334. +460	21.966
5	12.713	11.564	34.474	1.311	538.310	35.904
6	5.446	4.699	40.240	0.949	156.840	0.000
7	7.975	7.043	42.292	1.484	843.230	6.573
8	10.278	9.024	44.291	1.105	744.830	10.921
9	12.004	10.302	47.168	1.293	596.500	15.003
10	13.481	11.215	35.043	3.675	699.120	36.664
11	2.747	1.932	26.300	0.000	1052.900	14.118
12	3.814	2.510	30.850	1.200	355.580	34.354
13	4.282	2.864	28.668	0.323	252.420	15.482
14	4.387	2.951	33.664	0.328	653.520	13.166
15	4.496	3.231	31.879	2.087	828.610	321.850
16	2.749	1.570	29.584	1.022	520.000	132.810
17	3.822	2.191	32.968	1.557	330.940	22.658
18	4.336	2.449	27.506	0.457	597.730	8.373
19	4.453	2.593	32.528	0.928	799.350	33.857
20	4.429	2.949	36.997	1.259	1483.500	210.240

5.2.3.4 满意度计算

利用式（5-1）~式（5-5）对 4 种方案模拟结果的原始数据进行计算，得到各方案位移场、应力场、塑性区的满意度及多指标综合满意度，如表5-3 所示。

表 5-3   4种方案的指标满意度

开采时步	方案 1				方案 2				方案 3				方案 4			
	位移场	应力场	塑性区	多指标	位移场	应力场	塑性区	多指标	位移场	应力场	塑性区	多指标	位移场	应力场	塑性区	多指标
1	0.71	0.59	0.86	0.72	0.73	0.59	1.00	0.77	0.92	0.55	1.00	0.77	1.00	0.56	0.72	0.76
2	0.66	0.65	0.62	0.64	0.68	0.50	0.69	0.62	0.91	0.35	0.69	0.75	0.97	0.50	0.98	0.82
3	0.63	0.57	0.52	0.57	0.67	0.07	0.56	0.43	0.90	0.24	0.56	0.67	0.95	0.64	0.76	0.78
4	0.20	0.43	0.92	0.51	0.25	0.30	0.70	0.42	0.22	0.57	0.70	0.51	0.24	0.59	0.89	0.57
5	0.02	0.67	0.74	0.48	0.08	0.64	0.58	0.43	0.04	0.78	0.58	0.51	0.04	0.76	0.78	0.53
6	0.71	0.62	0.98	0.77	0.71	0.53	0.88	0.70	0.98	0.52	0.88	0.75	0.93	0.54	0.70	0.73
7	0.66	0.52	0.65	0.61	0.66	0.60	0.27	0.51	0.94	0.46	0.27	0.79	0.92	0.36	0.98	0.75
8	0.64	0.08	0.49	0.40	0.62	0.50	0.53	0.55	0.93	0.67	0.53	0.81	0.91	0.21	0.83	0.65
9	0.20	0.32	0.80	0.44	0.18	0.37	0.75	0.43	0.21	0.55	0.75	0.55	0.19	0.57	0.84	0.53
10	0.02	0.68	0.43	0.38	0.00	0.61	0.54	0.38	0.01	0.72	0.54	0.46	0.00	0.79	0.78	0.52
11	0.98	0.81	0.61	0.80	1.00	0.70	0.70	0.71	0.84	0.70	0.42	0.77	0.86	0.85	0.97	0.89
12	0.98	0.97	0.89	0.95	1.00	0.96	0.59	0.85	0.80	0.71	0.59	0.73	0.82	0.98	0.86	0.89
13	0.98	0.70	0.86	0.84	0.99	0.69	0.74	0.80	0.77	0.95	0.74	0.70	0.81	0.50	0.47	0.59
14	0.84	0.78	0.70	0.77	0.86	0.68	0.78	0.78	0.38	0.78	0.78	0.46	0.41	0.77	0.35	0.51
15	0.82	0.85	0.37	0.68	0.83	0.72	0.44	0.66	0.19	0.69	0.44	0.41	0.22	0.72	0.22	0.39
16	1.00	0.77	0.69	0.82	0.98	0.75	0.48	0.73	0.84	0.81	0.48	0.86	0.84	0.70	0.81	0.78
17	1.00	0.96	0.92	0.96	0.98	0.92	0.97	0.95	0.79	0.98	0.97	0.86	0.79	0.98	0.87	0.88
18	0.99	0.74	0.85	0.86	0.98	0.65	0.88	0.83	0.78	0.49	0.88	0.59	0.76	0.97	0.53	0.75
19	0.86	0.75	0.92	0.84	0.86	0.74	0.57	0.72	0.38	0.76	0.57	0.49	0.35	0.77	0.84	0.65
20	0.83	0.79	0.28	0.63	0.79	0.58	0.00	0.45	0.20	0.70	0.00	0.54	0.16	0.68	0.92	0.59

满意度随时步的变化曲线如图 5-2 所示。

5.2.3.5 开采顺序优化结果分析

将上述 4 种方案位移场、应力场、塑性区满意度及多指标综合满意度随回采步骤的变化绘制成曲线（图 5-2）。图 5-2 及数值模拟结果表明：

（1）随着开采的不断推进，采场顶板和底板出现沉降和隆起，顶板中间位置出现拉应力，采场两帮特别是四周角隅处压应力集中非常明显。这说明开采过程是一个岩石力学环境不断劣化的过程，但不同回采顺序，劣化程度和方式不尽相同，岩石力学演变过程也

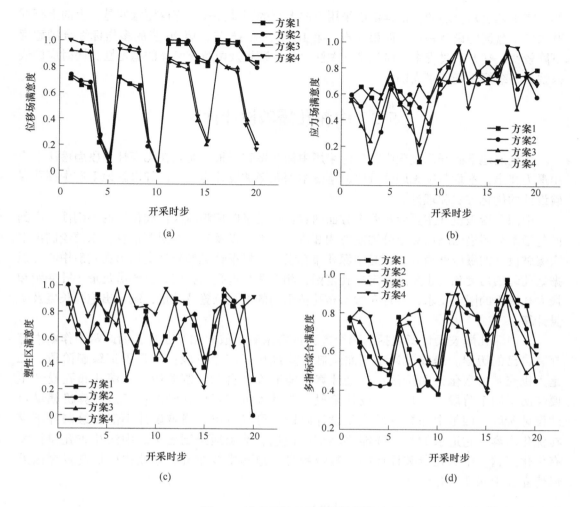

图 5-2 满意度随时步的变化曲线

（a）位移场满意度时变曲线；（b）应力场满意度时变曲线；
（c）塑性区满意度时变曲线；（d）多指标综合满意度时变曲线

不同。

（2）对于每层矿体的每个采区，随着回采的进行，位移场、应力场、塑性区和多指标综合满意度基本上都呈现出变小的趋势；由一个采区向另一采区推进时出现转折点，指标满意度基本呈现先增大后又降低的规律。说明在同一采区内，随着采场的不断推进，采场稳定性不断劣化，呈下降趋势，采区间柱对采场整体稳定性起到关键性作用。

（3）4 个方案的多指标多步骤综合满意度依次为 0.684，0.641，0.653，0.683，从采场受力情况满意度来看，下向下行式开采方式的满意度最高，为 0.684，与之相比，上向上行式开采方式的满意度相差不多，为 0.683，说明上向上行式开采在理论上也是可行的。

（4）上向上行式开采方式能够充分利用上部开拓、采准废石以及选厂尾矿充填空区，实现低成本废石不出坑、尾矿不入库，最大限度回收资源的同时能够减少对生态环境的破坏，在工艺上是合理的，推荐矿山采用上向上行的开采方式。值得注意的是，上向上行式开采每个盘区的最后一步，即第5步、第10步、第15步、第20步的多指标综合满意度下降较快，在开采过程中，应该密切关注该采场顶板及两帮充填体的稳定性，同时应该快采快出，缩短采场回采周期。

5.3　中深孔爆破设计优化

在金属地下矿开采过程中，广泛采用中深孔爆破开采，尤其在无底柱分段崩落法中应用最为突出，本章节以无底柱分段崩落法中深孔爆破设计为例，详细讲解地下矿中深孔爆破设计的优化方法和理论。

中深孔爆破设计主要包括两个方面内容：一是竖向切割爆破排线位置的小剖面。小剖面包括本分层进路断面和上分层左右相邻进路断面，以及矿岩界限等信息，以便绘制出本次爆破设计的爆破外边界。二是中深孔布孔设计。根据钻机型号确定扇形孔发射中心，根据炮孔起始角度和终止角度确定布孔范围，相邻两个炮孔的孔底距，要满足最小孔底距和最大孔底距的限定要求，合理布置出布孔范围内的炮孔位置及数量，统计出炮孔长度及矿量计算。

从中深孔爆破设计所包括的两个方面内容来看，彼此相互独立，因此两个作业内容都有自己的历程。爆破设计小剖面绘制主要经历了三个阶段：一是手工绘制阶段；二是人机交互参数化绘制阶段；三是计算机辅助设计自动切割阶段。中深孔布孔设计主要经历了四个阶段：一是手工设计阶段；二是人机交互设计阶段；三是计算机辅助自动设计阶段；四是中深孔爆破优化设计阶段。可以看出，爆破设计小剖面绘制并不存在优化内容，它追求的是怎样能将小剖面快速、准确地绘制出来。中深孔布孔设计才有优化问题。中深孔爆破设计的一般流程是：炮孔排线布置、炮孔排面切割及爆破外形建立、中深孔布孔设计。

5.3.1　中深孔布孔的计算机辅助自动设计

计算机辅助自动设计阶段有两种不同方法，一是采用"摆角法"设计；二是采用"筛选法"设计。两种方法都有共同特点，即无需人工参与自动完成布孔设计。

5.3.1.1　"摆角法"中深孔布孔设计

该方法是从起始边炮孔开始，按设定的摆角（如20″）增加角度进行下一个炮孔绘制，每绘制完成一个炮孔都要计算其与起始炮孔的孔底距，直到炮孔的孔底距满足最小孔底距与最大孔底距的限制要求才得以保留，并以此炮孔为新的起始边炮孔，再次寻找下一个炮孔，依次类推。当最后一个炮孔与终止边炮孔的孔底距刚好满足要求时，中深孔布孔设计完成。如果大于最大孔底距，或小于最小孔底距，则程序自动改变最小孔底距的值，使其增加指定步距，再重新进行设计，中深孔布孔设计完成。

这种思路设计的炮孔孔底距比较均匀，但设计所用时间较多，主要浪费在很多无用的孔底距计算。为提供设计速度，会提高设定的摆角，若摆角设定过大，会出现特例的中深孔布孔设计，即炮孔数量多一个，最后一个炮孔的孔底距小于最小孔底距要求；炮孔数量少一个，最后一个炮孔的孔底距又大于最大孔底距。即便如此，在十多年前的此程序也发挥了巨大作用，除极个别特例情况下，无需人为参与可以自动完成中深孔布孔设计，如图5-3所示。

5.3.1.2 "筛选法"中深孔布孔设计

鉴于"摆角法"中深孔布孔设计比较耗时的缺点，受模板设计启发，对"摆角法"设计做了进一步优化，推出了"筛选法"中深孔布孔设计。此方法不再按摆角一个一个寻找炮孔，而是按设定好的角度步距，一次布置好所有炮孔，比如角度步距为30′，起始边炮孔为40°，终止边炮孔为140°，则一次布置201个炮孔，在所有炮孔里按孔底距要求进行筛选，筛选办法还是与"摆角法"一致，不断变换起始边炮孔，逐个寻找下一个炮孔。由于炮孔总数已经控制，此类筛选大大提高了设计所用时间。

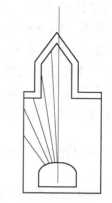

图5-3　摆角法中深孔设计

可以看出，无论采用"摆角法"设计，还是采用"筛选法"设计，都能够实现计算机自动设计，但是没有优化过程，仅仅给出了一个可行的设计方案。

5.3.2　中深孔爆破优化设计

中深孔布孔设计从几何构图来说，是在两个多边形（巷道轮廓线和爆破外形边界轮廓线）之间，在满足炮孔孔底距要求前提下的炮孔布置。可以说在此约束条件下有无数个可行方案，以往的设计往往根据一个简单的方法（甚至人工辅助），找到一个可行方案即可，完全没有优化概念。经过深入分析与研究，最终明确中深孔设计实际是最短路径优化问题，从而能够在无数的可行方案中找到了最优布孔方案。

5.3.2.1　最短路径问题

最短路径问题是图论研究中的一个经典算法问题，旨在寻找图（由结点和路径组成的）中两结点之间的最短路径。

图 G 定义为 V 和 E 的集合 $G = \{V, E\}$，其中 V 表示图中的所有的顶点集合，E 表示的是图中的所有的边的集合。图按照 E 中的元素是否有方向，分为有向图和无向图，如图5-4所示，且常用边长作为边的权值。

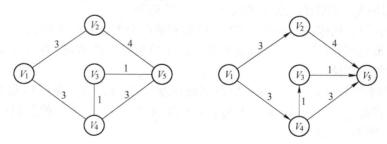

图5-4　有向图与无向图

图通常使用邻接矩阵来描述，邻接矩阵是表示顶点之间相邻关系的矩阵。如果是有权图，邻接矩阵保存其边的权重。

用于解决最短路径问题的算法被称做"最短路径算法"，有时被简称作"路径算法"。

最常用的路径算法有：Dijkstra 算法、SPFA 算法 \ Bellman-Ford 算法、Floyd 算法 floyd-Warshall 算法、Johnson 算法等。

5.3.2.2　单源最短路径问题

给定一个带有权值图 $G = (V, E)$，每条边的权值为一个非负实数。另外，还给定 V 中的一个顶点，称为源。现在我们要计算从源到所有其他各顶点的最短路径长度。这里的长度是指路上各边权值之和。这个问题通常称为单源最短路径问题。具体的形式包括：

（1）确定起点的最短路径问题。即已知起始结点，求到所有其他各顶点的最短路径问题。

（2）确定起点终点的最短路径问题。即已知起点和终点，求两节点之间的最短路径问题。

为更好地理解单源最短路径问题，现举例如下，如图 5-5 所示，带权有向图 $G = (V, E)$ 有 11 个节点，19 个带权的有向边，节点 A 到节点 B_1 有向边的权是 5。节点 A 到节点 B_1 的最短距离是 5。以此类推。此图给出了确定起点的最短路径问题，图中的起点为 A。答案由节点上面黑体数字表示。同时此图也给出了确定起点终点的最短路径问题，图中的起点为 A，终点为 E。答案由粗线路径表示。

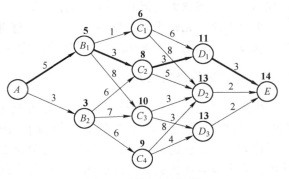

图 5-5　最短路径问题

Dijkstra 算法是由荷兰计算机科学家狄克斯特拉于 1959 年提出的，因此又叫狄克斯特拉算法。是从一个顶点到其余各顶点的最短路径算法，解决的是有向图中最短路径问题。狄克斯特拉算法主要特点是以起始点为中心向外层层扩展，直到扩展到终点为止。

该算法的思想是：如果 P 是 G 中从 A 到 E 的最短路径，则路径 P 上的任意节点，都是从节点 A 出发到此节点的最短路径。

该算法思路是：按路径长度递增次序产生最短路径。

算法步骤如下：已知图 $G = \{V, E\}$，初始构筑两个节点集合 S 和 T，$V = S + T$，S 集合保存已求得最短路径的节点，T 集合保存未求得最短路径的节点。$D(V_0, V_i)$ 保存起点到其他所有点的距离值。

（1）初始时令 $S = \{V_0\}$，$T = V - S = \{其余顶点\}$，$D(V_0, V_i)$ 保存 V_0 到 T 中顶点对应的距离值。若存在边 $< V_0, V_i >$，$D(V_0, V_i)$ 为 $< V_0, V_i >$ 边上的权值；若不存在边 $< V_0, V_i >$，$D(V_0, V_i)$ 为 ∞。

（2）从 T 中选取一个与 S 中顶点有关联边且权值最小的顶点 W，加入到 S 中。

（3）对其余 T 中顶点的距离值进行修改。若加进 W 作中间顶点，从 V_0 到 V_i 的距离值缩短，则修改此距离值。

重复上述步骤（2）、（3），直到 S 中包含所有顶点，即 $W = V_i$ 为止。

以上面有向图为例，以图表方式给出查找方式及结果，如表 5-4 所示。

表 5-4 Dijkstra 算法流程举例

步骤	S 节点集合	T 节点集合
1	选入节点 A，$S = <A>$ 此时最短路径 $A \rightarrow A = 0$ 以 A 为中间点，从 A 开始找	$T = <B_1, B_2, C_1, C_2, C_3, C_4, D_1, D_2, D_3, E>$ $A \rightarrow B_1 = 5$ $A \rightarrow B_2 = 3$ $A \rightarrow$ 其他 $= \infty$ $D = <5, 3, \infty, \infty, \infty, \infty, \infty, \infty, \infty, \infty>$ 发现 $A \rightarrow B_2 = 3$ 路径最短
2	选入节点 B_2，$S = <A, B_2>$ 此时最短路径 $A \rightarrow A = 0$；$A \rightarrow B_2 = 3$ 以 B_2 为中间点，从 B_2 开始找	$T = <B_1, C_1, C_2, C_3, C_4, D_1, D_2, D_3, E>$ $A \rightarrow B_2 \rightarrow C_2 = 3 + 8 = 11$ $A \rightarrow B_2 \rightarrow C_3 = 3 + 7 = 10$ $A \rightarrow B_2 \rightarrow C_4 = 3 + 6 = 9$ $B_2 \rightarrow$ 其他 $= \infty$ $D = <5, \infty, 11, 10, 9, \infty, \infty, \infty, \infty>$ 发现 $A \rightarrow B_1 = 5$ 路径最短
3	选入节点 B_1，$S = <A, B_2, B_1>$ 此时最短路径 $A \rightarrow A = 0$；$A \rightarrow B_2 = 3$；$A \rightarrow B_1 = 5$ 以 B_1 为中间点，从 B_1 开始找	$T = <C_1, C_2, C_3, C_4, D_1, D_2, D_3, E>$ $A \rightarrow B_1 \rightarrow C_1 = 5 + 1 = 6$ $A \rightarrow B_1 \rightarrow C_2 = 5 + 3 = 8$ $A \rightarrow B_1 \rightarrow C_3 = 5 + 6 = 11$ $B_1 \rightarrow$ 其他 $= \infty$ C_3 权值 11 > 原有权值 10，保持原值不变 $D = <6, 8, 10, 9, \infty, \infty, \infty, \infty>$ 发现 $A \rightarrow C_1 = 6$ 路径最短
4	选入节点 C_1，$S = <A, B_2, B_1, C_1>$ 此时最短路径 $A \rightarrow A = 0$；$A \rightarrow B_2 = 3$；$A \rightarrow B_1 = 5$；$A \rightarrow B_1 \rightarrow C_1 = 6$ 以 C_1 为中间点，从 C_1 开始找	$T = <C_2, C_3, C_4, D_1, D_2, D_3, E>$ $A \rightarrow B_1 \rightarrow C_1 \rightarrow D_1 = 6 + 6 = 12$ $A \rightarrow B_1 \rightarrow C_1 \rightarrow D_2 = 6 + 8 = 14$ $C_1 \rightarrow$ 其他 $= \infty$ $D = <8, 10, 9, 12, 14, \infty, \infty>$ 发现 $A \rightarrow C_2 = 8$ 路径最短
5	选入节点 C_2，$S = <A, B_2, B_1, C_1, C_2>$ 此时最短路径 $A \rightarrow A = 0$；$A \rightarrow B_2 = 3$；$A \rightarrow B_1 = 5$；$A \rightarrow B_1 \rightarrow C_1 = 6$；$A \rightarrow B_1 \rightarrow C_2 = 8$ 以 C_2 为中间点，从 C_2 开始找	$T = <C_3, C_4, D_1, D_2, D_3, E>$ $A \rightarrow B_1 \rightarrow C_2 \rightarrow D_1 = 8 + 3 = 11$ $A \rightarrow B_1 \rightarrow C_2 \rightarrow D_2 = 8 + 5 = 13$ $C_2 \rightarrow$ 其他 $= \infty$ D_1 权值 11 < 原有权值 12，D_1 权值 $= 11$ D_2 权值 13 < 原有权值 14，D_2 权值 $= 13$ $D = <10, 9, 11, 13, \infty, \infty>$ 发现 $A \rightarrow C_4 = 9$ 路径最短

步骤	S 节点集合	T 节点集合
6	选入节点 C_4, $S = < A, B_2, B_1, C_1, C_2, C_4 >$ 此时最短路径 $A \to A = 0$; $A \to B_2 = 3$; $A \to B_1 = 5$; $A \to B_1 \to C_1 = 6$; $A \to B_1 \to C_2 = 8$; $A \to B_2 \to C_4 = 9$ 以 C_4 为中间点, 从 C_4 开始找	$T = < C_3, D_1, D_2, D_3, E >$ $A \to B_2 \to C_4 \to D_2 = 9 + 8 = 17$ $A \to B_2 \to C_4 \to D_3 = 9 + 4 = 13$ $C_4 \to$ 其他 $= \infty$ D_2 权值 17 > 原有权值 14, 保持原值不变 $D = < 10, 11, 13, 13, \infty >$ 发现 $A \to C_3 = 10$ 路径最短
7	选入节点 C_3 $S = < A, B_2, B_1, C_1, C_2, C_4, C_3 >$ 此时最短路径 $A \to A = 0$; $A \to B_2 = 3$; $A \to B_1 = 5$; $A \to B_1 \to C_1 = 6$; $A \to B_1 \to C_2 = 8$; $A \to B_2 \to C_4 = 9$; $A \to B_2 \to C_3 = 10$ 以 C_3 为中间点, 从 C_3 开始找	$T = < D_1, D_2, D_3, E >$ $A \to B_2 \to C_3 \to D_2 = 10 + 3 = 13$ $A \to B_2 \to C_3 \to D_3 = 10 + 3 = 13$ $C_3 \to$ 其他 $= \infty$ D_2 权值 13 = 原有权值 13, 保持原值不变 D_3 权值 13 = 原有权值 13, 保持原值不变 $D = < 11, 13, 13, \infty >$ 发现 $A \to D_1 = 11$ 路径最短
8	选入节点 D_1 $S = < A, B_2, B_1, C_1, C_2, C_4, C_3, D_1 >$ 此时最短路径 $A \to A = 0$; $A \to B_2 = 3$; $A \to B_1 = 5$; $A \to B_1 \to C_1 = 6$; $A \to B_1 \to C_2 = 8$; $A \to B_2 \to C_4 = 9$; $A \to B_2 \to C_3 = 10$; $A \to B_1 \to C_2 \to D_1 = 11$ 以 D_1 为中间点, 从 D_1 开始找	$T = < D_2, D_3, E >$ $A \to B_1 \to C_2 \to D_1 \to E = 11 + 3 = 14$ $D_1 \to$ 其他 $= \infty$ $D = < 13, 13, 14 >$ 发现 $A \to D_2 = 13$ 路径最短
9	选入节点 D_2 $S = < A, B_2, B_1, C_1, C_2, C_4, C_3, D_1, D_2 >$ 此时最短路径 $A \to A = 0$; $A \to B_2 = 3$; $A \to B_1 = 5$; $A \to B_1 \to C_1 = 6$; $A \to B_1 \to C_2 = 8$; $A \to B_2 \to C_4 = 9$; $A \to B_2 \to C_3 = 10$; $A \to B_1 \to C_2 \to D_1 = 11$; $A \to B_2 \to C_3 \to D_2 = 13$ 以 D_2 为中间点, 从 D_2 开始找	$T = < D_3, E >$ $A \to B_2 \to C_3 \to D_2 \to E = 13 + 2 = 15$ $D_2 \to$ 其他 $= \infty$ E 权值 15 > 原有权值 14, 保持原值不变 $D = < 13, 14 >$ 发现 $A \to D_3 = 13$ 路径最短
10	选入节点 D_3 $S = < A, B_2, B_1, C_1, C_2, C_4, C_3, D_1, D_2, D_3 >$ 此时最短路径 $A \to A = 0$; $A \to B_2 = 3$; $A \to B_1 = 5$; $A \to B_1 \to C_1 = 6$; $A \to B_1 \to C_2 = 8$; $A \to B_2 \to C_4 = 9$; $A \to B_2 \to C_3 = 10$; $A \to B_1 \to C_2 \to D_1 = 11$; $A \to B_2 \to C_3 \to D_2 = 13$; $A \to B_2 \to C_3 \to D_3 = 13$ 以 D_3 为中间点, 从 D_3 开始找	$T = < E >$ $A \to B_2 \to C_3 \to D_3 \to E = 13 + 2 = 15$ E 权值 15 > 原有权值 14, 保持原值不变 $D = < 14 >$ 发现 $A \to E = 14$ 路径最短

步骤	S 节点集合	T 节点集合
11	选入节点 E $S = <\ A,\ B_2,\ B_1,\ C_1,\ C_2,\ C_4,\ C_3,\ D_1,\ D_2,\ D_3,\ E >$ 此时最短路径 $A \to A = 0$; $A \to B_2 = 3$; $A \to B_1 = 5$; $A \to B_1 \to C_1 = 6$; $A \to B_1 \to C_2 = 8$; $A \to B_2 \to C_4 = 9$; $A \to B_2 \to C_3 = 10$; $A \to B_1 \to C_2 \to D_1 = 11$; $A \to B_2 \to C_3 \to D_2 = 13$; $A \to B_2 \to C_3 \to D_3 = 13$; $A \to B1 \to C_2 \to D_1 \to E = 14$	$T=<>$集合已空，查找完毕

Dijkstra 算法能得出最短路径的最优解，但由于它遍历计算的节点很多，所以效率低。可以使用堆优化该算法。

5.3.2.3 多源最短路径问题

给定一个带有权值图 $G = (V,\ E)$，每条边的权值为一个实数，可正可负。我们要计算图中任意两点之间的最短路径长度。即求图中所有的最短路径问题。这个问题通常称为多源最短路径问题。

如果说 Dijkstra 算法适用于单源最短路径问题，那么 Floyd 算法给出了多源最短路径问题的经典算法。

Floyd 算法又称为插点法，是一种利用动态规划的思想寻找给定的加权图中多源点之间最短路径的算法，与 Dijkstra 算法类似。该算法名称以创始人之一、1978 年图灵奖获得者、斯坦福大学计算机科学系教授罗伯特·弗洛伊德命名。

该算法思想是：从任意节点 A 到任意节点 B 的最短路径不外乎 2 种可能，1 是直接从 A 到 B，2 是从 A 经过若干个节点到 B，所以，我们假设 dist (AB) 为节点 A 到节点 B 的最短路径的距离，对于每一个节点 K，我们检查 $\text{dist}(AK) + \text{dist}(KB) < \text{dist}(AB)$ 是否成立，如果成立，证明从 A 到 K 再到 B 的路径比 A 直接到 B 的路径短，我们便设置 dist $(AB) = \text{dist}(AK) + \text{dist}(KB)$，这样一来，当我们遍历完所有节点 K，dist(AB) 中记录的便是 A 到 B 的最短路径的距离。

该算法思路是：通过一个图的权值邻接矩阵求出它的每两点间的最短路径。

算法步骤如下：已知图 $G = \{V,\ E\}$，构筑权值邻接矩阵 $A = [a(i,\ j)](n \times n)$，同时还可引入一个后继节点矩阵 path $= [a(i,\ j)](n \times n)$ 来记录两点间的最短路径。

（1）从任意一条单边路径开始。所有两点之间的距离是边的权，如果两点之间没有边相连，则权为无穷大，构筑出图权值邻接矩阵 A。构筑节点矩阵 path。

（2）插入节点，对于每一对顶点 u 和 v，看看是否存在一个顶点 w 使得从 u 到 w 再到 v 比已知的路径更短。如果是更新它。

（3）重复上述步骤（2），直到所有节点插完为止。

以上面有向图为例，当两个节点之间没有边（或反方向）则他们的权为无穷大，获得图的权值邻接矩阵如表 5-5 所示。

表 5-5 图的权值邻接矩阵

	A	B_1	B_2	C_1	C_2	C_3	C_4	D_1	D_2	D_3	E
A	0	5	3	∞	∞	∞	∞	∞	∞	∞	∞
B_1	∞	0	∞	1	3	6	∞	∞	∞	∞	∞
B_2	∞	∞	0	∞	8	7	6	∞	∞	∞	∞
C_1	∞	∞	∞	0	∞	∞	∞	6	8	∞	∞
C_2	∞	∞	∞	∞	0	∞	∞	3	5	∞	∞
C_3	∞	∞	∞	∞	∞	0	∞	∞	3	3	∞
C_4	∞	∞	∞	∞	∞	∞	0	∞	8	4	∞
D_1	∞	∞	∞	∞	∞	∞	∞	0	∞	∞	3
D_2	∞	∞	∞	∞	∞	∞	∞	∞	0	∞	2
D_3	∞	∞	∞	∞	∞	∞	∞	∞	∞	0	2
E	∞	∞	∞	∞	∞	∞	∞	∞	∞	∞	0

把图用邻接矩阵 G 表示出来，如果从 V_i 到 V_j 有路可达，则 $G[i,j]=d$，d 表示该路的长度（即权值）；否则 $G[i,j]=$ 无穷大。定义一个相应的节点矩阵 path 用来记录所插入点的信息，$\text{path}[i,j]$ 表示从 V_i 到 V_j 需要经过的点，初始化 $\text{path}[i,j]=j$。把各个顶点插入图中，比较插入节点后的距离与原来的距离，$G[i,j]=\min(G[i,j], G[i,k]+G[k,j])$，如果 $G[i,j]$ 的值变小，则 $\text{path}[i,j]=k$。在 G 中包含有两点之间最短长度信息，而在 path 中则包含了最短路径节点信息。

算法描述：

（1）初始化：$\text{D}[u,v]=\text{A}[u,v]$；$\text{path}[u,v]$

（2）For k=1 to n

　　　For i=1 to n

　　　For j=1 to n

　　　　　If $\text{D}[i,j]>\text{D}[i,k]+\text{D}[k,j]$ Then

　　　　　　$\text{D}[i,j]=\text{D}[i,k]+\text{D}[k,j]$

　　　　　　　$\text{path}[i,j]=k$

（3）算法结束：D 即为所有点对的最短路径矩阵，path 为路径节点信息。

5.3.2.4　中深孔布孔优化设计

在明确了最短路径问题，以及最短路径优化经典程序后，我们再一次回到中深孔布孔设计，为更好地说明问题，做简化中深孔设计过程示意图如图 5-6 所示。

假设中深孔布孔设计的起始角为 20°，终止角为 170°，角度步距 1°，共有 151 个炮孔。从炮孔 1 开始，有 4 个炮孔（13，14，15，16）都符合孔底距限定要求。同样，与炮孔 13 满足孔底距限定要求的有 4 个炮孔（26，27，28，29），与炮孔 14 满足孔底距限定要求的有 4 个炮孔（28，29，30，31），以此类推，最终与炮孔 151 满足孔底距限定要求的有 4 个炮孔（$n3$，$n4$，$n5$，$n6$）。

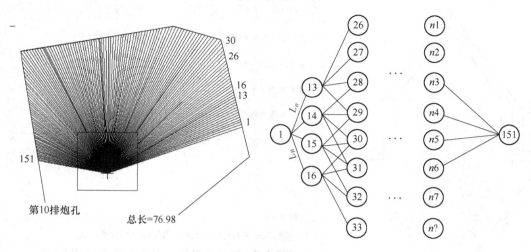

图 5-6　中深孔优化设计示意图

　　图中可以发现，从炮孔 1 出发，到炮孔 151 结束，任何一个联通的路径都是一个可行设计方案，所以说可行设计方案有无数个。如果把炮孔长度（L_n）作为边的权值，则此中深孔布孔设计就转换为单源最短路径问题，是确定起点终点的最短路径问题。起点为起始边炮孔，终点为终止边炮孔，是从无数可行方案中找最优布孔方案，即炮孔总长最短。因此基于此原理编制的中深孔设计，实现了中深孔优化设计。优化的结果是，在满足所有约束条件下，炮孔总长最短，从而降低了生产成本，提高了企业效益。

　　对于同样条件和参数的中深孔设计，与"摆角法""筛选法"设计相比，在同样满足孔底限定要求距情况下，炮孔总长可以缩短 8%~10%。如图 5-7、图 5-8 所示。

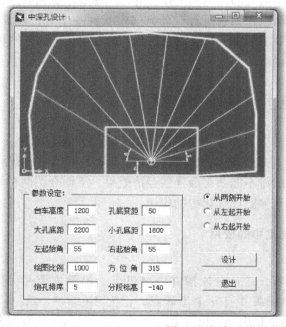

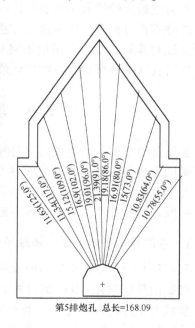

第5排炮孔 总长=168.09

图 5-7　摆角法中深孔设计

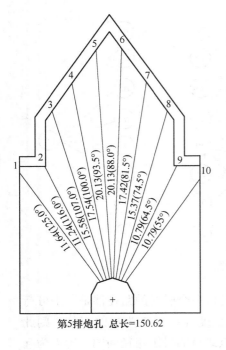

第5排炮孔　总长=150.62

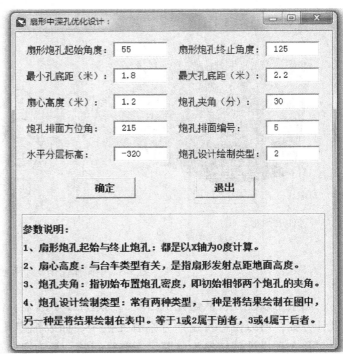

图 5-8　最短路径法中深孔优化设计

这其中的原因不难理解，人机交互法是由人为参与，没有软件设计方法技术可言；"摆角法""筛选法"设计给出了设计方法，通过一定规律的搜索，主要是按孔底距不小于最小孔底距，而孔底距不大于最大孔底距仅作为了附加限定。在无法找到可行设计方案时，作为搜索条件的最小孔底距是同步增加的，不同炮孔间的孔底距要求也同时发生了改变，这并不符合初衷。使用这种方法可以在无数可行设计方案中找到一个可行设计方案，但无法证明其最优性。采用最短路径的中深孔布孔优化设计，首先是找到所有的可行方案，然后在这无数可行方案中找到最优解。

5.4　地下矿运输路径优化

运输是地下矿生产管理的重要环节，其管理质量直接影响到企业的经济效益。目前，地下矿的运输路径编排主要依据传统经验，很少做专门的优化。随着矿山生产规模的增大，井下运输路径复杂化，只靠经验编排不能获得最佳的经济效果。下面介绍两种智能算法——蚁群算法和遗传算法在地下矿运输路径优化中的应用。

5.4.1　蚁群算法在地下矿运输路径优化中的应用

5.4.1.1　运输路径优化问题概述

某矿山采用溜井+电机车运搬矿石，矿从分段溜井由电机车运输到主溜井，再经破碎、装载由主井提升至地表。假设中段溜井有 n 个出矿点，记为 $A_i(i = 1, 2, \cdots, n)$，溜井的储存矿量分别为 a_i，主溜井的个数为 m，记为 $B_j(j = 1, 2, \cdots, m)$，接收到的矿

石量为 b_j，从中段溜井 A_i 到主溜井 B_j 的距离设为 d_{ij}，运输矿量记为 x_{ij}，则 $\sum\limits_{j=1}^{m} x_{ij} = a_i$，

$(i = 1，2，\cdots，n)$　　$\sum\limits_{i=1}^{n} x_{ij} = b_j$，$(j = 1，2，\cdots，m)$，并且矿石接收点总接收矿石量一定

等于溜井总运出矿量，$\sum\limits_{i=1}^{n} a_i = \sum\limits_{j=1}^{m} b_j$，$(x_{ij} \geq 0)$，矿石的总运输距离为 $\sum\limits_{i=1}^{n} \sum\limits_{j=1}^{m} d_{ij} x_{ij}$，如何

在满足运矿需求的基础上，使得总运输距离最低一直是地下矿山运输追求的目标。

5.4.1.2　目标函数及约束条件

设为主溜井 B_j 服务的电机车数为 k^j 个，中段溜井个数 c^j，每台电机车的载重量为 Q，则主溜井 B_j 的需矿量也就等于电机车个数与载重量的乘积 Qk^j，1 辆电机车的最大行驶距离为 L，n_k^j 表示卸载点为第 j 个主溜井的第 k 台车负责服务的中段溜井数，G_k^j 表示通入第 j 个主溜井的第 k 条路径，其中：第 i 个元素 r_{jki} 表示中段溜井 A_i 在第 j 个主溜井服务区域内的路径 k 中的顺序为 i，若 $r_{jki} = 0$，表示电机车处在矿石的第 j 个主溜井处；$q_{r_{jki}}$ 表示第 j 个主溜井服务区域内第 k 条路径 G_k 中溜井 r_{jki} 的卸矿量；$d_{r_{jk(i-1)}r_{jki}}$ 表示第 j 个主溜井派出的第 k 辆电机车的路径上第 i 个溜井到第 $i-1$ 个溜井的距离，其中第 0 个溜井即为主溜井，若以运输距离最短为目标函数，则优化模型可表示为：

目标函数：$\mathrm{Min}\left\{ \sum\limits_{k=1}^{k^i} \sum\limits_{i=1}^{n_k^i} (d_{r_{1k(i-1)}r_{1ki}}) + \cdots + \sum\limits_{k=1}^{k^j} \sum\limits_{i=1}^{n_k^j} (d_{r_{jk(i-1)}r_{jki}}) \right\}$，$j = 1，2，\cdots，m$　　(5-9)

约束方程：
$$\sum\limits_{i=1}^{n_k^j} q_{r_{jki}} \leq Q \tag{5-10}$$

$$\sum\limits_{i=1}^{n_k^j} d_{r_{jk(i-1)}r_{jki}} \leq L \tag{5-11}$$

$$\sum\limits_{k=1}^{k^j} n_k^j = C^j，\quad C^1 + C^2 + \cdots + C^j = n \tag{5-12}$$

$$G_k^j = \{ r_{jki} \in 1，2，\cdots，C^j \}，(i = 1，2，\cdots，n_k^j) \tag{5-13}$$

$$G_{k_1}^j \cap G_{k_x}^j = \varPhi，\forall k_1 \neq k_x，(x = 1，2，\cdots，m) \tag{5-14}$$

式 (5-10) 保证每条路径上各溜井的卸矿量之和不超过电机车的最大允许荷载；

式 (5-11) 保证 1 辆电机车的运输距离不超过其最大运输距离 L；

式 (5-12) 保证所有路径上的溜井数之和等于总溜井数，同时保证每个溜井都能够得到装矿的服务；

式 (5-13) 表示了每条路径的溜井组成；

式 (5-14) 限制 1 个溜井只能有 1 列电机车来服务。

5.4.1.3　蚁群算法求解

(1) 初始化参数，读取溜井点和矿石接收点坐标以及溜井卸矿量，设置最大信息素和最小信息素参数，并计算各点之间的距离。

(2) 设置迭代计数器 $NC = 0$，将 m 只蚂蚁置于配送中心，分别为各蚂蚁建立禁忌表。

(3) 对于每只蚂蚁 i，在待访问溜井列表中找出所有未走过的中段溜井点，并在这些

节点中按照转移概率公式选择蚂蚁的下一个溜井点 j。

（4）考虑 i 和 j 连接后线路上的载矿量 q，若 q 小于车辆最大容量，则继续下步；否则将 j 点重新加入待访问溜井列表 A 中，并随机在 A 表中选择一点作为起点，转步骤（3）。

（5）对每只蚂蚁在选择下一点之后对其所走过的路径进行局部信息素更新及信息素增量更新。

（6）求 k 只蚂蚁搜索的最佳路径长度和路线，并全局更新该条路线边上的信息素，每次更新完信息素都进行边界检查，将信息量控制在区间 $[\tau_{min}, \tau_{max}]$ 之内。

（7）将本次迭代最优解与全局最优解比较，若本次迭代最优解更好，则进行 2-OPT 优化，并更新全局最优解及全局最优路径表。

（8）判断 NC 是否等于最大迭代次数，若是，则结束；否则清空禁忌表，跳回步骤（2），重复进行上述步骤。

5.4.1.4　实例分析

某矿中段平面运输的采场溜井与主溜井位置坐标及矿量信息如表 5-6 所示。

表 5-6　溜井坐标及卸矿量

溜井序号	平面坐标		卸矿量/t	溜开序号	平面坐标		卸矿量/t
	X	Y			X	Y	
B_0	641	79899		A_7	868	79520	21
A_1	290	79501	12	A_8	540	79730	24
A_2	388	79501	14	A_9	868	79710	14
A_3	400	79710	15	A_{10}	643	79736	15
A_4	416	79899	17	A_{11}	677	80079	22
A_5	576	79501	12	A_{12}	758	79899	28
A_6	754	79510	25	A_{13}	868	79899	10

设置算法参数如下：蚂蚁的数目 $m=21$，最大迭代次数 $NC=100$，信息素重要程度因子 $\alpha=1$，启发函数重要程度因子 $\beta=2$，信息素挥发因子 $\rho=0.5$。信息素的最大最小值开始的时候设置多大无所谓，在第 1 次搜索完成会生成 1 个最优解，然后利用这个解可以重新生成最大最小值。设置每辆电机车的载矿量均为 50t，由运行结果可知最佳配送路线的配送距离为 4415.7m，最佳配送路线见表 5-7。

表 5-7　最佳配送路径

路　　径	满载率
S_1：$[B_0] - A_9 - A_7 - A_{10}$	100.0
S_2：$[B_0] - A_8 - A_4$	82.0
S_3：$[B_0] - A_5 - A_6 - A_{13}$	94.0
S_4：$[B_0] - A_{11} - A_{12}$	100.0
S_5：$[B_0] - A_3 - A_1 - A_2$	82.0

5.4.2　NSGA-Ⅱ算法在地下矿运输路径优化中的应用

5.4.2.1　NSGA-Ⅱ算法简介

在多目标优化问题中，使所有目标都达到最优的解一般是不存在的，通常得到的是最优解集，因此我们希望得到一系列最优解集，然后根据侧重点从中选择一个解。NSGA-Ⅱ算法是一种解决多目标优化问题的遗传算法，通过协调各目标函数之间的关系，找出使各个目标函数值都尽可能达到最值的解集。通过该算法得到的最优解分布均匀，收敛性好。NSGA-Ⅱ算法是在第一代非支配排序遗传算法的基础上改进而来。其改进主要是针对如下所述的三个方面：

（1）提出了快速非支配排序算法，一方面降低了计算的复杂度；另一方面它将父代种群跟子代种群进行合并，使得下一代的种群从双倍的空间中进行选取，从而保留了最为优秀的所有个体；

（2）引进精英策略，保证某些优良的种群个体在进化过程中不会被丢弃，从而提高了优化结果的精度；

（3）采用拥挤度和拥挤度比较算子，不但克服了 NSGA 中需要人为指定共享参数的缺陷，而且将其作为种群中个体间的比较标准，使得准 Pareto 域中的个体能均匀地扩展到整个 Pareto 域，保证了种群的多样性。其主要流程如图 5-9 所示。

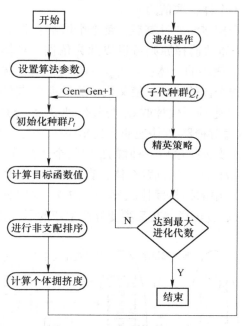

图 5-9　NSGA-Ⅱ算法流程图

快速非支配排序是指在进行选择运算前，根据适应度函数值的非劣水平对种群个体划分等级。具体操作是：假设种群规模为 N，（1）令 $k=1$；（2）根据适应度函数值来确定个体 X_k 和 $X_n(k=1, 2, \cdots, N$ 且 $k \neq n)$ 之间的支配关系，如果不存在 X_n 优于 X_k，那么 X_k 为非支配个体；（3）令 $k=k+1$，重复（1），（2），将上述步骤找到的非支配个体划分为同一等级，令其等级 $i_{rank}=1$；然后将这些个体移出当前种群，在剩下的个体中继续执行上述循环，找到等级 $i_{rank}=2$ 的个体；重复以上操作，直到所有的个体都有属于自己的等级。

在 NSGA-Ⅱ 中，拥挤度是指种群中给定个体的周围个体的密度。可表示为个体 i 包含本身但不包含其他个体的最大长方形，如图 5-10 所示，点 i 的拥挤度距离等于该矩形长边和短边之和。

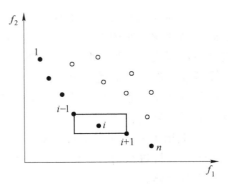

图 5-10   拥挤度距离示意图

设 L_p 表示第 p 级的非支配解集，L_p 表示 L_p 中的个体数。对同一级 L_p 中的个体按第 g 个目标函数值 $f_g(X_j)$（$g=1,2,\cdots,m$）进行升序排列，其结果保存在 I_g 中，即 $I_g=\mathrm{sort}(L_p,g)$。然后，为了使 I_g 中的边界个体 $I_g(1)$ 和 $I_g(L_p)$ 不被遗弃，令其边界拥挤度距离 $d_{I_{g(1)}}=d_{I_{g(1p)}}=\infty$，对于其他个体，拥挤度距离的计算公式为：

$$d_{I_g}(p_q)=\frac{f_g[I_g(p_q+1)]-f_g[I_g(p_q-1)]}{f_g^{\max}-f_g^{\min}} \tag{5-15}$$

式中，P_q 为第 p 级中第 q 个个体，取值为 q。

经过快速非支配排序和拥挤距离计算后，每个个体都有非支配排序等级 i_{rank} 和拥挤距离 d，因此，进化过程中个体的选择原则可以以此为依据，具体为：i_{rank} 的优先级高于 d 的优先级，即优先选取 i_{rank} 值小的个体；当 i_{rank} 的值相同时，选取 d 值大的个体。

精英策略即为防止优秀个体的流失，使父代中的优良个体直接进入下一代。具体的步骤如图 5-11 所示，首先把产生的子代种群 Q_t 与父代种群 P_t 合并组成新的种群 R_t，大小为 $2N$；然后根据目标函数值对种群 R_t 快速非支配排序，产生一系列非支配集 Y_i，并计算个体的拥挤度距离。经过非支配排序后，种群 R_t 中的个体被分到非支配集 Y_1，Y_2，$\cdots$，Y_n 中，然后从非支配集等级低的开始选取个体，直到把非支配集 Y_i 放入 P_{t+1} 中时，种群的数量大于 N。然后根据 Y_i 中的拥挤度比较算子，取 Y_i 中拥挤距离比较大的个体，直到 P_{t+1} 的数量等于 N。最后，通过选择、交叉和变异产生新的子代种群 Q_{t+1}。

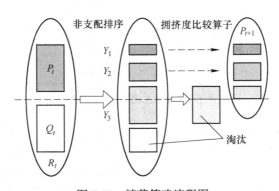

图 5-11   精英策略流程图

5.4.2.2 井下运输路径优化模型

A 问题描述及模型构建

设地下矿某一水平有 n 个装矿点，在进行运输路径设计时，把 n 个装矿点分成 $k(1 \leqslant k \leqslant n)$ 组，每个装矿点只参与一组，每组中装矿点数量为 m_k，k 条路径同时进行运输工作。假定装矿点 j 参与了所有的路径，那么当 j 在某一条路径 i 上时，其装矿量为实际矿量；否则，装矿量为 0。本书主要对总运量和总运输距离两个目标进行同时优化，在完成规定运输量的前提下，满足总运量最小的同时尽量满足总运输距离最小，采用如下的目标函数进行求解。

$$\text{Min} = (f_1, f_2) \tag{5-16}$$

$$f_1 = \sum_{i=1}^{k} \left\{ \sum_{a=1}^{i} \left[A_{m_a} \sum_{r=2}^{m_a} d_{r(r-1)} + A_{m_a-1} \sum_{r=2}^{m_a-1} d_{r(r-1)} + \cdots + A_2 d_{21} + d_{10} \sum_{r=1}^{m_a} A_r \right] \right\} \tag{5-17}$$

$$f_2 = \sum_{i=1}^{k} \left[d_{i0} + \sum_{r=2}^{m_i} d_{r(r-1)} \right] \tag{5-18}$$

式（5-17）表示先计算一组中的每一个装矿点到卸矿点的运量之和，然后再计算总运量。式中，f_1 为总运量；m_a 为该条路径上装矿点的数量；$d_{r(r-1)}$ 为该路径中第 r 个装矿点到第 $r-1$ 个装矿点之间的距离，其中装矿点按照离卸矿点的距离进行升序排列；A_r 为该路径中第 r 个装矿点的待装矿量；d_{i0} 为该路径中第 i 个装矿点到卸矿点之间的距离；f_2 为每条路径的运输距离之和。为了使得到的结果接近实际情况，需要满足以下约束条件：

$$\sum_{i=1}^{k} m_i = n \tag{5-19}$$

$$\sum_{j=1}^{n} x_{ij} = m_i \tag{5-20}$$

$$\sum_{i=1}^{k} x_{ij} > 0, \quad \forall j \in (1, 2, \cdots, n) \tag{5-21}$$

$$\sum_{j=1}^{n} x_{ij} = 1, \quad \forall i \in (1, 2, \cdots, n) \tag{5-22}$$

式中，x_{ij} 为装矿点 j 是否参与路径 i，若参与，取 $x_{ij}=1$；若不参与，取 $x_{ij}=0$。式（5-19）保证 n 个装矿点被分配到 k 条路径中；式（5-20）保证每一条路径中至少有 1 个装矿点参与；式（5-22）保证每一个装矿点只能出现在一条路径中。

B 算法实现过程

编码是应用遗传算法时需要解决的首要问题，常用的编码方式有很多，如二进制编码、浮点数编码、整数编码等。本书研究的是装矿点的路径分配问题，装矿点的数目及组数都是离散的整数值，所以这里采用整数向量的编码方式，记整数向量为

$$X = (x_1, x_2, \cdots, x_j, \cdots, x_n) \tag{5-23}$$

其表示装矿点的一种分配方案，其中 j 表示装矿点，x_j 的取值为 $1 \sim n$ 的任意整数，取值相同的 x_j 表示其代表的装矿点在同一组。

求解运输路径的 NSGA-Ⅱ 算法实现步骤如下：

第一步：初始化参数，包括装矿点坐标及待装矿量、初始种群大小、迭代次数、交叉

概率以及变异概率等。

第二步：根据约束条件产生初始种群 P_0。

第三步：适应度评估。计算初始种群 P_0 中所有个体的总运量和总运输距离目标函数值。

第四步：根据 Step3 中得到的函数值对种群 P_t 进行非支配排序，然后计算拥挤度距离。

第五步：进行遗传操作，包括选择、交叉和变异运算，得到子代种群 Q_t。其中，选择运算需要根据 Step4 中的非支配排序和拥挤度距离来进行。在进行交叉概率为 P_c 的交叉运算时，先随机选择两个不同的种群个体进行配对，再选择一个交叉点进行交叉操作。在进行变异概率为 P_m 的变异运算时，首先在经过交叉运算后的种群中随机选择一个个体为变异对象，随机生成两个不同的位置，交换对应位置上的编码来达到变异目的。

第六步：进行精英策略，即将父代种群和子代种群合并，经过非支配排序、拥挤度距离计算以及遗传操作产生下一代父代种群 P_{t+1}。

第七步：迭代次数加 1，返回至 Step4，直到迭代次数达到设定次数为止。

5.4.2.3　实例计算

云南某铜矿 1800m 中段运输网络如图 5-12 所示。该运输水平有 1 个卸矿点，作为模型中的矿石接收点；有 14 个装矿点 1，2，…，14。每个班次各个装矿点的待装矿量都是一定的，电机车从卸矿点出发沿着某一条路径中的装矿点装载矿石再回到卸矿点，各装矿点的坐标以及待装矿量如表 5-8 所示。电机车的载矿量为 80t，要求安排合理路线，使完成该班次运输任务时，总运量和总运输距离最小。

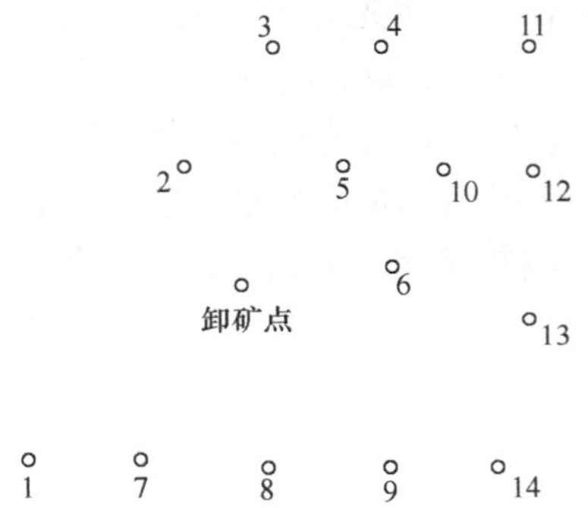

图 5-12　运输网络图

表 5-8　装矿点坐标及待装矿量

序号	X	Y	待装矿量/t	序号	X	Y	待装矿量/t
1	397999	26753	345	9	398421	26754	200
2	398134	27151	275	10	398476	27151	400
3	398251	27331	300	11	398584	27332	375
4	398391	27331	255	12	398582	27151	500
5	398354	27152	200	13	398582	26962	320
6	398411	26997	100	14	398539	26761	400
7	398100	26754	150	卸矿点	398256	26982	
8	398286	26753	180				

设置 NSGA-Ⅱ算法参数：初始种群个体 $nP_{op}=100$，交叉概率 $P_c=0.8$，变异概率 $P_m=0.1$，为避免算法过早收敛，设置迭代次数为 200。使用 Matlab 软件编写算法程序，

对求解过程进行仿真，得到一组 Pareto 最佳路径分配方案，总运量和总运输距离的协同优化结果如图 5-13 所示。图中的点表示非支配排序值 $i_{rank}=1$ 的所有前端个体的结果，这里我们主要考虑运输距离，其次是总运量，从 Pareto 最优解集中选取一个最优折中解，即 $f_1=1348.4t\cdot km$，$f_2=2995.7m$。

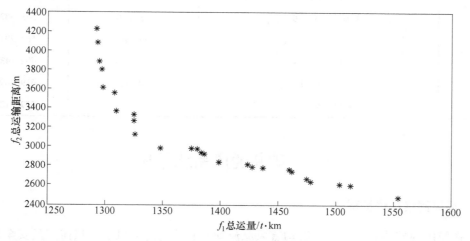

图 5-13　NSGA-Ⅱ算法优化结果

根据 Pareto 最优解集进行解码，这里列出了部分个体的基因编码，如表 5-9 所示。其中最优折中解对应的编码为编码 1，通过编码 1 得到目标函数中的 $k=7$，表示 14 个装矿点分成 7 组；$m_1=2$，$m_2=1$，$m_3=3$，$m_4=2$，$m_5=2$，$m_6=3$，$m_7=1$，分别表示各组中包含装矿点的数量。表 5-9 中每 1 列相同的数表示其在同一组中，最佳运输路径分组如表 5-10 所示。

表 5-9　部分解的基因编码

装矿点	编码 1	编码 2	编码 3	编码 4	编码 5
1	5	8	5	8	5
2	13	12	14	12	12
3	12	13	13	13	11
4	11	12	11	12	11
5	12	8	11	8	11
6	1	4	2	2	2
7	5	7	5	7	5
8	4	5	3	5	5
9	4	4	5	4	4
10	10	10	11	10	11
11	11	10	10	10	11
12	1	1	1	3	1
13	1	1	2	2	1
14	4	4	4	5	4

表 5-10　最佳运输路径

序号	路径	运量/t·km	运输距离/m
1	卸矿点—1—7	161.5958	377.2657
2	卸矿点—2	57.3195	208.4346
3	卸矿点—14—9—8	255.4314	543.3679
4	卸矿点—11—4	282.1223	567.2031
5	卸矿点—5—3	160.0678	402.7431
6	卸矿点—6—13—12	320.8932	619.2692
7	卸矿点—10	110.9674	277.4185

5.5　矿井通风系统优化

5.5.1　通风网络优化类型

正在使用的矿井巷道中，一般均有风流流动。有些巷道的风量，只需满足安全规程规定的风速上下限要求，而在此范围内对风量数值的大小并无严格要求，这类巷道称为自然分风分支。而另一些巷道，如工作面、硐室等，其风量是根据实际条件计算确定的，必须满足这些条件，这类巷道常称为用风巷道，或称按需分风分支。风量分配的主要原则，就是要满足所有按需分风分支的风量。对整个矿井通风网络，根据按需分风分支数的多少，可以划分为以下三类：

（1）自然分风网络。即按需分风分支数为零，所有分支皆为自然分风分支。对生产矿井通风现状进行分析时，常可将实际网络作为纯自然分风网络处理，这就是所谓的通风网络解算问题。

（2）控制型分风网络。即所有分支的风量都为已知，这时待求的参数只是风机风压和调节参数。这就是所谓的风量优化调节问题。

（3）混合型分风网络。即网络中部分按需分风分支的风量已知。其他分支的风量待求，这也是生产矿井调风和矿井通风设计中常常遇到的实际情况。

已经证明，在满足矿井总风量要求的条件下，自然分风网络的功耗自动达到最小。在控制型分风网络中，各分支的风阻和风量已知，其风压也自然确定，这种网络的优化与调节问题是一个线性规划问题，求解方法有单纯形法，关键路径法，回路法和道路法等。自然分风网络解算、控制型分风网络优化目前已经得到较好地解决。

混合型通风网络优化模型是一个非凸规划模型，目前还没有可靠的求解方法。由于调节设施的位置待定，通风网络优化模型中变量非常多。因而混合型通风网络优化的求解十分困难，已成为目前研究的重点和难点。用非线性规划的方法来解决矿井通风网络优化调节问题，存在函数求导、矩阵求逆、初始值敏感和算法效率低的缺点。因此，通常将通风网络优化问题分解为风量最优分配和最优调节两个子问题，这种方法不仅减少了非线性规划问题的规模，提高了算法的效率，对于混合型通风网络的优化调节还具有一定的理论和实际意义。

5.5.2 通风网络优化基本数学模型

根据两步法的思想，通风系统优化问题也可以分为两个子问题，即通风网络中风流的最优分配和网络的最优调节。通风网络的优化调节和风量的优化分配两个问题，均属通风网络优化问题，风量调节的目的是保证需风量，计算的最优风量必须通过调节才能得到，风量调节时必须满足风压平衡定律，风量分配必须满足风量平衡定律，在矿井实际生产过程中，这两个定律必须同时满足。两个问题都以通风总功率最小作为优化目标。因此，两个问题在实质上是一个问题，可据特勒根定律建立目标函数。

对于矿井通风网络 $G = (V, E)$，V 和 E 分别为图 G 的结点和分支集合：且 $|V| = J$，$|E| = N$，分别为网络 G 中结点和分支数，通风网络的独立回路个数 $M = N - J + 1$，K 条边风量已知，且 $k \leqslant M$。

$$\text{Min} N = \sum_{j=1}^{N} h_{fj} q_j = \sum_{j=1}^{N} q_j (r_j q_j^2 + \Delta h_j - h_{Nj}) \tag{5-24}$$

式中，N 为网络中总功率；h_{fj} 为第 j 条分支风机风压；q_j 为第 j 条分支风机风量；r_j 为第 j 条分支风阻；Δh_j 为第 j 条分支阻力调节值；h_{Nj} 为第 j 条分支自然风压。

根据风量平衡定律和风压平衡定律建立如下约束条件：

$$\begin{cases} \sum_{j=1}^{N} b_{ij} q_j = 0, & i = 1, 2, \cdots, J - 1 \\ \sum_{j=1}^{N} c_{ij} (r_j q_j^2 + \Delta h_j - h_{fj} - h_{Nj}) = 0, & i = 1, 2, \cdots, M \end{cases} \tag{5-25}$$

式中，b_{ij} 为基本关联矩阵中，第 i 个节点第 j 条分支元素；c_{ij} 为独立回路矩阵中，第 i 个回路第 j 条分支元素。

以上三式即为通风网络优化问题的基本数学模型。在涉及具体的优化问题时，还应根据问题的性质和矿井的实际情况，补充必要的约束条件。

如果网络中所有风量皆已确定，则待求的参数只有调节参数和风机风压。若计算不确定调节点的位置，就是非定解问题，也就是网络调节优化问题。这时，上式中所有风量为常数，上述三式皆为线性函数，模型也就成为线性规划模型。

如果网络中一部分风量已知，另一部分风量待求，则上述模型就成为线性规划模型。这时模型中求的参数不仅有调节参数和风机风压，而且有部分风量，这就是所谓风量的最优分配问题。先求出各分支的最优风量值，再求出最优调节参数，这样把网络优化问题分成两步，也就是分成两个子问题分别求解，可以大大降低求解网络优化问题的难度。

5.5.3 通风网络风量分配优化

5.5.3.1 风量优化分析

对于实际中最常见的混合型分风网络，首先要考虑的，是确定待求分支的风量，并使所有分支的风量分配满足风量平衡定律。然后，若风压不平衡，则计算调节参数，使网络中各个回路均满足风压平衡定律。通常采用的方法，是首先计算出各分支的自然分风量，在此基础上，再求网络中的调节参数。

风量分配和网络调节，都应以矿井通风总功率最小作为优化目标。但是，在按需分风分支时，均按自然分风的办法，确定除按需分风分支以外其他分支的风量，并不能保证实现这一优化目标。

研究表明，对于纯自然分风的网络，按自然分风确定风量，可以保证总功率最小。但是，对于一般按需分风网络，按自然分风确定各分支风量，就不一定能保证矿井通风总功率为最小。因此，必须首先确定出能保证矿井总功率为最小的最优风量分配方案，然后再求最优调节参数，才能保证最终所得的风量分配和调节方案满足通风总功率最小的优化指标。

5.5.3.2　基本数学模型

矿井通风网络中风流最优分配的目的，是在满足网络中按需分风分支风量的前提下，求使通风总功率为最小的其他分支的最佳风量值。因此，可直接取通风系统的总功率值为这个问题的目标函数值，根据特勒根定律有：

$$N = \sum_{j \in F} p_f q_f \tag{5-26}$$

式中，N 为网络中总功率；p_f 为分支 f 中的风机风压；q_f 为分支 f 中的风机风量；F 为含有风机分支的集合。

根据网络理论，选出一颗生成树，对于其他 M 个余支中，包括 k 条已知风量分支（编号为 1，2，…，k）和 $M-k$ 条待求风量的分支（编号为 $k+1$，$k+2$，…，M）。这样，网络中任一分支的风量都可描述为这 M 条余支风量的函数：

$$q_j = \sum_{s=1}^{k} c_{sj} q_s + \sum_{s=k+1}^{M} c_{sj} q_s, \quad j = 1, 2, \cdots, M \tag{5-27}$$

式中，q_j 为分支 j 的风量；c_{sj} 为独立回路矩阵中，第 s 个回路第 j 条分支元素。

上式中右端第一项实际上是常数，因其中的 q_s 都是已知的。而只有第二项中 $q_1(s = k+1, k+2, \cdots, M)$ 才是独立的决策变量。上式可视为风量平衡定律的另一种描述形式。将上式代入目标函数，可得

$$N = \sum_{j \in F} p_f q_f = \sum_{j \in F} p_f \left(\sum_{s=1}^{k} c_{sj} q_s + \sum_{s=k+1}^{M} c_{sj} q_s \right) \tag{5-28}$$

上式中已满足风量平衡定律，因此，风压平衡定律应为问题的主要约束条件。

按常规的方法，即按独立回路列出风压平衡方程，可得

$$\sum_{j=1}^{N} c_{sj} (r_j q_j^2 + \Delta h_j - h_{fj} - h_{Nj}), \quad i = 1, 2, \cdots, M \tag{5-29}$$

式中，r_j 为网络中总功率；Δh_j 为第 j 条分支阻力调节值。

风量分配上下限约束：根据风量规程要求和需风量要求，一般有一个风量上下限约束。用风分支风量的下界应定为该地点的需风量，上界则为最高允许风速与断面面积的乘积。一般分支风量的下界为允许的最低风速和断面面积的乘积。

当某一分支风量已知时，则

$$q_{j-\min} = q_j = q_{j-\max} \tag{5-30}$$

但是，上述的非线性规划模型的求解十分困难。一是因为该模型是一个非凸规划模型，难以寻找到可靠的求解方法；二是由于调节设施的位置待求，整个网格中有 M 个未知的阻力调节值变量，使得该模型的变量数目很大。

对于非线性规划问题，即使能解，其计算速度也会随着变量数目的增加而急剧降低。对于大型网络，这是不容忽视的问题。因此，欲获得一实际可行的模型和算法，应该一方面使模型凸性化，另一方面尽量减少变量数目。以上问题可以采用通路法来解决。

矿井通风网络中的通路，是从入风井口起，沿风流方向直到出风井口所经过的一条路径。通路实质上是一种特殊的回路。

每一条通路的通风阻力为该路径中各分支阻力之和。第 i 条通路的通风阻力为

$$P_{li} = \sum_{j=1}^{N} l_{ij} r_j q_j^2 \tag{5-31}$$

式中，P_{li} 为第 i 条通路的通风阻力；l_{ij} 为独立通路矩阵中，第 i 条通路第 j 条分支元素。

一条通路是否含调节分支（仅考虑增阻调节），取决于该道路的阻力是小于还是等于该通路所含的风机压力。无论哪种情况，其中任意一条通路总满足：

$$\sum_{f \in F} l_{ij} P_f - \sum_{j=1}^{N} l_{ij} r_j q_j^2 \geqslant 0, \quad i = 1, 2, \cdots, M \tag{5-32}$$

若上式等于零，表明该通路的风机压力与通路的阻力已经平衡，不必再进行调节。若上式大于零，表明需在该通路的某一条分支中安设调节风窗，以满足风压平衡定律。因此，上式实质上是用不等式的形式反映了风压平衡定律。

应注意，上式虽然反映了风压平衡定律的原理，但式中未包含阻力调节值 Δh，这就使得决策变量数减少了 M 个，从而大大降低了模型的规模和求解的难度；另外，可以证明上式为一凹函数，这就为建立凸规划模型创造了条件。

5.5.3.3 模型求解

根据运筹学理论，非线性规划数学模型的凹凸性对模型的求解影响很大，对凸规划模型，其任一局部极值点就是全局最优点，故求解较容易；而对于凹规划模型，其局部极值点不一定是全局最优点，需进行判断，故求解较困难。

凸规划模型是指目标函数为凸函数，约束条件为凹函数的模型。线性函数既可当作凸函数，也可当作凹函数。

目标函数在不等式约束条件下所形成的开凸集是一个凸函数，则可以判定所构成的矿井通风网络风量优化模型是一个凸规划问题。其容许解集合和最优解集合均为凸集，其任何局部极小点都是全局最优解。上面所建立的数学模型，是一个含有不等式约束条件的非线性规划模型。其目标函数在一般情况下是一非凸函数。

对于任意一个矿井通风网络，总可以处理成一个强连通的有向赋权图——搜索通路。线性规划法计算原理要比通路法复杂，线性规划法对建立的约束条件要求线性无关，并无病态约束，不仅如此，还可能出现无上界解的情况。当通风网络规模较大时，存在的阻力调节最优方案数很多。

由于线性规划法计算复杂，求全部阻力调节最优方案的计算量很大，而通路法计算相对简单有效、灵活方便，更适用于求解大规模的通风网络阻力调节优化问题。

对于上面建立的含有不等式约束的非线性规划模型，由于在通常情况下是一凸规划模型，可以采用制约函数法或近似规划法（MAP 法）等算法来求解。

求解风量分配模型，在部分余树分支风量已知的条件下，求出网络中各风机的最佳风压值 P 和未知余树分支的最佳风量 Q，然后利用风量平衡方程求出所有其他分支风量。

5.5.4 通风网络调节优化

5.5.4.1 调节优化分析

矿井通风网络风流的调节是一个复杂的问题。复杂的原因主要是调节方案的多样性。在网络中选择一棵生成树，把相应的余树边定为调节点，就可得到一个调节方案。若另选一棵生成树，则又可得一个调节方案。因此，在理论上，网络中有多少棵生成树，就可以构成多少个调节方案。

无论网络中有多少种调节方案，都可分成以下三类：

1）不可行方案。方案中至少有一个调节点的调节方式无法实现。例如计算出某分支需降阻调节，而该分支无法降阻时，这个方案就是不可行方案。

2）可行方案。方案中各调节方式都能实现，可满足风量调节的要求。这类方案在实践中是可行的。

3）最优方案。最优方案首先必须是可行方案，同时还可满足网络调节的优化指标。对于通风网络调节问题，可以取矿井通风总费用作为优化指标；由于通风电费在通风总费用中所占比重很大，也可取通风总功率作为优化指标。当风机风量一定时，也可取总阻力作为优化指标。

在一个网络的众多调节方案中，必有多种方案是等效的。只要得到一个可行方案，就可实现通风网络的有效调节和控制。若得到一个最优方案，则可最经济地实现网络的调节。用上述方法计算调节方案时，由于需事先人为确定调节点，难以对调节效果进行预先估计，因此对于计算结果要进行分析，判断所得结果是否可行。有时需反复计算多次，对所得结果进行比较和选择，才能得出最满意的结果。

5.5.4.2 基本数学模型

矿井通风系统的最终经济指标为通风成本，它是一个重要的综合性经济指标。与风量优化模型一样，建立的数学模型优化目标应使总经济费用最小，约束条件则是满足安全生产技术条件。

选取通风成本作为优化目标，通常有两种做法：一种是以电能消耗最小为目标；另一种是以考虑了系统服务年限内的年经营费用和初期基本投资费用的综合成本最小为目标。为简便起见，直接取通风系统的总功率值最小为这个问题的目标函数值，根据特勒根定律有

$$N = \sum_{j \in F} p_f q_f \tag{5-33}$$

式中，N 为网络中总功率；p_f 为分支 f 中的风机风压；q_f 为分支 f 中的风机风量；F 为含有风机分支的集合。

风量平衡约束条件：假定空气密度不变、无漏风，忽略空气中水蒸气的变化，则风网内任意节点（或回路）相关分支的风量代数和为零，即

$$b_{ij} q_j = 0, \quad i = 1, 2, \cdots, J-1 \tag{5-34}$$

式中，b_{ij} 为基本关联矩阵中，第 i 个节点第 j 条分支元素；q_j 为分支 j 的风量。

风压平衡约束条件：风网的任何闭合回路内，各分支风压的代数和为零。分支风压包含通风阻力与通风动力两部分。

$$\sum_{}^{N} C_{ij} (r_j q_j^2 + \Delta h_j - h_{fj} - h_{Nj}) = 0, \quad i = 1, 2, \cdots, M \tag{5-35}$$

式中，C_{ij} 为独立回路矩阵中，第 i 个回路第 j 条分支元素；r_j 为第 j 条分支风阻；Δh_j 为第 j 条分支阻力调节值；h_{fj} 为第 j 条分支风机风压；h_{Nj} 为第 j 条分支自然风压。

风压调节上下限约束：每一分支都对调节设施有一定的要求，需要根据具体情况分别设置相应的约束条件：

$$\Delta h_{j-\min} \leqslant \Delta h_j \leqslant \Delta h_{j-\max}, \qquad j = 1, 2, \cdots, n \tag{5-36}$$

当某一分支不允许安装调节设施时，则

$$\Delta h_{j-\min} = \Delta h_j = \Delta h_{j-\max} \tag{5-37}$$

当某一分支只允许增阻调节约束时，则

$$\Delta h_j > 0 \tag{5-38}$$

当某一分支只允许增能调节约束时，则

$$\Delta h_j < 0 \tag{5-39}$$

在涉及具体的优化问题时，还应根据通风系统的实际调节，考虑通风系统的安全可靠性、经济性、技术合理性和抗灾能力等因素，确定采取何种调节方式和合理的调节范围，由此补充必要的不等式约束条件和决策变量的上下界约束。经过这样的处理后，网络优化调节问题就转化为上述模型的求解问题，即如何确定各节点的风压值和各分支的调节参数值，使得风机的风压值最小。

5.5.4.3 模型求解

通过两步法进行通风网络优化分析时，通风网络调节优化问题，可归结为线性规划问题，可用常规的线性规划方法来求解。一般，求解上述线性优化问题，可采用单纯形法来求解。

通风网络中风量调节的方案通常不是唯一的。上述方法所求得的调节方案都是在计算前确定调节点位置后计算出的，这样得出的调节方案是否可行，是否最佳，需要进行分析。

以上介绍的通风网络中风量分配和调节的两种优化方法，其实质是利用网络中风量变量和调节参数变量可分离的特点，将矿井通风网络中风量最优分配和最优调节这两个有着共同优化目标的问题分作两步来处理，大大降低了问题的规模和求解的难度。

5.5.5 风机优选

我国地下矿山虽然自 20 世纪 50 年代就开始采用机械通风，但风机的运转效率一直较低。据统计，风机运转效率仅为 40% 左右，比设计的风机效率低一半以上，而通风能耗约占矿井总能耗的 1/3。大型矿井的风机装机功率高达数千千瓦，年通风电费达数百万元、甚至数千万元。加拿大自然资源部对加拿大大型地下矿山能量消耗进行统计，其中通风能耗占整个矿山能耗的 50%。因此，通风节能显得尤为重要，而风机又是矿井机械通风的主要动力源，因此风机节能是通风节能矿井通风系统在进行风机选型时，往往是按经验对所需风量和风压"层层加码"，从而造成所选风机通风能力过大。特别是新建的大型矿井，供风量往往比矿井实际所需风量大得多，形成"大马拉小车"的现象。而风机电耗与风量之间呈三次方关系，若风量增加 1 倍，电耗将升为原来的 8 倍，加大风量导致电耗的增加数量惊人。因此，风机选型时应对加大风量的成本有充分估计，而不是对所需风量和风压"层层加码"，而最终造成能耗的大幅增加。

为解决此问题，在矿井通风三维仿真软件的基础上，结合通风网络解算，选择最佳风机，实现风机优选。

5.5.5.1　风机优选方法

风机优选是在矿井通风网络解算的基础上，依据矿井通风工况风量与风压值，从风机库中确定最优风机型号的方法。常用的风机优选方法包括常规风机优选法、虚拟风机法以及数学规划法。

（1）常规风机优选法。该方法是以风机装机风量为基础，以通风网络解算为核心，确定风机的工况风量与风压值，从风机库中选择最优风机型号。

（2）虚拟风机法。该方法是在常规风机优选方法的基础上，确定风机的工况风量与风压值；再以工况风量、风压值以及风机拟合实验参数为基础，拟合一条虚拟风机风量-风压特性曲线，再到风机库中优选出一台风机特性曲线与该虚拟风机特性曲线最近的风机。

（3）数学规划法。该方法也是在常规风机优选方法的基础上，确定风机的工况风量与风压值；再利用非线性规划方法，选出能满足矿井总风量和总风压要求且功耗最小的扇机。

5.5.5.2　风机优选基本原理

风机优选的基本原理是以通风网络解算为核心，依据装机风量确定风机的工况风压，再从风机库中优选出最佳风机。风机库以及装机风量的计算（详见第五章的需风量计算）是风机优选的基础，也是优选最佳风机的重要保证。本节将重点介绍风机库与虚拟风机法。

（1）风机库。风机库是存储风机数据与风机特性曲线，为风机选型提供参考的数据仓库。风机库中风机参数主要包括风机类型、叶片安装角度、转速，电机额定功率、风量、风压以及功率等，利用最小二乘法（详见风机特性曲线模拟章节），拟合风量-风压特性曲线、功率特性曲线以及效率特性曲线，以便于随时调用风机数据。

风机库风机包括内置风机和用户自定义风机。内置风机是依据生产厂家提供的风机特性曲线录入的，但实际风机受磨损以及环境等的影响而导致实际曲线与生产厂家提供的不一致，可通过用户自定义风机予以添加。需要注意的是，为保证风机在稳定工作区域运转，一般要求风机的运转效率不低于60%，而实际工作风压不得超过最高风压的90%。因此，风机优选取值时要同时给定合理工作区间范围，以保证风机能稳定工作，且在效率较高的工况点处运行。

（2）虚拟风机法。虚拟风机法的基本思想是以装机风量为依据，以通风网络解算为核心，通过一定的实验或模型参数，确定三个拟合点，从而拟合出一条风量-风压特性曲线；再在此基础上，从风机库中优选出最接近该虚拟风机的风量-风压特性曲线的风机，确保所选风机更接近实际情况。虚拟风机特性曲线三点拟合图见图5-14。

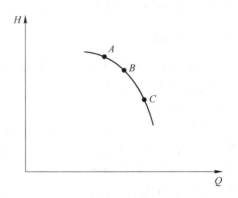

图5-14　虚拟风机特性曲线三点拟合图

5.5.5.3　风机优选算法流程与步骤

本节重点介绍基于虚拟风机的风机优选算法，即通过三点拟合虚拟风机特性曲线，从风机库中优选出与该虚拟风机的风量-风压特性曲线最接近的风机的方法。该算法流程及步骤见图5-15。

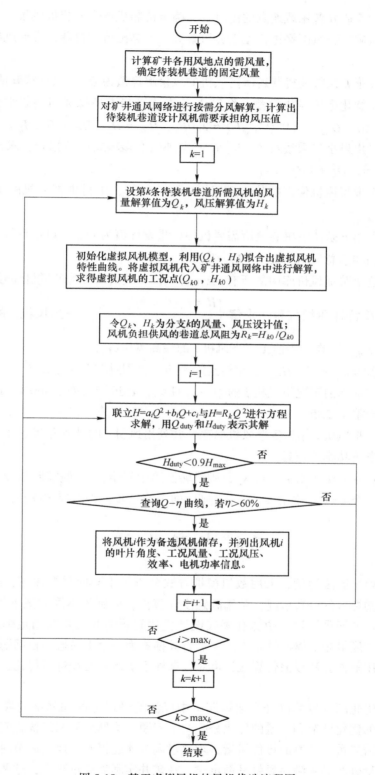

图 5-15 基于虚拟风机的风机优选流程图

第一步：计算矿井各用风地点的需风量，确定待装机巷道的装机风量。

第二步：对矿井通风网络进行按需分风解算，计算出待装机巷道设计风机需承担的风压值。

第三步：设第 k 条待装机巷道所需风机的风量解算值为 Q_k，风压解算值为 H_k。

第四步：初始化虚拟风机模型，令第 k 条待装机巷道虚拟风机特性曲线满足 $Q_{Ak} = 0.95Q_k$，$Q_{Bk} = Q_k$，$Q_{Ck} = 1.05Q_k$，$H_{Ak} = 2.0H_k$，$H_{Bk} = H_k$，$H_{Ck} = 0.2H_k$。

第五步：采用最小二乘法对 A、B、C 三点进二次多项式函数拟合，求出虚拟风机特性曲线方程 $H_k = a_k Q_k^2 + b_k Q_k + c_k$。

第六步：将虚拟风机代入矿井通风网络中进行解算，求得虚拟风机的工况点（Q_{k0}，H_{k0}）。

第七步：令第 k 条待装机巷道所需风机的风量设计值为 Q_{k0}，风压设计值为 H_{k0}，则风机负担供风的巷道总风阻为 $R_k = H_{k0} / Q_{k0}^2$。

第八步：逐个验证风机库中的所有 maxi 台风机。设当前待验证风机编号为 i，在风机库中查询其 $H\text{-}Q$ 特性曲线方程，求解 $\begin{cases} H = a_i Q^2 + b_i Q + c_i \\ H = R_k Q^2 \end{cases}$，得到风机 i 的工况点风量 Q_{duty}，和风压 H_{duty}。查询当前工况下风机 i 的最高风压 $H_{\max}$。

第九步：若 $Q_{duty} < 0.9H_{\max}$，跳转至第十步；否则跳转至第十二步。

第十步：查询当前工况下风机 i 的 $Q - \eta$ 曲线，若运转效率 $\eta > 60\%$，跳转至第十一步；否则跳转至第十二步。

第十一步：将风机 i 作为备选风机储存，并列出风机 i 的叶片角度、工况风量、工况风压、效率、电机功率等信息。

第十二步：令 $i = i+1$ 若 $i > \max_i$，则跳转至第十三步；否则跳转至第八步。

第十三步：令 $k = k+1$ 若 $k \leq \max_k$，则跳转至第三步；否则程序终止。

5.6 本 章 小 结

本章以充填采矿法为例，采用数值模拟方法分析了不同回采顺序下，采场围岩位移场、应力场与塑性区的分布情况，利用满意度计算法，得到了不同方案下的满意度指标，从而优选了最佳的回采顺序。中深孔爆破设计优化问题的实质是在满足爆破参数的条件下，设计出总长度最短的爆破排布方式，可将其抽象为一个求最短路径问题，采用狄更斯算法求解。利用蚁群算法或遗传算法，可对复杂地下矿运输路径进行优化，求得经济最佳的运输方式。

通风系统优化问题也可以分为通风网络中风流的最优分配和网络的最优调节两个问题。通风网络的优化调节和风量的优化分配两个问题，均属通风网络优化问题，风量调节的目的是保证需风量，计算的最优风量必须通过调节才能得到，风量调节时必须满足风压平衡定律，风量分配必须满足风量平衡定律，在矿井实际生产过程中，这两个定律必须同时满足。两个问题都以通风总功率最小作为优化目标。

习 题

5-1　地下矿开采顺序优化的目标函数和约束条件是什么，如何构建地下矿顺序优化的多指标综合评价模型？

5-2　中深孔布孔设计的方法有哪些？简述采用最短路径法对扇形中深孔爆破设计进行优化的基本过程。

5-3　简述蚁群算法优化地下矿运输路径的基本原理。

5-4　通风系统优化的目标函数与约束条件是什么？简述风机优化的基本原理。

参 考 文 献

[1] 邓红卫，黄伟，胡普仑，等. 基于指标满意度的多层矿体回采顺序数值模拟 [J]. 科技导报，2013，31(10)：40~46.

[2] 郭进平，王靖，李角群. 中深孔爆破炮孔布置优化设计研究 [J]. 爆破，2017，34(3)：79~84，89.

[3] 周科平，翟建波. 改进蚁群算法在地下矿山运输路径优化的应用 [J]. 中南大学学报，2014，1：256~261.

[4] 谭期仁，王李管，钟德云. NSGA-Ⅱ算法在井下多目标运输路径优化中的应用 [J]. 黄金科学技术，2016，2：95~100.

[5] 王李管. 数字化矿井通风优化理论与技术 [M]. 湖南：中南大学出版社，2019.

6 矿山生产管理系统

6.1 引　言

矿山企业生产是一个庞大的系统工程，从业务流程上讲，它涉及资源勘探、开发、加工与销售等主要环节，它们之间相互联系，相互制约。因此，在制定企业决策与生产计划时，必须统筹考虑各环节的依存关系，这就要求建立统一的信息共享与管控平台。随着先进的企业管理模式与矿山数字化、智能化的发展，基于可视化平台的矿山生成集中管控已逐渐在矿山得以实现，包括资源储量评估、矿山设计、生产过程的执行与监测，矿山辅助生产系统的自动化、无人化，以及矿山安全、人事管理、设备管理等，都可在统一的平台上进行管控，实现了一站式的精细化管理。本章主要针对矿山生产管理中的关键技术，分别从露天矿山、地下矿山两个方面讲述其主要原理与应用。

6.2　露天矿生产管理系统

近年来，国内外许多矿山都建立了矿山管理信息系统，把计算机技术与矿山生产密切结合起来。各矿的管理信息系统大小不等，一般都包含地测、设计、计划、设备、库存、营销、财会、人事等工作。在矿山内部各子系统用局域网彼此相连，对外联系则通过Internet。目前常说的"数字化矿山"着重指这方面内容。据初步统计，国内大多数煤炭矿务局和金属矿山都建有程度不等的矿山管理信息系统。随着网络技术的发展和Internet的普及，人们已用Internet技术建立了各部门间的联系，也就出现了企业内部网络（intranet）和企业外部网络（extranet）。近年来又由于ERP等管理软件的发展，更促进了矿山管理信息系统的发展。目前，矿山管理信息系统正在不断增强功能，向智能化决策支持系统发展，为中高级管理人员提供决策依据。

6.2.1　矿山 ERP 管理系统

6.2.1.1　ERP 系统的概念

ERP 系统是企业资源计划（enterprise resource planning）的简称，是由美国的 Gartner Group 公司于 20 世纪 80 年代提出，它是由物料需求计划（MRP）、制造资源计划（MRP Ⅱ）逐步演变并结合计算机技术的快速发展而来。它将企业的财务、采购、生产、销售、库存和其他业务功能整合到一个信息管理平台上，从而实现信息数据标准化、系统运行集成化、业务流程合理化、绩效监控动态化、管理改善持续化。ERP 是运用信息技术将企业内的资金流、物流和信息流进行有效集成，使其协调运作，从而实现整个企业绩效最优化。

ERP 系统结合了先进管理思想与信息技术的最新进展，为企业的信息化建设提供了新的思路。将 ERP 管理思想与矿山企业经营特点相结合，建立适用于矿山企业的 ERP 系统，是矿山企业信息化建设的发展方向。

6.2.1.2 ERP 信息集成结构

信息集成是实施 ERP 系统的前提条件。信息集成是实现整个企业范围内的信息共享，是企业的生产经营记录，也是辅助企业高层进行管理决策，获取"信息库"和"知识库"的途径。图 6-1 是金属矿山企业 ERP 系统信息集成核心层次图，图中每个层面上都对应着相应的数据内容和相应存储结构，分别表现在面向应用的业务数据库、面向业务主题集成的数据集市和面向主题应用的数据仓库。在此平台上结合金属矿山企业的数据结构、数据处理特点建立数据挖掘的模型库与方法库，实现功能强大的基于数据仓库（data warehouse，DW）和联机分析处理（on-line analytical processing，OLAP）技术的 ERP 集成环境，以便能更好地挖掘数据的应用潜力，为企业经营提供有利的决策支持。

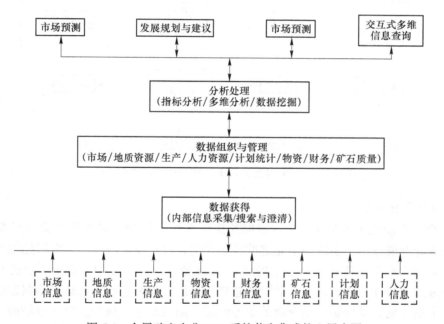

图 6-1　金属矿山企业 ERP 系统信息集成核心层次图

6.2.1.3 金属矿山企业 ERP 系统结构体系

ERP 系统最终表现为软件系统，它依照实施方案中改进后的业务流程，以信息集成方案中所建立的数据库系统为信息支持，采用适当的数学计算模型，完成企业的供应链管理工作。

A　功能体系架构

金属矿山企业 ERP 系统采用以下功能系统构成：企业智能化决策、开放共享的多种数据库和软件、生产过程控制与管理、财务管理、人力资源管理、采购管理、销售管理等。其总体功能体系架构如图 6-2 所示。

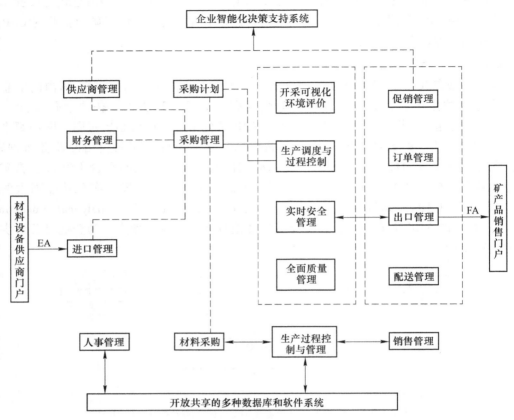

图 6-2　金属矿山企业 ERP 系统总体功能体系架构

B　功能系统描述

（1）企业智能化决策系统。企业智能化决策系统用以辅助矿山进行企业分析，制定和把握企业的发展方向。系统采用先进的数学模型，以企业数据仓库、数据挖掘等技术为支持，主要的工作方式是 OLAP；是对各个主题区域进行分析处理，揭示企业已有数据间关系和隐藏的规律性，或者预测它的发展趋势；是用可持续发展的管理思路制定矿山的长期计划和中期计划；是分析诊断企业的业务流程并加以改进；是企业对于市场的变化迅速反应，以提供生产计划与控制模块所需的市场信息；是供应链管理的反馈环节，它综合反映企业的经营效果，为企业的计划编制提供支持。

（2）生产过程控制与管理。生产过程控制与管理主要包括开采可视化环境评价、生产调度与过程控制、实时安全管理、质量管理、物流管理、设备管理六个部分。开采可视化环境评价系统，它实时地监控矿山生产的各个环节环境质量，采用联机事务处理（on-line transaction processing，OLTP）的工作方式，进行相应的数据采集，并写入开放数据库，以供各功能模块使用。生产调度与过程控制保证了计划的实现，并辅助调度人员实施数据收集，及时提供必需生产数据，贯彻日计划实施，同时提供生产日报表和计划完成情况。生产计划是以企业的地质资源为约束条件，分别制定的探矿计划和主生产计划（MPS），以及矿石生产和加工过程中的辅助作业计划，同时结合矿山的设备管理制定设备的使用与维修计划等。实时安全管理是对金属矿山地表及井下作业面和整体安全情况进行数据采集，如人员考勤、检查登记等管理。质量管理是以矿石品位管理为基础的，针对矿石在生产过程中贫化率的增大进行控制等。物流管理是以生产计划与控制为基础的，主要是针对矿石在加工过程中的储运和增值，矿石品位管理是全面质量控制的核心。设备管理是实现矿山设备的流动及控制。矿山生产中，良好的设备管理和维修管理，都是使设备处于良好状态、提高设备完好率和作业率的保证。

（3）财务管理。金属矿山生产运营是一个复杂的系统工程，在其过程中伴随着许多的直接与间接的事务环节。财务管理系统对企业生产经营管理的各项活动和业务分别建立财务科目和各类明细、统账、成本管理，同时自动进行核对和理账、核算等。

（4）人力资源管理。人力资源管理主要反映企业人员素质的评价和管理体系，同时也是企业获取外部信息，如政策法规、业界动态等的重要途径，它是企业知识的积累和学习过程。人力资源和知识等信息在经过整理后写入开放数据库，为整个矿山所共享，以提高企业的整体知识水平。

（5）采购管理。物资采购主要是为企业供应提供保障，维持正常的生产，以便降低缺少原料、物质的风险，因此，采购是物质生产的前提条件。金属矿山企业生产需要的原材料、设备和工具都要由物质采购来提供，没有采购就没有生产条件，没有物质供应就不可能进行生产。矿山采购管理对提高矿山生产运营效率有直接关系。采购管理是实现矿山企业物质出入管理、库存预警管理等，通过采购管理系统及时动态了解、查询、分析、预测矿山需求物料、工具等的库存数量、消耗数量等信息，可以节余更多备件流动资金占用，减少能耗及降低企业经营风险。

（6）销售管理。销售部门是企业最终的效益实现者，销售工作的成功与否直接决定企业的成败。金属矿山企业市场销售活动主要包括市场调查、市场分析、产品销售、目标市场选择、市场定位、产品决策、产品研发、产品定价、产品储运、产品销售、售后服务、信息收集等。它侧重于销售计划、控制、分析和预测，它的数据处理结果写入数据仓库，供企业的决策管理模块使用。因此，矿产品销售是金属矿山企业运行的一个重要环节。

6.2.2　露天矿生产配矿管理系统

配矿是规划和管理矿石质量的技术方法，旨在提高被开采有用矿物及其加工产品质量的均匀性和稳定性，充分利用矿产资源，降低矿石质量的波动程度，从而提高选矿劳动生产率，提高产品质量，降低生产成本。矿石质量控制包括两个方面内容：一是矿山生产短期作业质量计划，它是根据年度计划及采场条件和作业环境，按月、周或日规划质量方案并组织实施；二是矿山生产过程工序环节作业控制，它是根据资源产出情况及各工序环节作业特点，通过对开采与加工全过程的逐级控制来实现的。因此可以认为，矿石质量控制是配矿计划-配矿作业综合措施的实现过程。

目前，国外在控制矿石质量方面主要是将计算机技术用于开采、运输、加工、贮存各生产作业环节的控制与管理。矿业发达国家的矿山如澳大利亚纽曼山铁矿、帕拉布杜铁矿等的矿石质量控制计算机网络系统，将中心控制与现场作业控制紧密结合在一起，采场严格遵从由质量控制中心发布的矿石质量指令组织生产作业。又如美国希宾铁燧石公司的调度系统，将计算机中心控制与流动调度车计算机控制相结合，通过调度车终端与其他信息源沟通，可依据矿石质量变化信息，灵活地指挥各环节配矿作业。国内大多数矿山在控制矿石质量方面，一般是利用计算机相关技术来建立配矿模型，如线性规划、0-1整数规划等，实现了矿山生产短期作业质量计划的编制。然而，对整个生产过程无法实现实时质量控制与管理。当前利用地理信息系统（GIS）、全球定位技术（GPS）、通用无线分组技术（GPRS），通过线性规划模型，能够实现对露天矿山的矿石质量实时控制，为露天矿山提供科学、合理的短期配矿计划，并且对采场内配矿作业现场进行动态跟踪、调度、管理。

6.2.2.1　生产配矿管理系统原理

露天矿配矿生产动态管理系统就是要对露天矿山生产作业设备进行跟踪、监控和管理，对地理空间具有较大的依赖性。因此，GIS技术对于配矿生产动态管理系统的可视化、实时动态管理和辅助决策分析等都会发挥巨大的作用。利用GPS定位技术，为电铲提供当前铲装位置的精准坐标、方向、速度和时间等基本信息，并对爆堆和炮孔的位置信息进行准确定位。同时，利用GPRS具有传输速率高、按入时间短、永远在线和按流量计费等优点，能够为车辆GPS数据提供实时无线传输，这一要求正符合GPRS特别适用于频繁传送小数据量的特点。

露天矿配矿生产管理系统由车载移动终端、通信网络和控制中心组成，如图6-3所示。在此系统中，车载移动终端接收GPS信号，计算出电铲和矿车所在的经纬度、角度、高度和速度等信息，各种信息通过GPRS无线通信网络及Internet网络被发送至控制中心。GPRS无线移动通信网络作为电铲和矿车携载终端和控制中心的远程通信系统，实现电铲和矿车位置信息、状态信息、报警信息向中心的发送以及中心向电铲和矿车终端调度、控

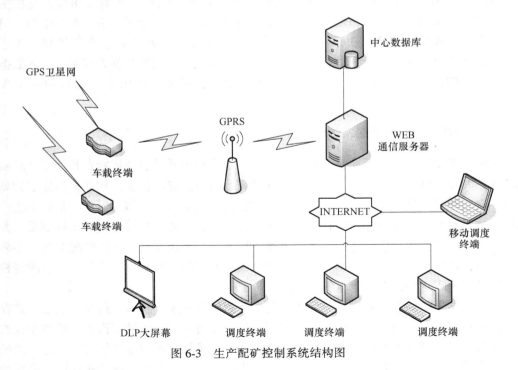

图6-3　生产配矿控制系统结构图

制命令的发送。控制中心内部通过百兆局域网将通信服务器、数据库服务器和调度台互连。控制中心在软件系统的控制下，实时接收处理来自受控电铲的各种信息，在控制中心的 LED 多媒体显示屏及中心监控终端的电子地图上显示电铲位置、当前品位、工作状态等相关信息，并对电铲和矿车进行综合控制和调度管理。

6.2.2.2 露天矿配矿管理软件系统构成及功能

A 炮孔取样采集系统

二维码取样系统整体实现原理如图 6-4 所示，系统的主要特点有：

（1）手持设备能够与测量专业定位设备通过蓝牙接口进行通信；

（2）测量专业定位设备原 APP（支持 Android5 系统）可以正常运行；

（3）手持设备对原 APP 应用生成的数据文件（文本格式）进行数据补充，补充的数据来源于手持设备的二维码扫描枪、摄像头拍摄的一组图片/视频文件等；

（4）手持设备可以将一组炮孔数据经过数据格式转换，实现一键上传；

（5）移动端和服务器端应用可以对过往炮孔数据进行简单查询和分析；

（6）化验室通过二维码扫描枪读取样品编码信息进行样品登记。

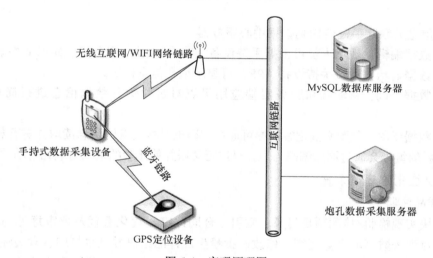

图 6-4　实现原理图

如图 6-5 所示，系统的主要工作流程如下：

（1）通过炮孔数据采集系统预先批量生成二维码，并打印不干胶标签。

（2）将打印好的不干胶标签，粘贴在矿石样品袋上。

（3）测量炮孔位置时通过蓝牙接口和测量 APP 获取爆孔的位置信息。

（4）通过手持设备上的二维码扫描枪，拾取样品编码信息，将矿石样品和爆孔的GPS 信息关联。

（5）通过手持终端的 SIM 卡或者 WIFI 链路，将一组炮孔数据上传到服务器端。

（6）化验室接收样品时，通过扫描枪读取样品编码信息进行样品登记。

系统的主要功能包括：

（1）数据传输：移动数据传输系统客户端（APP）将通过扫码枪得到的编码信息与

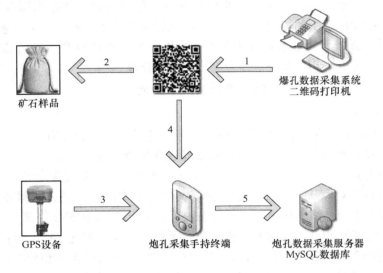

图 6-5 主要工作流程图

炮孔数据信息关联并一键传输到数据中心服务器。

（2）数据编辑：现场人员可根据手持设备 APP 对炮孔编辑分组，定义属性。

（3）数据显示：通过手持设备 APP，可显示炮孔信息位置。

（4）数据查询：移动端和服务器端应用可以对过往炮孔数据信息进行简单查询和分析。

（5）数据读取：化验室登记客户端可通过扫码枪对样品编码信息读取并进行样品登记。样品登记后的编号会通过原始编码与炮孔号进行关联并使化验的结果与炮孔自动关联。

B 质检化验管理系统

a 样品注册

该模块实现检验/检测项目目录、索引、合同评审流程化管理及评审意见的填写和传递、对项目列表数据的批量复制与修改、批量生成样品条码并批量打印、常规注册及特殊样品注册、样品分析计划优先级设置等功能。可以添加额外的数据字段来描述样品接收过程中的信息。可以添加、存储或关联样品信息（如制样、测试方法、保存时间、存放要求、样品类型、时间限制等）。

b 样品接收

检测科室对送来样品的接收支持直接接收、扫码接收等方式。可自动打印状态标签和手动修改接收日期。

直接接收：样品接收人员检查样品无误后，通过系统点击"接收"按钮，即可完成样品接收工作，证明样品流转到检验科室。

扫码接收：样品接收人员通过扫码枪、移动端等设备扫描样品上的条形码，系统自动完成接收工作。

c 结果录入

多种录入方式，默认方式为自动录入，支持人工录入方式，可以按照模板自动生成各类报告或原始记录。实现自动提取样品所包含的所有信息，并自动体现到报告中。根据预存的计算公式，进行自动结果计算，自动判定是否合格。可自动打印包含样品信息、实验过程、特定表格等信息原始记录，与原始记录相关联。通过扫描样品二维码允许用户记录和跟踪样品分析数据结果。

对缺失的样品分析进行处理，包括丢失或未接收的样品、不完整的测试等。基于多个分析结果的计算，处理需要重复测试的样品。采用数据库同步复制技术，实现数据的实时交换。

d 报告审核和批准

在该模块中审核、批准人能够查看整个样品的情况，检测项目、原始记录、设备使用情况，检测人员、用户信息、试验收费和报告预览。

系统可实现报告审核、批准人员查看并审核设备使用日志；查看标准方法、样品状态、环境参数，以及对于仪器设备期间核查和应检未检的审核，对于人员资质、操作证书等的审核；查看并审核原始记录；查看并审核检测时的人、机、料、环、法等信息。

C 建立爆破炮孔数据库

炮孔信息数据库与化验数据库都包含二维码编码信息，通过二维码编码信息匹配测量结果数据与化验结果数据，自动建立爆堆炮孔数据库，实现无纸化办公，炮孔数据与系统数据库的关联关系如图 6-6 所示。

通过在实验室数据库中添加数据表的形式，建立矿区的炮孔数据库，添加的数据表有：炮孔孔口定位表、炮孔测斜表、样品分析结果，如图 6-7、图 6-8 所示。

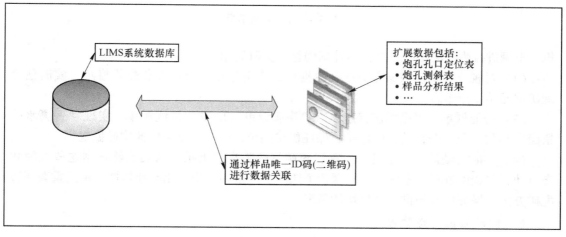

图 6-6 炮孔数据库

炮孔数据应用：通过数据表视图查询接口为矿山其他的系统提供炮孔样品化验成果。

D 配矿功能

此模块主要完成生产调度中心的配矿生产管理，包括配矿计划生成和电铲作业过程动态跟踪控制。主要功能如下：

（1）配矿计划自动生成。根据矿山年度及月度计划多金属品位指标，结合采场剩余矿量及爆破区域品位，自动生成配矿计划及调度指令，搭配高低品位的矿石。能够对挖

HQ.SURPAC - dbo.collar ×

爆堆编号	年份	日期	台阶编号	hole id	hole path	max depth	x	y	z
592B346	[illegible]	[illegible]8-09-02 0...	592	592B346-14	linear	11.5	439929.11	2787142.42	592.1
592B346	2018	2018-09-02 0...	592	592B346-15	linear	11.5	439935.17	2787141.22	592.1
592B346	2018	2018-09-02 0...	592	592B346-16	linear	11.5	439939.66	2787138.67	592.1
592B346	2018	2018-09-02 0...	592	592B346-17	linear	11.5	439935.19	2787135.68	592.1
592B346	2018	2018-09-02 0...	592	592B346-18	linear	11.5	439929.97	2787136.56	592.1
592B346	2018	2018-09-02 0...	592	592B346-19	linear	11.5	439924.35	2787139.23	592.1
592B346	2018	2018-09-02 0...	592	592B346-20	linear	11.5	439919	2787140.77	592.1
592B346	2018	2018-09-02 0...	592	592B346-21	linear	11.5	439914.31	2787136.93	592.1
592B346	2018	2018-09-02 0...	592	592B346-22	linear	11.5	439920.12	2787134.96	592.1
592B346	2018	2018-09-02 0...	592	592B346-23	linear	11.5	439925.12	2787133.96	592.1
592B346	2018	2018-09-02 0...	592	592B346-24	linear	11.5	439930.26	2787131.28	592.1

图 6-7 炮孔孔口定位表

HQ.SURPAC - dbo.化验表 ×

爆堆编号	台阶编号	样长	au	cu	depth from	depth to	hole id
700B982	700	11.6	0.07	0.153	0	11.6	700B982-12
700B982	700	11.6	0.02	0.2	0	11.6	700B982-13
700B982	700	11.6	0.01	0.18	0	11.6	700B982-14
700B982	700	11.6	0.01	0.19	0	11.6	700B982-15
700B982	700	11.6	0.01	0.14	0	11.6	700B982-16
700B982	700	11.6	0.02	0.23	0	11.6	700B982-17
700B982	700	11.6	0.02	0.15	0	11.6	700B982-18
700B982	700	11.6	0.02	0.22	0	11.6	700B982-19
700B982	700	11.6	0.01	0.2	0	11.6	700B982-20
700B982	700	11.6	0.02	0.22	0	11.6	700B982-21
700B982	700	11.6	0.02	0.2	0	11.6	700B982-22
700B982	700	11.6	0.01	0.22	0	11.6	700B982-23

图 6-8 样品分析结果

机、车辆进行生产验证，并可根据计划调整，实时启用。

(2) 可视化模型。根据爆破炮孔数据库，自动生成三维可视化爆堆模型，实时估算配矿单元品位分布。

(3) 智能派单。根据配矿状态，以“滴滴派单”的方式智能派单，实现“一瓢水一票面”均匀分配，全自动智能配矿，保证供矿品位、岩性和氧化率的均衡稳定。

(4) 实时自动调整。挖机、车辆和碎矿站故障在线上报。云端能够根据这些故障状态自动调整调度过程。系统能够根据各个选厂生产量和品位氧化率和岩性指标，重新调整配矿方案，保证每天的供矿品位均衡稳定。

E 供矿品位动态管理

(1) 自动记录各卸载点矿石品位和氧化率，并自动生成执行反馈报表。

(2) 自动记录车辆装车时间、卸载时间、入场时间、班次等信息，自动修正数据，保证三班供矿品位均衡稳定。

F 矿石储量及矿石质量管理

(1) 管理端 APP 可实时提供矿石储量等信息，管理人员能够实时查看各个供矿单位的每班、每天、每月、每季度及全年的矿量、品位以及各个台阶的矿量及品位。

(2) 该模块经过对比分析原始地质钻孔品位数据与实际生产岩粉化验数据，给出误差分析，为中长期生产计划编制及钻探作业提供科学依据。

6.2.2.3 系统应用

A 系统应用部署

三道庄露天矿隶属于洛钼集团矿山公司，年产量 1000 余万吨，露采境界长 2350m，宽 1350m，开采标高 1630.8~1114m，最大采高 516.8m，生产台阶高 12m，采用牙轮钻机穿孔—电铲铲装—汽车运输台阶式采剥工艺；汽车—破碎—溜井—电机车开拓运输系统。三道庄露天矿生产配矿动态管理系统主要由设备终端主机和配矿生产管理软件构成。

（1）车载终端安装。车载部分，露天矿前期共在电铲上安装高精度 GPS 定位终端 20 台。终端的安装主要包括高性能主机、GPS 天线、GPRS 天线、主机显示屏、红色指示灯，以及耳机或免提音箱的安装。在安装完成之后，需要进行调试工作，主要是利用操作手柄来设置主机参数。

（2）软件部署。整个系统有三个子系统，数据通信控制服务器安装在集团公司的 WEB 通信服务器上；设备数据管理服务器安装在集团公司数据库服务器上；配矿生产动态管理系统安装在矿山公司监控中心。

B 系统应用情况

三道庄露天矿配矿生产动态管理系统自 2008 年 5 月投入试运行以来，通过在现场的不断调试，目前运行状况良好。其中典型的应用主要有：

（1）班配矿计划生成。在配矿计划生成过程中，采取人-机交互的方式，如遇到一些现场特殊情况，调度员可以随时在配矿计划生成过程中进行灵活的调整，这样最大限度保证了班配矿计划的合理性、实用性。根据洛钼集团矿山公司要求，在完成产量的同时必须保证矿石品位质量，要求钼品位不超过要求品位的±5%的范围。目前露天矿多个台阶同时出矿，各出矿点品位波动较大，每个班（每天 3 班）有 8~10 台电铲进行矿石开采，有 3 个碎矿站进行碎矿。图 6-7 为系统中露天矿某日某班次配矿计划相关参数，涉及 10 辆电铲和 3 个碎矿站，配矿要求出矿品位在 0.12±5%范围内，矿石量在（1.65±3%）万吨范围内。图 6-8 为系统生成的班配矿计划，其是根据矿山生产实际在线性规划基础上得到的最优解。

（2）配矿生产动态跟踪控制。在配矿生产动态管理界面上，系统实时跟踪当前电铲的铲装位置，动态显示当前电铲工作处的矿石品位，调度人员可以根据当前的品位及时对电铲的铲装位置进行调度。通过矿山公司现有的矿石称重系统和卡车调度系统，调度人员还可以实时掌握当前爆堆的剩余矿量和当前班电铲的实际装矿量，根据班配矿生产计划，对现场电铲和卡车实施动态调整和调度。另外，电铲处的矿石品位信息和当前班电铲的装载矿石量也会实时显示在电铲的终端显示屏上，便于操作人员实时掌握当前铲装的矿石品位和实际工作量。

6.2.3 露天矿卡车调度系统

露天矿卡车调度系统将作业计划，装、运、卸生产调度集成为一体，采用物联网等一系列高新技术，实现对装、运、卸生产过程的实时数据采集、判断、显示、控制与管理，实时监控和优化调度卡车、电铲等设备的运行，实时对采矿生产的数据进行监测及控制，从而形成一种信息化、智能化、自动化的全方位的新型现代露天矿智慧云生产管理决策平台。

6.2.3.1 生产监控管理

生产监控管理提供车铲设备的实时状态监控和历史状态的查询，提供整体或单一设备的车辆状态及运行情况，如图 6-9 所示。

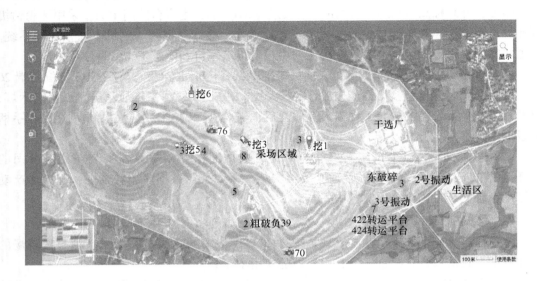

图 6-9 全矿监控

（1）系统界面包含有矿山的全貌地图，通过信息实时采集将车铲等设备的位置、状态、物料等信息实时显示在矿山地图上，方便实时监控。

（2）系统可根据矿山的生产作业位置的实际情况自定义在线增加、删除和修改工作区域、卸载区域、行驶路线等，并且在地图上支持测距、测面积和测海拔等功能。

（3）系统可对提供的 CAD 文件或者正视图文件进行处理，可以支持地图以 CAD 视图或正视图的方式进行显示，同时也支持与三维矿业软件及主流矿业三维软件的集成对接和地图展示。

（4）系统三维监控可实现实时数据管理、GPS 管理、历史数据管理、模型更新以及图层管理等功能，同时支持在三维模型上查看卡车、挖机、地质信息等实时状态；可以实现二维地图与三维地图的快速切换。系统支持无人机采集的数据接口，可以实现三维地图的实时更新。

（5）卡车状况动态可视化。系统以图形化界面实时显示卡车运行状况，详细准确地显示每一种工作状态下具体卡车及当前工作状态耗时和本单运行总耗时，使用户可以精确了解每一辆卡车的实时运行情况。

（6）挖机、卡车调度匹配实时可视化。系统以友好的图形方式实时显示挖机状况，用户可以实时观测挖机运行状态以及挖机与卡车调度匹配关系，从而实时了解现场车铲生产运行情况。

（7）系统实时地图页面可以通过矿区对车辆和司机进行筛选，可以通过选择车辆或者司机定位车辆实时位置。同时实时地图页面可以根据设备类型对在地图上显示的设备进行过滤显示。

（8）在系统实时地图页面可以查看选择车辆的车号、司机、速度、里程等基础信息和油耗数据信息。

（9）系统支持矿车状态或挖机状态的实时显示，包含各个工作状态下的车号显示、车辆总数以及当前状态更新时间，同时支持对设备进行人工停用，而且能够根据不同条件对车辆状态进行筛选。

（10）系统轨迹回放页面可以根据开始时间、结束时间、矿区、车种、车号等条件查询设备任意时间段的运行轨迹，并且可以同步播放卡车相打卡挖机的轨迹。同时，系统支持轨迹回放暂停、不同倍速回放以及轨迹的一键生成，并且能通过轨迹查找历史任意时刻车铲设备的位置。播放完成后系统可以根据卡车轨迹自动统计出运载趟数，如图6-10所示。

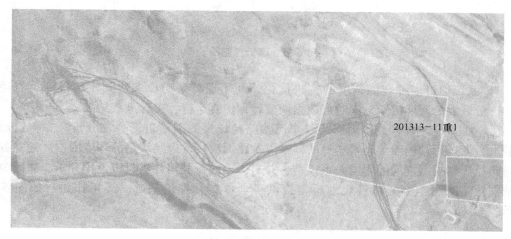

图6-10 轨迹回放

6.2.3.2 智能生产调度

生产调度系统由车载智能终端、通信网络和生产调度中心组成。运用智能感知技术实时跟踪当前卡车、电铲的铲、装、运作业位置和作业状态；系统根据作业计划要求，利用群智能优化算法构建实时调度优化模型，进行最优路径选择、全局及局部车流规划后，发出调度指令，作业人员或无人设备利用移动终端实时接收调度指令；系统动态跟踪当前作业设备的实时运行情况，对生产过程的突发情况进行动态预警及调整。系统主要特色功能有：

（1）车铲智能调度。系统根据配矿计划的要求以及当前生产中作业挖机、卡车、卸矿点的生产能力等约束条件，通过卡车生产调度优化模型，自动进行最优路径选择、全局及局部车流规划和实时调度，如图6-11所示。

1）根据卡车、挖机、骨料加工仓负载等约束条件，通过卡车生产调度优化模型，实时自动生成调度指令，并自动完成卸载闭环管控，全程无需人工参与。

2）"卡车-挖机-收矿点"群组工作模式，预先制定工作组的生效时间，按计划自动启动有效工作组；且在工作组未生效时，可移除已选择的卸矿磅房。

3）系统可以设置一对一及一对多的"卡车-挖机-收矿点"工作组卸载模式。

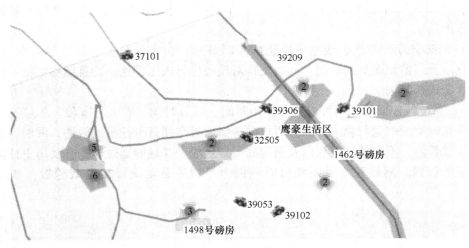

图 6-11　车铲智能调度

4）系统通过多种智能调度的有机优化，利用现有采矿设备达到效率最高、消耗最低、产量最大的调度目标。同时可根据调度计划仿真运行，查看运载结果。

（2）路径、车流规划。对影响卡车运输路径选择的因素进行合理分析，主要包括卡车载重、卡车行驶速度等车辆本身的因素以及路面坡度、道路质量等环境因素，建立各因素与路径规划模型之间的影响关系模型，并对卡车的行驶消耗进行定量化分析，从而为建立精细化路网成本下的路径规划模型提供科学依据和理论基础，其拓扑关系如图 6-12所示。

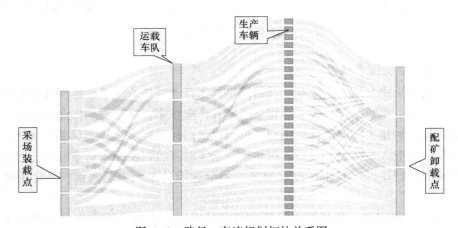

图 6-12　路径、车流规划拓扑关系图

1）系统能够实现行车路径优化以及车流规划，系统根据生产计划、计划完成情况以及铲车生产能力等因素进行智能调度，实现动态车铲配比，提高生产效率。

2）调度中心可以对卡车及挖机进行分组管理，并可在任一时刻发送调度指令；班次中间如遇特殊情况，可及时进行调度计划修改，并发送调度指令，车载智能终端能够给出语音提示并在显示屏上显示调度指令；调度中心还可呼叫任意一辆安装智能终端的卡车和挖机进行应急语音调度。

（3）实时指令调度。按照多阶段协同作业的要求，建立运输动态时空数据-设备配置优化-全局路径规划-动态车流规划等多模型集成调度决策机制，以设备等待时间最短、设备利用率最大化为目标，依据矿山生产实际提出无人驾驶卡车实时调度策略，分别构建卡车智能派单实时策略、实时路权分配策略、调度异常应急处理策略、多车协同防碰撞预警策略等，实现无人驾驶卡车多阶段集成智能调度。

1）系统通过增加、修改、删除、启用以及停用装载点属性，来控制调度的有效执行。其中增加装载点属性时可以选择批量选择装矿挖机和卸载点，并且可以设置矿物类型和生效时间。

2）系统可实时查看系统车辆调度信息，并且支持人工作废调度和调度信息的应急处理。在查询系统车辆历史调度记录信息后根据实际情况进行人工补票，通过修改车辆不同状态的完成时间，完善统计数据的更新。

3）系统可设置供收关系，同时可以对班次内的供收关系信息进行批量操作以及重置。

4）系统可同时对多个车辆发送调度信息，并且可以通过筛选对历史发送记录进行查询。

5）系统通过启停按钮对终端设备工作状态进行切换，并且根据终端类型过滤显示。

6）系统支持同时对多个车辆终端参数的设置。支持同时对多个车辆终端的控制，包括终端重启、终端在线升级以及获取终端版本信息。

（4）多车协同人工-无人混合式智能调度。在车铲定位、运输过程及实时路网等数据基础上，以多智能体协同作业为对象，综合考虑生产能力、故障状态、路径、排队情况等，构建了多目标露天矿智能调度模型，并根据历史数据和经验数据提出相应的进化优化求解算法，实现露天矿多智能体协同作业规划；在现有车辆的基础上进行智能改造，实现多出矿点、多卸矿点的车辆实时调度，充分考虑设备利用率、运距、等待时间等因素，构建智能调度优化模型，提高车辆运输效率，大幅减少运输等待时间。

（5）复杂环境下的调度应急处置支持。为了实现智能派单式调度管理模式，充分考虑了系统交互方式以及异常状况处理，尤其在突发性硬件故障、车辆未按调度执行、紧急停派、应急开闸、破碎站应急存矿等应急调度方面特色鲜明。

（6）多样化特殊工况调度。系统支持开采现场多种特殊工况的调度管理，主要包括以下几种状况：

1）定量调度。在矿石和渣土混合区，可根据渣土或矿石的出量，进行定量调度。

2）矿车司机自主调度。系统可允许司机自主选择附近相对空闲的装载机，根据收矿站的负载情况进行自主调度。

3）自由式调度。可将特殊车辆设置为"特殊权限车"，允许其在采场内根据现场状况随机进行自行调度。

6.2.3.3　生产区域管理

（1）系统可以在线绘制普通区域、生产区、不同卸载区、路径和路网，绘制时支持区域颜色的选取，以便于用户对不同区域及路线进行区分。绘制的区域和路线可以显示在实时监控地图和轨迹回放地图中，方便用户监控和分析车辆活动。系统可以绘制区域对车辆进行区域限制，如果车辆行驶超出区域范围，则触发系统告警。区域绘制界面如图6-13所示。

图 6-13   区域绘制

（2）系统对于外来车辆或者遇到紧急特殊情况时，支持人工放行。

（3）系统可以在线绘制爆堆区域，并可以导入地质爆堆数据，数据导入完成后，在地图页面实现爆堆数据的可视化，如图 6-14 所示。

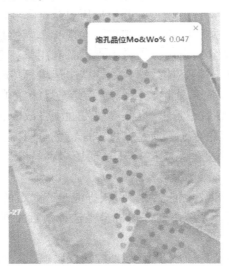

图 6-14   爆堆数据可视化

6.2.3.4   生产过程监控

通过对生产过程中的实时监控，系统能够实时统计显示当前爆堆的剩余矿量、品位；实时监控当前班内挖机的实际装车车数和装矿量；实时监控当前班内各卡车运矿的车数和估算矿量；实时监控当前卡车和挖机的各种状态信息；并可以与生产计划做实时对比及时反馈给调度人员当前任务完成情况。系统能够对数据进行分析，反馈矿区的生产状况，卡车及挖机的实时监控状态如图 6-15 所示。

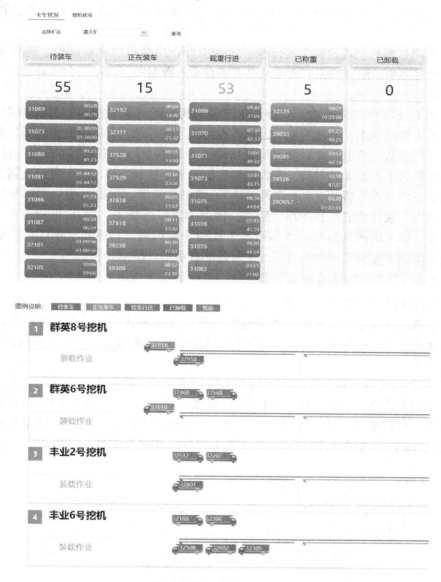

图 6-15　卡车及挖机实时状态

（1）系统能在规定时间内自动统计出每一辆运矿车某一个班次在指定的挖机和破碎站之间的运载车数，也可以按照不同的时段进行车数统计，并能够根据统计结果生成班报表、月报表和季报表。

（2）根据调度监控人员指令以不同方式、不同颜色、不同标识等跟踪显示采场内任一卡车或挖机当前位置、车速、状态及行驶轨迹，使监控人员清晰任务运输效率情况。

（3）系统实时显示当前卡车、挖机以及装-卸 3 个类型的监控状态，并显示卡车当前的工作量、挖机的装载工作量等信息，对卸矿站、装载点任务完成情况及运输任务进行实时统计汇总。对于每一类型明确其总任务量，在监控界面以百分比的形式显示完成情况。

（4）系统预留与骨料加工自动控制系统的接口，能够在页面上监控骨料加工仓的启动或停止工作状态，并且根据骨料加工仓状态对智能调度模型进行实时计算，控制调度进度。

（5）生产过程数据可追溯无人计量。实现卡车、出矿点、出矿品位、吨位等数据智能识别，实时采集，所有数据实时汇总至云平台中心数据库，应用后大幅降低计量劳动强度，提高统计工作效率。

（6）多系统联合综合管控。支持人工驾驶和无人驾驶两种模式，并能够混编调度，同时可将无人驾驶卡车、智能挖机、远程操控钻机、破碎站、无人值守地磅等各种设备有效地纳入运行编队，按生产计划及开采量需求，并运用 5G 通信技术实时进行智能管控。与磅房系统和门禁系统无缝对接，实现远程授权及管理控制。提出了一种防止露天矿运输车辆偷盗矿石的管控策略"三点有序管控法"，通过在采区、采区进出口和卸车区分别安设区内过磅点、通行验证点和卸车过磅点，借助称重传感技术、RFID 识别技术、道闸自动控制技术、以太网网络控制技术和系统工程理论与思想，对运输车辆进行三点有序控制，实现对车辆运输偷盗现象的过程监测与控制和事后评价与分析。

6.2.3.5　卡车运输调度的数学模型

A　车铲运载统计模型——最短距离原则

车铲运载统计模型，为露天矿山装运设备提供自动统计功能，不仅可以提高运输效率、降低运输成本，而且可以大大消除统计的人为因素，准确地反映生产实际。运载统计分析算法如下。

系统通过 GPS 卫星定位系统和 GPRS 无线网络系统，确定卡车的实时位置，通过在铲装设备上的车载终端确定装载点的位置 A（经度、纬度），然后通过 GPS 设备确定卸料点（破碎站、存矿场等）的位置 B（经度、纬度），根据车载终端可知运载卡车的实际位置 C（经度、纬度），如图 6-16 所示，以下步骤以时间序列为基准。

图 6-16　统计算法示意图

设 Distance (C, X) 为卡车 C 与各个铲装设备的距离，R_1 为铲装设备 A 在装载点的设定扫描距离，R_2 为卸料点 B 的设定扫描距离，R_1 和 R_2 的值应根据露天矿的实际情况来设定，例如设 $R_1 = R_2 = 20\text{m}$。

（1）对每一辆卡车的轨迹点进行断点（上一次扫描结束的时刻点）扫描，首先过滤掉卡车静止不动的数据点，然后设置铲装设备和卸料点的有效范围，过滤掉卡车在路途中的数据点，对于符合条件：在铲装设备或卸料点的扫描范围内的数据点按以下（2）~（4）步骤进行扫描过滤，初始化状态集合 F_1，F_2 为 False。

（2）找出在铲装设备大范围内的某辆卡车的时间点，搜索从该时间点到之前 5 分钟内所有铲装设备的坐标平均值，求出卡车 C 与各个铲装设备之间的最小距离得到 Distance (C, A)，判断 Distance (C, A) 是否小于 R_1（实际标准应根据露天矿的实际情况来确定），若 Distance$(C, A)<R_1$，则记下此刻铲装设备以及卡车的所有信息（经、纬度，铲装设备号，卡车号，时间，方向，速度等），并设置标志位 F_1 为 true。

（3）继续对下一时刻符合在铲装设备大扫描范围内条件的卡车数据点按（2）进行扫描，并找出最短距离的铲装设备，然后记下此刻铲装设备以及卡车的所有信息，更新上一时刻符合条件的记录信息。

（4）找出在卸料点大范围内的某辆卡车的时间点，搜索卡车 C 与各个卸料点之间的最小距离得到 Distance (C, B)，判断 Distance (C, B) 是否小于 R_2（实际标准应根据露天矿山的实际情况来确定），若 Distance$(C, B)<R_2$，则记下此刻卸料点以及卡车的所有信息（经、纬度，矿车号，时间，方向，速度等），并设置标志位 F_2 为 true。

（5）继续对下一时刻符合在卸料点大范围内条件的卡车数据点按（4）进行扫描，然后记下此刻卸料点以及卡车的所有信息，更新上一时刻符合条件的记录信息。

（6）当 Distance $(C, B)>R_2$ 时，对 F_1，F_2 进行判断，只有当 F_1 和 F_2 同时为 true 时，按以上记录的信息给卡车 C 和铲装设备 A 各统计一次，初始化 F_1，F_2 为 false。

要确定卡车和铲装设备的实时位置，通常设置定位数据的回传时间是 10s，这样在统计时就会产生海量的冗余数据，在实际开发应用中采用对数据定期自动进行过滤提取的方法进行数据筛选，这样可以大大减少冗余数据，提高统计效率；另外，铲装设备和卸料点的扫描区域可以根据现场实际需要设置为任意多边形。

B 优化配车程序模型

系统软件中含有调度车辆的优化程序，由两个线性规划程序、一个动态规划程序组成，模型如下。

（1）线性规划实现总体最优。

这一部分的目标是满足选厂供矿要求，使重复运输量（贫矿储矿堆吞吐量）最小及混矿均匀。目标函数用伪成本最小表示。

数学模型如下：

$$\mathrm{Min}C = \sum_{i=1}^{N_\mathrm{m}} C_\mathrm{m}Q_i + C_\mathrm{p}\left(p_i - \sum_{i=1}^{N_\mathrm{m}+N_\mathrm{s}} Q_i\right) + \sum_{i=1}^{N_\mathrm{s}} C_\mathrm{s}Q_i + \sum_{i=1}^{N_\mathrm{m}+N_\mathrm{s}}\sum_{j=1}^{N_\mathrm{q}} L_j C_\mathrm{q} x_{ij} Q_i \tag{6-1}$$

$$\mathrm{s.\,t.}\ 0 \leqslant Q_i \leqslant R_i, \quad i = 1, 2, \cdots, N_\mathrm{m} + N_\mathrm{s} \tag{6-2}$$

$$p_i \geqslant \sum_{i=1}^{N_\mathrm{m}+N_\mathrm{s}} Q_i \tag{6-3}$$

$$x_{jl} \leqslant x_{\mathrm{A}j} + \sum_{i=1}^{N_\mathrm{m}+N_\mathrm{s}} (x_{ij} - x_{\mathrm{A}j})Q_i T_\mathrm{c}/(M_\mathrm{c}/S_\mathrm{g}) \leqslant x_{j\mathrm{u}}, \quad j = 1, 2, \cdots, N_\mathrm{q} \tag{6-4}$$

式中，C 为伪成本，无因次；N_m，N_s 分别为工作面及贫矿储矿堆电铲数；C_m，C_s，C_p，C_q 分别为工作面矿石装运、贫矿储矿堆装运、选厂欠供及配矿的伪成本；p_i 为选厂生产能力，m^3/h；N_q 为质量考核种类数；L_j 为质量状态指数，按低标准配矿时，$L_j = 1$，按高标准配矿时，$L_j = -1$；x_{ij} 为 i 电铲 j 种质量的比例数值；Q_i 为 i 电铲的产量，为待定值，m^3/h；

R_i 为 i 电铲生产能力，m^3/h；x_{jl}、x_{ju} 分别为 j 种质量所占比例的下、上限；x_{Aj} 为迄今已采矿石中 j 种质量的累计平均比例值；T_c 为每次规划的间隔时间，h；M_c 为迄今累计的出矿量，t；S_g 为矿石密度，t/m^3。

式（6-1）中 C_m、C_q、C_s、C_p 实质是权系数，是任意确定的，但要求 $C_m < C_q < C_s < C_p$。如 C_p 最小，只在 $Q_i \to 0$ 时才能使 $C \to Min$，这显然毫无意义。如 C_s 最小，则优先运储矿堆的矿石，使重复运输量加大。如 $C_s < C_p$，说明由储矿堆装运矿石比配矿更重要；反之，配矿较重要。

式（6-2）和式（6-3）为生产能力约束，后者使目标函数第二项不用绝对值表示。

式（6-4）为质量平稳约束。在已采出总矿量 M_c 中加上新开采的 $\sum Q_i$ 后，总矿量的平均质量在质量上下限之间。T_c 越小，质量越易稳定。M_c 总额定得越大，矿石质量偏离后，越不易调整回来。由此得到的 Q_i 是整体最优解。

（2）线性规划使生产能力最大。

这部分的目标是使卡车吨位数总量最小，其生产能力自然最大。

数学模型如下：

$$Min V = \sum_{i=1}^{N_p} P_i T_i + \sum_{j=1}^{N_d} P_j D_j + N_e T_s \tag{6-5}$$

$$s.t. \quad \sum_{k=1}^{N_{pij}} p_k - \sum_{k=1}^{N_{poj}} p'_k = 0, \quad j = N_m + N_s + 1, \cdots, N_k \tag{6-6}$$

$$\sum_{k=1}^{N_{poj}} p'_k = R_j, \quad j = 1, 2, \cdots, N_m \tag{6-7}$$

$$\sum_{k=1}^{N_{poj}} p'_k \leqslant R_j, \quad j = N_m + 1, \cdots, N_m + N_s \tag{6-8}$$

$$P_j = Q_i, \quad i = j = 1, 2, \cdots, N_m + N_s \tag{6-9}$$

$$P_j \geqslant 0, \quad i = 1, 2, \cdots, N_k \tag{6-10}$$

式中，N_p 为路段数；N_d 为卸载点数；P_i 为路段 i 的通过量，未知量，m^3/h；T_i 为路段 i 的运行时间，h；P_j 为卸载点的 j 的运入量，m^3/h；D_j 为卸载点的 j 的作业时间，h；N_e 为作业电铲数；T_s 为平均车容量，m^3；N_{pij}，N_{poj} 分别为 j 节点流入的道路数与流出的道路数；N_k 为节点总数，其中有 N_m 个采场装载节点，N_s 个储矿堆装载节点；R_j 为 j 节点的装载能力，应充分发挥采场装载能力（$= R_j$），且不超过储矿堆装载能力（$\leqslant R_j$）；p_k 为流入节点 j 的路段号；p'_k 为流出节点 j 的路段号。

式（6-5）目标函数中，右边第一项表示在路段上运行的空重车总体积数，第二项表示在翻车的卡车总体积数，第三项表示在电铲处的卡车总体积数，因此，目标为卡车总体积数最小。式（6-6）为各路段之间流量平衡。式（6-7）和式（6-8）为电铲与流出路段间流量平衡。式（6-9）中的 Q_i 为第一阶段线性规划的解，P_j 为第二阶段线性规划的解，两者应相等，这样把两个阶段线性规划耦合起来。

（3）动态规划。

第二阶段线性规划得出了最优的路段流量 P_i，但在实际生产中，车辆是一台一台调度的，要临时决定该汽车应分配给哪一台电铲，而该电铲又很远，卡车驶抵电铲时，状态发生变化，该电铲可能已不是最优选择了。因此，用动态规划分配车辆，以道路上的车流密度 P_i 为考核指标，使之逼近第二阶段线性规划得到的最优解 P_i（i = 1，2，…，N；其中 N 为路段数），就可以得到最优生产状态。

调度每一台卡车时，选出一组道路，由此可以分别驶向各台电铲。先计算各条道路的最优（最大）车流吨位数 $H_{i\max}$ 及该台卡车分配给该道路前的道路拥有的车流吨位数 H_{ij}。

$$H_{i\max} = P_i T_i \tag{6-11}$$
$$H_{ij} = H_{i0} - P_i(A_i - L_i) \tag{6-12}$$

式中，P_i 为第二阶段线性规划解得 i 路段应保持的最佳车流通过量，m^3/h；T_i 为驶过 i 路段全长所需运行时间，h；H_{i0} 为 i 路段在上一次配到卡车时所拥有的卡车吨位数，m^3；L_i 为 i 路段上一次配到卡车的时刻，h；A_i 为 j 车将配往 i 路段的时刻，h。

要求有下述关系

$$H_{i\max} - H_{ij} > 0 \tag{6-13}$$

否则 i 路段已拥有过多卡车容量，在卡车驶抵电铲时会排队。因此当式（6-13）不满足时该道路不参加择优。

将式（6-11），式（6-12）代入式（6-13）中，移项得 $A_j > L_i + H_{i0}/P_i - T_i$。令 $x_i = L_i + H_{i0}/P_i - T_i$。

取最小的 x_i 配车，将时间最近的车 j 配给 i 路段（相当于驶向最需要卡车的电铲）。如 j 车不在 i 路段区域范围内，则在 i 路段区域范围内选时间最近的车 k。

比较 x_j 与 x_k，如 $x_k - x_j < D$，则将 k 车配给 i 路段；否则，将 j 车配给 i 路段。D 为区间补偿因数，D 及上面参与规划的其他常量都可以通过模拟程序确定，也可以根据经验确定。

6.2.4 露天矿自动称量系统

6.2.4.1 自动称量系统概述

露天矿卡车称重自动系统中，卡车过秤时，系统控制红、绿信号灯显示，对运矿卡车过秤实行交通管理，当卡车驶达称重台面时，称重计算机通过信号电缆线给识别设备一个开机信号，表明已有卡车准备过磅，天线此时接收到来自读卡器的射频信号并发出微波激励，准备过磅卡车的电子标签开始工作，电子标签将自身的信息编码载波到此射频信号上并反射回去，读出装置将反射回的信号接收并调阅数据库，查询对应的车号，便可达到对卡车的识别，称重计算机收到每辆车的车号等数据信息后，可从称重显示仪表获取该车的当前重量信息，并存储在称重计算机中，识别过程完成后，计算机发出指令关闭识别天线，称重计算机可根据相应的称重管理程序对相应的数据予以处理，称重过程结束。系统可以配接摄像头进行摄像监控，实现无人值守，配红外防作弊系统，可以联网实现网络化管理，起到防作弊，堵漏洞，提高工作效率，提高管理水平，实现管理信息化，提高经济效益，完善企业管理的作用。

6.2.4.2 自动称量系统主要功能

（1）系统设置。打印设置：这里可以选择系统已安装的打印机。页面设置：这里可以选择打印的页面。串口设置：此项至关重要，直接关系到系统和显示仪表能否通信。口令设置：这里可以修改个人密码。

（2）称重管理。能同时连续称重，并且各车辆的相关数据互不干扰。各车的资料数据既可直接输入，也可选择输入，各车的称重数据分毛重和皮重点击输入，并且能直接得到净重。各数据确定后核准进入数据库方可打印，防止有人为漏称。系统设置了灵活多样的打印方式。

（3）称重查询。可以对各种不同的条件组合进行查询，并且在下面的表格中进行显示、打印，尤其是对于不同时期的打印、汇总，如日结、月结、年结等非常方便。

（4）称重归档。可以以不同的日期为条件查询，得出的结果，各自命名备份。还可把以前备份调出显示，并进行打印。

（5）数据维护。以车号、单位、物资为单项添加、删除等组织数据，以方便在称重中的调用。

（6）分类统计。以车号、单位、物资为主索引的分类统计，可选择时间段，在表中可以清楚地看到统计后各条件中的所运货物的总净重值，并可以索引为类分类打印出来。

（7）自动称重、去皮。自动采集经过称重系统的矿车重量及车次，并把重量和车次信息储存并打印下来以便统计和查询。去皮时，为防止作弊，对于应减去的重量以车次数与矿车自重的乘积计而不采用称重系统对矿车的返程进行数据采集。

6.3　地下矿生产管理系统

近年来，快速发展的计算机技术、自动控制技术、网络与通信技术、空间信息技术为古老的采矿业注入了新的活力，采矿业正在向着数字化、智能化甚至无人采矿的方向发展。自从上世纪末提出"数字矿山"的概念以来，其定义、内涵和框架不断得到扩展和延伸。地下矿生产可视化管控系统是利用三维地理信息技术、计算机图形图像技术、多媒体仿真技术、网络通信技术为矿山调度员与管理者提供一个能够描述真实矿山本质特征的虚拟矿山系统——"三维人工矿山"。人工矿山可以包含实际矿山的所有对象，通过人工交互、各种传感器和定位设备与现实矿山相连，实现与现实矿山的信息交换，两者一起构成一个"矿山平行系统"。

地下矿山可视化生产管控一体化系统是以生产和安全检测数据为基础，以矿山资源与开采环境三维可视化系统为平台，通过对矿山生产装备和安全监测装置的姿态、工况、过程和属性的模拟、仿真、分析及可视化表达，实现对矿山生产状态的实时监控与调度。

6.3.1　系统的逻辑结构

地下矿山可视化生产管控一体化系统依托数字采矿设计软件平台的三维建模、可视化设计与数据管理功能，综合利用虚拟现实与仿真、GIS/GPS、数据库、网络通信及硬件集成等技术，实现矿山生产环境、生产系统、人员和设备状态的实时高仿真显示和集中管控。该系统的构架包括以下四个层次：

（1）嵌入式软件系统。用于传感器和网络数据采集单元；

（2）上位机系统。用于网络数据采集单元和设备自动化控制；

（3）数字采矿软件系统。用于地质、测量、开采设计和生产计划编制的三维可视化建模、优化、设计和分析；

（4）基于虚拟现实技术的生产过程管理系统。用于监测数据采集、空间数据分析和生产过程监视、仿真、控制与决策。该系统的逻辑结构如图 6-17 所示。

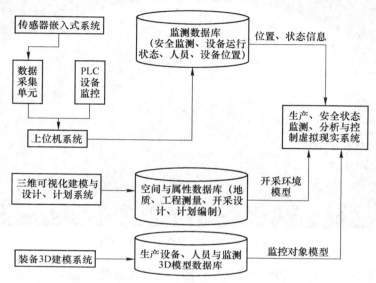

图 6-17　地下矿山可视化生产管控一体化系统的逻辑结构

6.3.2　系统的主要功能

该系统基于虚拟现实平台，实现生产系统管控、安全监测数据展示两大主要功能。

6.3.2.1　生产系统管控

对生产系统中各种设备的实时姿态、工况仿真和属性进行在线查询，查询各种设备/装置的位置、工况参数、操作指南、维修记录和维修方案；系统根据预先设置的阈值及故障诊断数据进行设备故障报警提示。

系统提供 OPC 数据接口与其他系统进行实时数据交换，并实现设备状态的实时仿真模拟（如启/停、故障、报警等），并通过对数据库的访问实现对历史事件与过程的回放；对已配置摄像头的部位，可启动视频播放插件，导入并播放视频服务器中的视频。

6.3.2.2　安全信息监测

系统通过 OPC 接口采集各安全传感器实时数据，用户通过点击模拟传感器在线数据，以属性框的形式动态显示；单测点历史信息采用时间序列曲线形式分析；同类多个传感器某一时刻观测值采用空间数据分析技术以等值面或等值线方式进行描述。

6.3.3　系统主要组成

6.3.3.1　三维可视化基础平台

该平台基于 3DGIS 引擎开发，具备 LOD 数据加载机制，支持 GIS 数据加载，支持矿山周边高清影像数据实时加载，能够接入国家天地图和谷歌地球的影像数据服务。系统提供常用的 GIS 功能，包括导航地图、距离量测、高程量测、面积量测、三维标注功能，如

图 6-18 所示。

图 6-18　三维 GIS 数据加载与可视化

　　系统提供全球统一的球面漫游导航操作器：操作方式类似 google earth，包括抛物线飞行、缩放、俯仰、垂直升降、跟踪、自动惯性漫游，满足不同应用场景的操作需要。

6.3.3.2　资源与开采环境可视化

　　实现从矿床模型、地形地貌、探矿工程、采矿工程、生产设备、生产工业流程、生产工业路线等矿山实体对象的全部数字化，三维空间集中展现，在传统矿山基础上构建一个全方位的数字虚拟空间，以拓展现实矿山的时间和空间维度，为安全生产管理的信息化提供支撑。系统界面如图 6-19 所示。

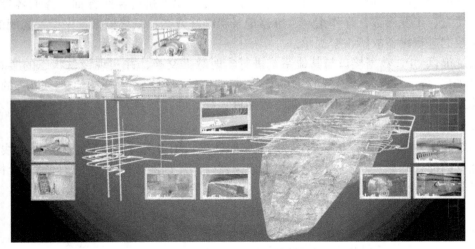

图 6-19　资源与开采环境可视化

6.3.3.3　采矿工艺可视化

　　虚拟展示地测采生产工艺全流程，并与二维组态显示功能联动，辅助管理人员实现工艺过程细节的掌控，便于管理者全面掌控矿山生产状态。例如，皮带运输系统如图 6-20 所示。

图 6-20 皮带运输系统

6.3.3.4 智能开采装备与系统集成

通过采集设备开停、报警状态、工作电流等工况信息，实时展示设备运行情况，并提供局部放大和高亮警报等提示方式，辅助管理人员实现对设备的实时监控。

6.3.3.5 安全环保系统集成

人员定位数据可视化：在三维场景中对下井人员进行实时定位与跟踪，实时显示各中段、区域人员分布情况，实现人员轨迹和信息查询，实现报警信息及求救信息及时传达，实现领导干部带班管理。

环境监测数据可视化：系统可以展现监测区域场景，各监测点的分布情况，实现监测数据的实时调取、显示，提供高亮显示、三维光效和声音等多种报警形式，同时根据预先设置的阈值及故障诊断数据进行设备故障报警提示，如图 6-21 所示。

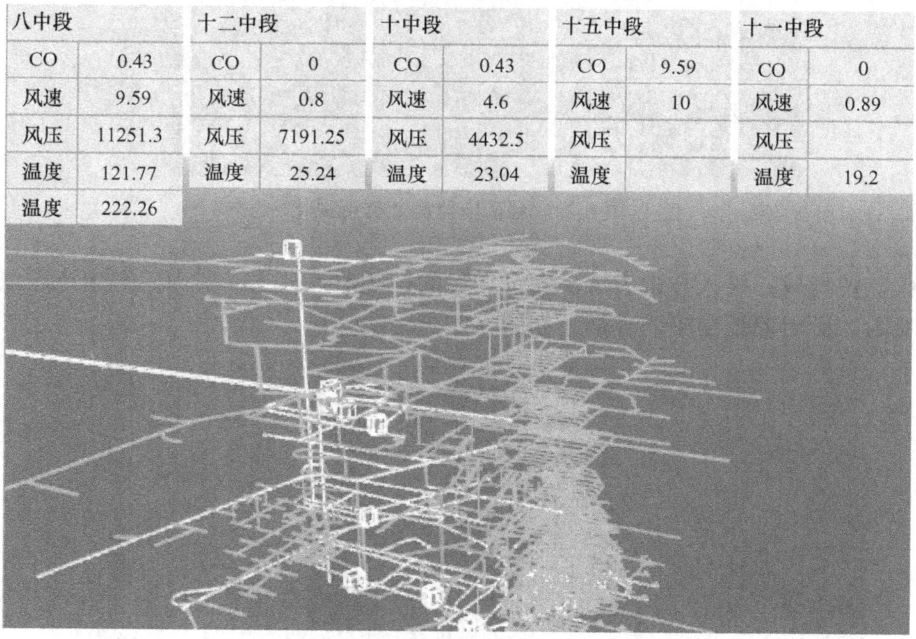

八中段		十二中段		十中段		十五中段		十一中段	
CO	0.43	CO	0	CO	0.43	CO	9.59	CO	0
风速	9.59	风速	0.8	风速	4.6	风速	10	风速	0.89
风压	11251.3	风压	7191.25	风压	4432.5	风压		风压	
温度	121.77	温度	25.24	温度	23.04	温度		温度	19.2
温度	222.26								

图 6-21 环境监测预警数据可视化

微震监测数据可视化：通过接入地压监测系统数据，高亮显示地压监测传感器的位置信息、传感器监测数据，对潜在危害区域进行预警展示，如图 6-22 所示。

图 6-22 微震监测数据可视化

尾矿库监测数据可视化：接入尾矿库在线监测系统的信息，包括浸润线、变形位移、库水位、干滩标高等指标数据，一旦出现监控指标数据超限便进行实时报警，如图 6-23 所示。

图 6-23 尾矿库监测数据可视化

视频监控集成：接入金山店铁矿关键场地的视频监控数据，实现关键生产区域实时监控信息查看、历史监控视频的查询，如图 6-24 所示。

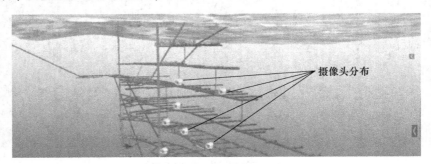

图 6-24 视频监控接入

6.4 矿山施工管理与优化

在现代化的矿山建设中，工程项目的施工进度是除了资金、质量和安全外，最具重要性的一个环节。基建工期滞后会延长矿山建设周期、推迟矿山达产的预期，同时增加资金的使用成本，给企业带来较大的经济损失和不可预见的风险。因此，无论业主还是施工方，对工程项目的施工管理都非常重视。但在矿山施工过程中，存在着诸多不可预见的因素，如不良地质条件、机械故障、任务变更等，都会对工期产生影响。如何对工程项目的施工过程实施有效的管理与优化，对矿山建设至关重要。

网络计划技术是通过网络图的方式表示各工序间的独立性与从属性及相互间的逻辑关系，直接反映工程进度计划，是进行工程项目管理的一种有效方法。自 20 世纪 50 年代末提出以后，目前已在世界各国的很多行业中被广泛应用。近几年，随着科技的发展和进步，网络计划技术的应用也日趋得到建设单位及工程管理人员的重视，且已取得可观的经济效益。本节主要介绍网络计划技术在矿山施工管理中的应用。

6.4.1 网络计划技术的基本概念

网络计划技术是通过网络图的形式来表达一项工程或生产项目的计划安排，并利用系统论的科学方法来组织、协调和控制工程或生产进度和成本，以保证达到预定目标的一种科学管理技术。表 6-1 表示某一产品的制造工艺，利用网络图的方法可作出其施工网络流程图，如图 6-25 所示。

表 6-1 产品制造的工程明细表

工序名称	工序代号	紧后工序	工期
下达任务	A	B，C	2
产品设计	B	D，E	6
工艺准备	C	E	8
零件制造	D	F	10
外购部件	E	F	12
产品装配	F	无	6

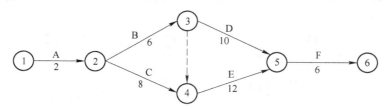

图 6-25 产品制造工程网络图

网络计划技术是一种科学的管理方法，它是把开发研制的规划和控制过程作为一个系统加以处理。它的基本做法是将组成计划的各项任务的各个阶段按先后顺序，通过网络图的形式，统筹规划，全面安排，并对整个计划进行组织、协调和控制，以达到最有效地利用资源（人力、物力、资金），用最少的时间来完成整个计划的预期目的。网络计划技术利用网络图来表示计划任务的进度安排，能够清晰反映其中各项作业（工序）之间的相互关系，在此基础上进行网络图分析，计算网络时间参数，更便于确定关键线路和关键工序，并且利用时差，能够实现网络计划的优化和改进，从而求得工期、资源和成本的优化方案，较好地发挥计划的指导作用。下面介绍网络计划图中的几个概念。

（1）工序。工序指一项需要消耗人力、物质时间的具体活动过程，又称工作或作业，在网络图中用"→"表示，箭尾表示工序的开始，箭头表示工序的结束，箭线上方标注工序名称，下方标工序时间（工期）。与一项工序有关的工序，可依相互关系分为紧前工序、紧后工序、平行工序和交叉工序。

紧前工序：紧接在某一工序之前的工序，如：A 是 B、C 的紧前工序。

紧后工序：紧接在某一工序之前的工序。

平行工序：可以同时进行的工序，如：B 与 C。

交叉工序：相互交替进行的工序，如：B 与 E。

（2）虚工序。指不需要消耗人力、物质时间的一种虚拟工作，只表示前后两个工序之间的逻辑关系。以虚箭头"-→"表示。

（3）事项（节点）。某项工序开始或完成的瞬时阶段点。

（4）线路。从网络图始节点开始，顺着箭线所指方向，通过一系列的节点与箭线到达终点的一条通路。如：①→②→④→⑤→⑥。

6.4.2　绘制网络图的基本原则与方法

6.4.2.1　绘制网络图的原则

（1）网络图中不允许出现循环回路。

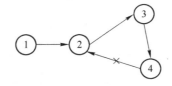

（2）箭线必须从一个节点开始，到另一个节点结束，不允许从中间引出一条箭线。

（3）不允许两个节点之间出现多条箭线，加虚工序表示他们的平行关系。

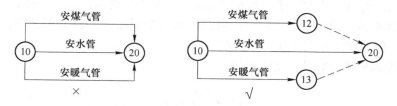

（4）网络图中一般只有一个始节点和终结点，不允许出现中断的线。

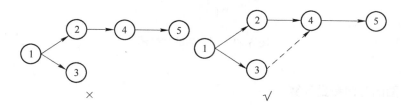

（5）网络图中的箭线方向，按照工艺流程顺序，从左向右，节点编号依次增大。

6.4.2.2 网络图的绘制方法（以表6-1为例）

（1）根据每个工序的紧后工序推出其紧前工序，见表6-2。

表6-2 确定紧前工序

工序名称	工序代号	紧后工序	工期	紧前工序
下达任务	A	B，C	2	—
产品设计	B	D，E	6	A
工艺准备	C	E	8	A
零件制造	D	F	10	B
外购部件	E	F	12	B，C
产品装配	F	无	6	D，E

（2）找出所有无紧前工序的工序（A），将其始节点编号为1，终结点编号 $K+2$，K 为当前最大编号（取1）。

（3）对于只有一个紧前工序的工序（B、C、D），可以直接进行编号，其始节点为紧前工序的终点，终点编号 $K+2$。

（4）对于有多个紧前工序的工序（E、F），需引多条虚工序，每条虚工序的始节点为紧前工序的终点，其终点合在一起，编号 $K+2$，见图6-26所示。

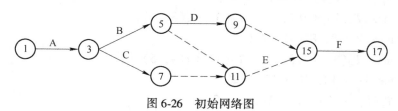

图6-26 初始网络图

（5）对于任何两个无紧后工序的工序，若其始节点号不相同，则将其终点合并；若其终点号相同，则引一条虚工序，其方向是由小的节点号指向大的节点号。

（6）消除不必要的虚工序，原则：当两个或两个以上工序具有部分相同的紧前工序或紧后工序，虚工序才存在（D、E 之间）。

（7）合理调整节点编号，见图 6-27。

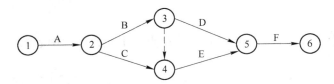

图 6-27 调整后的网络图

6.4.3 网络图的时间参数计算

网络图的时间参数包括节点的时间参数与工序的时间参数。

6.4.3.1 节点的时间参数

包括节点的最早开始时间、最早结束时间、最迟开始时间与最迟结束时间。

（1）节点的最早开始时间 $T_E(j)$ 是指从该节点开始的各项工序最早开始的时刻。因此

$$\begin{cases} \text{对于只有一条箭线引入的节点 } j\text{：} T_E(j) = T_E(i) + t(i, j) \\ \text{对于多条箭线引入的节点 } j\text{：} T_E(j) = \max_{t_k \in p} \{ T_E(i) + t(i_k, j) \} \end{cases} \quad (6\text{-}14)$$

（2）节点的最迟结束时间 $T_L(i)$ 指以该节点为结束的各项工序的最迟必须完成的时刻。一般而言，对于始、末节点，其最早开始时间等于最迟结束时间有

$$T_L(n) = T_E(n) = 总完工期 \quad (6\text{-}15)$$

因此

$$\begin{cases} \text{对于只有一条箭线引出的节点 } i\text{：} T_L(i) = T_L(j) - t(i, j) \\ \text{对于多条箭线引出的节点 } i\text{：} T_L(i) = \min_{t_k \in p} \{ T_L(j) - t(i_k, j) \} \end{cases} \quad (6\text{-}16)$$

（3）根据以上方法，计算图 6-25 所示的网络图节点时间参数如下。

最早开始时间参数计算如下：

$T_E(1) = 0$

$T_E(2) = T_E(1) + t(1, 2) = 0 + 2 = 2$

$T_E(3) = T_E(2) + t(2, 3) = 2 + 6 = 8$

$T_E(4) = \max\{ T_E(2) + t(2, 4), T_E(3) + t(3, 4) \}$
$\quad\quad = \max\{ 2 + 8, 8 + 0 \} = 10$

$T_E(5) = \max\{ T_E(3) + t(3, 5), T_E(4) + t(4, 5) \}$
$\quad\quad = \max\{ 8 + 10, 10 + 12 \} = 22$

$T_E(6) = T_E(5) + t(5, 6) = 22 + 6 = 28$

最迟结束时间参数计算如下：

$T_L(6) = T_E(6) = 28$

$$T_L(5) = T_L(6) - t(5, 6) = 28 - 6 = 22$$
$$T_L(4) = T_L(5) - t(4, 5) = 22 - 12 = 10$$
$$T_L(3) = \min\{T_L(5) - t(3, 5), \ T_L(4) - t(3, 4)\}$$
$$= \min\{22 - 10, \ 10 - 0\} = 10$$
$$T_L(2) = \min\{T_L(4) - t(2, 4), \ T_L(3) - t(2, 3)\}$$
$$= \min\{10 - 8, \ 10 - 8\} = 2$$
$$T_L(1) = T_L(2) - t(1, 2) = 2 - 2 = 0$$

6.4.3.2 工序的时间参数

网络计划技术是从控制时间来实现一项工程项目的最佳工期,因此,除了正确的制定计划外,还要进行有效的协调与控制,所以必须了解工序的时间参数。

(1) 工序的最早开始时间。一个工序必须等它的紧前工序都完工之后才能开始,这个时刻等于该工序的最早开始时间,记作 $ES(i, j)$,则 $ES(i, j) = T_E(i)$。

(2) 工序的最早结束时间。指工序的最早开始时间加上该工序的工期,记作 $EF(i, j)$,则 $EF(i, j) = ES(i, j) + t(i, j)$。

(3) 工序的最迟结束时间。指工序必须结束的时间,否则就会影响其紧后工序开始,记作 $LF(i, j)$,则 $LF(i, j) = T_L(j)$。

(4) 工序的最迟开始时间。指工序的最迟结束时间减去该工序的工期,记作 $LS(i, j)$,则 $LS(i, j) = LF(i, j) - t(i, j)$。

根据上述方法,可计算图 6-25 中各工序的时间参数,如表 6-3 所示。

表 6-3 工序时间参数表

工序	节点号 (起点→ 终点)	工期	最早开始 (ES)	最早结束 (EF)	最迟开始 (LS)	最迟结束 (LF)
A	①→②	2	0	2	0	2
B	②→③	6	2	8	4	10
C	②→④	8	2	10	2	10
D	③→⑤	10	8	18	12	22
E	④→⑤	12	10	22	10	22
F	⑤→⑥	6	22	28	22	28

6.4.3.3 时差及关键线路确定

计算工序时间参数的目的,是要分析各项工序在时间配合上是否合理,有没有潜力可挖,使人们能够根据工序时间参数合理调整整个计划的所有工作。这些对计划工作能起到调整作用的参数称为时差。它包括工序总时差、工序单时差和线路时差。

工序总时差:指一项工序的完工期可以推迟一段时间,而不导致整个工程总完工期延迟的最大机动时间,用 $TF(i, j)$ 表示。

工序单时差:指不影响其紧后工序在最早开始的条件下的最大机动时间,用 $FF(i, j)$ 表示。

线路时差:没有机动时间的线路称为关键线路,有机动时间的线路称为非关键线路。

线路时差就是非关键线路与关键线路持续时间之差。

关键工序与关键线路的确定：通过计算工序总时差，找出工序总时差为零的工序，这些工序称为关键工序，关键工序连接起来构成关键线路。

根据上述定义，结合前面的节点时间参数计算，可得工序的总时差如下：

$$TF(1, 2) = LF(1, 2) - EF(1, 2) = T_L(2) - [T_E(1) + 2] = 0$$

$$TF(2, 3) = LF(2, 3) - EF(2, 3) = T_L(3) - [T_E(2) + t(2, 3)] = 2$$

$$TF(2, 4) = 0, \quad TF(3, 5) = 4, \quad TF(4, 5) = 0, \quad TF(5, 6) = 0$$

因此，本项目的关键工序有 A，C，E，F，关键线路为 1—2—4—5—6。

6.4.4   网络计划的优化

通过绘制工程网络图，计算时间参数，确定关键线路，可得到一个初始的计划方案。而网络计划技术的精华在于对初始计划方案进行调整和改善，直至得到最优的计划方案。网络计划的优化主要是利用时差，不断改善初始方案，最终编制一个工期短、资源消耗少、成本低的计划方案。网络计划的优化分为工期优化、工期-费用优化和资源均衡优化。

6.4.4.1   工期优化

项目工期优化可采用以下几种方式来实现：

（1）利用时差，从非关键工序抽调人力物力集中于关键工序，以缩短工期。

（2）调整工序间的衔接关系，将关键路线上的工序进一步分解，采用平行作业。

（3）采取各种技术组织措施，压缩关键路线上的工序时间。如新的工艺、技术、工作班的调整等。

6.4.4.2   工期-费用优化

在编制计划方案时，应计算工程的总工期及工程总费用。网络计划的调整，无论是以降低成本为目的，还是以尽量缩短工程总工期为主要目标，都要考虑时间与费用的关系，才能编制出最优的网络计划方案。

为完成一项工程任务，需要的费用可分为直接费用与间接费用。直接费用分摊到每一个工序，随工序时间的减少而增加。间接费用是按各道工序所消耗的时间比例进行分摊，工序时间越短，则间接费用越少。它们之间存在着最低费用与最优工期的组合，工期-费用优化的目的就是寻找这种组合。

对于每个工序，要缩短工期，直接费用将增加（如加班、引进技术与设备等），但由于任何工序都存在一个工期的最短点，此点称为极限工期，相应的费用为极限费用。假设工期与时间成线性关系，就可以计算每缩短一个单位时间增加的费用（即费用斜率），用 e 表示，则

$$费用斜率\ e = \frac{极限费用 - 正常费用}{正常工期 - 极限工期}$$

寻找最优方案，必须从关键线路着手，选择关键路线上的一个或几个费用斜率最低的关键工序，使其在成本增加最低的基础上缩短总工期。

下面以图 6-28 的网络图为例来说明工期-费用优化的过程。已知作业工序的工期与直接费用如表 6-4 所示，间接费用 1 万元/周。

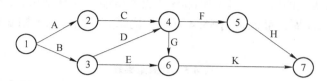

图 6-28　网络计划图

表 6-4　工期与直接费用

工序代号	起点→终点	正常工期/周	极限工期/周	正常费用/万元	极限费用/万元	费用斜率/元·周⁻¹
A	1→2	5	1	3	5	5000
B	1→3	6	3	4	5.2	4000
C	2→4	6	2	4	7	7500
D	3→4	7	5	4	10	30000
E	3→6	5	2	3	6	10000
F	4→5	6	4	3	6	15000
G	4→6	9	5	6	11	12500
H	5→7	2	1	2	4	20000
K	6→7	4	1	2	4.7	9000

通过计算，可知工程总工期为 26 周，关键路线为 ①→ᴮ→③→ᴰ→④→ᴳ→⑥→ᴷ→⑦，直接费用总额为 31 万元。

调整步骤如下：

（1）选择关键线路上费用斜率最小的关键工序 B。由于非关键路线 ①→ᴬ→②→ᶜ→④→ᴳ→⑥→ᴷ→⑦ 的线路时差为 2 周，合适的调整量是使两条线路工时相等。因此只需缩短工序 B 两周。由于 B 最大可缩短 3 周，所以选择 ①→ᴬ→②→ᶜ→④ 费用斜率最小的工序 A 缩短 1 周。调整后，直接费用为 $C_1 = 310000 + 3 \times 4000 + 1 \times 5000 = 32.7$ 万元，总工期 $T_1 = 26 - 3 = 23$ 周。

（2）选择关键工序 K，将其工期缩短至 1 周，非关键线路则利用工序 H 的单时差 3 周。调整后，直接费用为 $C_2 = C_1 + 3 \times 9000 = 35.4$ 万元，总工期 $T_2 = 23 - 3 = 20$ 周。

（3）选择关键工序 G，将其工期缩短至 5 周，非关键线路则利用工序 H 的单时差 2 周，并压缩 F 从 6 周至 4 周。调整后，其直接费用为 $C_3 = C_2 + 4 \times 12500 + 2 \times 15000 = 43.4$ 万元，总工期 $T_3 = 20 - 4 = 16$ 周。

（4）选择关键工序 D，将其工期从 7 周缩短至 5 周，另一关键线路上工序 A 从 4 周压缩至 2 周。调整后，其直接费用为 $C_4 = C_3 + 2 \times 5000 + 2 \times 30000 = 50.4$ 万元，总工期 $T_4 = 16 - 2 = 14$ 周。

至此，关键路线上的所有关键工序都不可能再压缩，计算结束，结果见表6-5。由此可见，最佳工期为20周，最低费用55.4万元，比原方案缩短总工期6周，总费用节约了1.6万元。

表6-5 计算结果表

总工期/周	直接费用/万元	间接费用/万元	总费用/万元
26	31	26	57
23	32.7	23	55.7
20	35.4	20	55.4
16	43.4	16	59.4
14	50.4	14	64.4

6.4.4.3 资源均衡优化

生产任务核算与平衡生产能力是计划工作中一项重要内容，只有通过资源平衡计算后的计划才是切实可行的。这里讨论在一定工期条件下，如何合理安排工序，使得整个计划期间所需的资源比较均衡的问题。

下面以图6-29所示的网络计划图为例，说明资源均衡优化的步骤。图中工序名称旁的括号表示工作所需要的资源数。

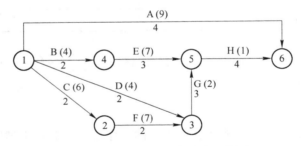

图6-29 某项任务所需劳动力网络图

（1）计算时间参数，找出关键路线为 ①→C→②→F→③→G→⑤→H→⑥ ，总工期 $T=$ 11天。

（2）绘制带时间坐标的网络图和资源需求量曲线，如图6-30所示。

从图中可以看出，如果该计划的各项工作都按最早开始时间安排，资源需要量将出现"前紧后松"的情况，最多时需23人，最少时只需1人，资源需求极不平衡，给计划管理工作带来很大困难，为此需要对计划进行调整。其基本思路是：利用工序的时差，将资源需要较多的时间段内的一些工序右移到资源量较少的时段内。为了不影响总工期，只能调整非关键工序。

（3）第一次调整。该网络资源需要的"高峰"时段是在开始的第4天，其时段内开工的工序有A、B、D 3个非关键工序，按时差大小排序，选择时差最大的非关键工序A，将开工时间右移至最迟开工，如图6-31所示。

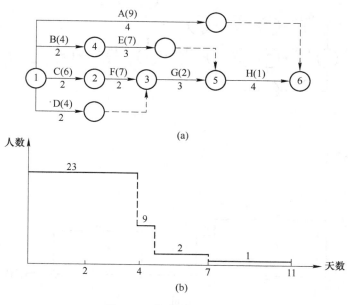

(a)

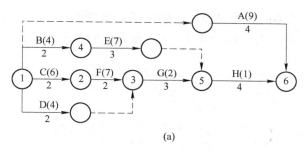

(b)

图 6-30 资源需要量曲线图

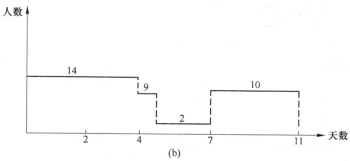

(a)

(b)

图 6-31 第 1 次调整后的资源需要量曲线图

（4）第二次调整。分析图 6-31 出现"低谷"时段仍在第 6 至第 7 天，"高峰"仍在开始阶段，调整工序 E，得到图 6-32，这时资源需求基本平衡。

（5）第三次调整。分析图 6-32，这时有一个不太深的"谷"出现在工期的第 3 天至

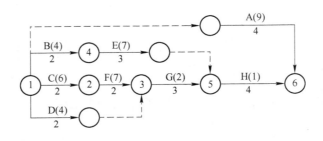

(a)

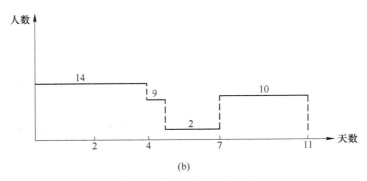

(b)

图 6-32　第 2 次调整后的资源需要量曲线图

第 4 天，而"峰"仍在工期的开始时段，调整工序 B 得到图 6-33。这样，就得到了较理想的计划方案，最多时需 11 人，最少时需 9 人，而总工期仍为 11 天。

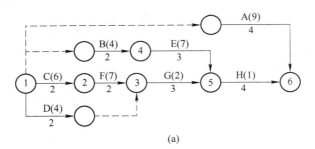

(a)

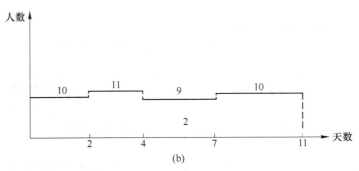

(b)

图 6-33　第 3 次调整后的资源需要量曲线图

6.5 本 章 小 结

本章主要介绍了矿山生产管理系统相关的理论原理与技术应用。分为露天开采和地下开采两方面讲述，在露天矿山管理系统中，介绍了企业 ERP 系统的概念与结构体系；露天矿生产配矿管理系统、卡车调度系统的基本原理与软硬件构成；露天矿自动称量系统的构成等一体化管控关键技术。针对地下矿山，主要介绍了矿山可视化生产管控一体化系统的逻辑结果与主要功能，包括人员设备定位系统、安全生产监控检测系统。最后简单介绍了工程项目施工等矿山生产过程管理的优化方法。

习 题

6-1　什么是 ERP 系统，矿山企业 ERP 系统有哪些组成部分？

6-2　什么是配矿？简述露天矿智能配矿系统的组成与工作原理。

6-3　露天矿卡车调度系统由哪些部分组成，各有什么功能？

6-4　分析计算题：某项矿山工程的施工网络图如下（字母表示工序名称，下面数字表示持续时间（周）），试计算各工序的时间参数，确定施工的关键工序与总工期。如果 C 工作耽误了 3 周，对总工期有无影响，为什么？

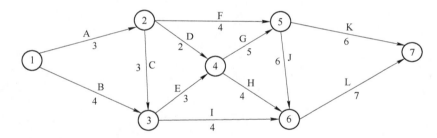

6-5　地下矿生产管控系统由哪些部分组成，它有哪些作用？

6-6　如何构建地下矿山的人员定位系统？

6-7　井巷施工管理中，工期优化的方法有哪些？

参 考 文 献

[1] 樊晓鹏. 西部矿业公司 ERP 系统优化策略研究 [D]. 兰州：兰州大学，2015.

[2] 詹进，吴玲，吴和平，等. 金属矿山企业资源计划系统构建模式研究 [J]. 湖南有色金属，2008，24 (1)：58~63.

[3] 采矿手册编辑委员会. 采矿手册（第7卷）[M]. 北京：冶金工业出版社，1991.

[4] 井石滚，卢才武，李发本，等. 基于 GIS/GPS/GPRS 的露天矿生产配矿动态管理系统 [J]. 金属矿山，2009，6 (396)：140~144.

[5] Gu Q H, Lu C W, Li F B, et al. Monitoring dispatch information system of trucks and shovels in an open pit based on GIS/GPS/GPRS [J]. Journal of China University of Mining & Technology, 2008, 18 (2)：288~292.

[6] 云庆夏. 进化算法 [M]. 北京：冶金工业出版社，2000.

[7] 汪应洛. 系统工程 [M]. 3 版. 北京：机械工业出版社，2003.

[8] 汪应洛. 系统工程理论、方法与应用 [M]. 2 版. 北京：高等教育出版社，1997.

[9] 云庆夏. 采矿系统工程 [M]. 西安：陕西科技出版社，1990.

[10] 云庆夏，黄光球，王战权. 遗传算法和遗传规划 [M]. 北京：冶金工业出版社，1997.

[11] 王李管. 智慧矿山技术 [M]. 长沙：中南大学出版社，2019.

[12] 李贤国. 选矿系统工程 [M]. 北京：煤炭工业出版社，1993.

[13] 王海宁，吴超. 矿井通风网络优化软件及其应用 [J]. 金属矿山，2004，（7）：62~64.

[14] 黄光球，陆秋琴，姚玉霞. 大规模复杂通风网络节点风压解算方法 [J]. 计算机工程，2008，34（4）：258~260.

7 展　　望

7.1　采矿系统工程面临的挑战

我国的采矿系统工程尽管起步较晚，但经过广大科技工作者的努力，已在理论研究上达到国际先进水平，并有自己的特色。不过，在实际应用上仍存有明显差距。

7.1.1　理论研究特色

国内采矿系统工程研究在理论研究上已达到国际先进水平，并有自己的特色和优势，主要表现在以下几个方面：

（1）广泛应用各种理论和方法。在我国，采矿系统工程的各种理论和方法基本上都得到应用。不仅传统方法的研究得到进一步深入和完善，如数学规划、数据库管理、计算机模拟、计算机辅助技术等，一些新兴的技术在国内也已经被应用，如人工智能（AI）、卫星定位系统（GPS）及北斗定位系统（BDS）、地理信息系统（GIS）、虚拟技术（VR）等。

（2）已广泛应用到我国矿山的各个领域。采矿系统工程已渗透到我国矿山的各个领域，包括地质、测量、规划设计、生产计划、过程分析、生产管理。可以说，国外矿山有的，在国内矿山也得到了应用。

（3）具有自己的特色和优势。虽然起步较晚，但经过我国科技工作者的不懈努力，我国的采矿系统工程已经形成了自己的特色和优势，尤其是在计算智能、灰色理论、模糊评价等方面，已经走在了国际前列。以人工智能为例，我国是较早开始矿山专家系统研究的国家，涉及的方面包括围岩稳定性分类、巷道支护、采矿方法选择等，进入 20 世纪 90 年代后期，遗传算法、进化算法、群智能算法等仿生算法在我国矿业领域大放异彩。

7.1.2　应用差距

在实际应用上有所创新和进步，但总体上仍落后于国际先进水平。我国采矿系统工程在理论研究上和国外相比不相上下，但在实际应用上和国外相比仍有一定差距，主要表现在：

（1）应用广度上的差距。由于受到经济条件和认识水平的限制，我国采矿系统工程大多局限于在少数中大型矿山应用，一些小型矿山还是粗放型管理方式，优秀的采矿系统工程方法和思想未完全普及开来。以矿山管理信息系统为例，国内仅有少数矿山能针对采矿生产涉及的主要环节进行系统优化并构建了相应的信息系统，坚持利用信息化技术进行采矿生产的规范管理。又如采剥（掘）计划编制，尽管 Gemcom Minesched、CAE Studio

5D、Planner、3Dmine 等矿业软件有所应用，但大多数矿山仍采用手工方法。可以说，采矿系统工程的应用研究更多的是高校、设计研究部门的科研项目，还未完全在矿山转化为生产力。

（2）应用深度上的差距。我国采矿系统工程的应用往往停留在表层的初级阶段。仍以矿山管理信息系统应用为例，绝大多数系统仅停留在对信息的采集、存储及简单应用上，离支持中高级管理人员的决策支持系统（DSS）尚有一定距离，在对采矿生产数据的智能分析与挖掘及优化方面更很少有人涉及。又如各种矿业软件，国外的软件已经在向精细化、智能化方向发展，如 Dispatch 调度系统、Whittle 优化系统、5D Planner 中长期计划、Minemax 排产系统及露天矿无人驾驶系统等，而国内各单位虽然开发了许多类似的系统，但能够在市场上销售并与国外软件抗衡者，则少如凤毛麟角。

（3）硬件设备上的差距。我国装备制造技术有限，硬件设备上的落后也延误了采矿系统工程的发展。例如，虚拟现实技术早已广为人知，但国内只有少数单位具有相应的操作定位及立体视觉装置。不过，随着我国装备制造水平的不断提升以及"中国制造 2025"策略的实施，与国外硬件设备上的差距正在不断缩小。

7.2　采矿系统工程的发展趋势

采矿系统工程的战略目标，是充分应用现代数学和信息技术，全面实现矿山的最优规划、最优设计、最优管理和最优控制，从整体上充分发挥矿山企业的效益。未来采矿系统工程的发展方向主要表现在以下几个方面：

（1）跨学科、多方法的综合应用。采矿系统是一个多目标、多因素、多变量、随机性强的复杂动态系统。采矿系统的决策，需要多学科、多种方法的综合应用。以露天矿电铲–卡车优化调度系统为例，它的硬件涉及卫星定位系统、数字化通信系统、数据采集系统和各种智能终端，它的软件则包括地理信息、动态规划、差分数据处理以及网络数据库管理系统等。这也正反映了现代系统工程采用综合性研究方法以解决复杂性工程课题的特点。

（2）复杂大系统全生命周期的优化。采矿工程在系统结构上普遍具有层次较多、环节紧密、相互之间关系复杂等特点，因此需要从总体上进行全局优化。随着"中国制造2025"和"两化融合"的发展，企业更加重视软硬件结合的全生命周期管理（PLM）的优化，人们不再局限于某一单项工程的局部最优，而是渴望全过程、全流程最优。以具有采矿—选矿—冶炼主要工艺的矿业集团为例，随着企业资源计划系统 ERP、生产制造执行系统 MES 以及底层自动控制系统的应用，更要求采矿系统工程以集团的全流程生产为优化对象在更高的层次上展开，从采矿系统的多角度出发，加入多目标和多变量因素，直接反映现代采矿系统的综合性，对采矿系统工程的发展具有非常重要的作用。所以复杂大系统理论的研究将会持续深入。

（3）新学科、新技术的应用继续发展。采矿系统工程的进步离不开新技术的应用，随着现代科学技术的渗透，采矿系统工程也不断从其他学科的发展中汲取营养。早期的专家系统、神经网络、群智能算法等，近年来的案例推理、物联网技术、地理信息技术、云计算及大数据技术、无人驾驶技术等无一不是技术革新给采矿系统工程注入的新血液。当然，系统工程这一学科自身也在不断发展，传统的"旧三论"即系统论、信息论、控制论逐渐被耗散结构理论、协同学、突变论"新三论"所取代，甚至开始向混沌学、CAS 理论、复杂性科学方向发展，所以采矿系统工程也要紧随步伐，借助机器人、物联网、大数据、云计算这些新学科、新技术，迈向学科新台阶。

（4）矿业软件应用日益精细化、智能化。采矿系统工程的一些成果常常会以软件形式体现，使科学技术转化为生产力。这些商用软件含有严格优化的理论成果，但更多的是比较实用的矿业处理软件，如地质数据处理、露天矿境界优化、露天矿采剥计划、地下矿采掘计划等内容。目前，国际上比较有名的矿业软件开发公司有 Mintec、Modular（铲-车调度软件）、MineMax、MicroMine、Surpac、DataMine、Maptek（Vulcan）等。这些软件费用较高，国内的 3Dmine、Dimine 等软件已经取得了重大突破，但技术上仍还有一定差距。将来在此方面应加大投入，开发利用中间件技术、群件技术、集成技术以及虚拟现实等前沿技术，利用云计算技术提供云服务等，争取早日走到世界领先的地位。

7.3 结　语

过去的 60 年中，采矿系统工程得到了快速发展，形成了完整的学科体系，促进了采矿技术的高速发展。在新的历史挑战与机遇下，依托国家"互联网+"及"中国制造 2025"战略的实施，加快采矿系统工程学科的繁荣，对推进系统工程理论和新一代信息技术在矿业中的应用具有重要意义。

（1）推进采矿系统工程理论体系的完善。采矿系统工程学科一直从其他新兴技术中汲取营养，随着新技术突飞猛进的发展，采矿系统工程学科也需要与时俱进，不断拓展研究领域和技术手段，完善采矿系统工程的理论体系。

（2）推进采矿系统工程新技术、新方法的应用。在中国经济处于新常态、全球矿业低迷的今天，矿山企业必须一改过去粗放式管理模式，积极引入采矿系统工程的新理论、新技术，以信息化带动工业化，走新型矿山工业化道路，推动我国矿山企业信息化、数字化、自动化和智能化，不断提升矿山企业现代化管理水平。

习　题

7-1　简述采矿系统工程的发展趋势。

7-2　什么是智能矿山？谈谈你对智能采矿的理解。

参 考 文 献

[1] 顾清华，卢才武，江松，等. 采矿系统工程研究进展及发展趋势 [J]. 金属矿山，2016（7）：26~33.

[2] Kumral, M. Incorporating geo-metallurgical information into mine production scheduling [J]. Journal of the Operational Research Society, 2011, 62（1）：60~68.

[3] Vasquez P P. Optimization of open pit haulage cycle using a KPI controlling alert system and a discrete-event operations simulator [C] // 37th International Symposium on the APPLICATION OF COMPUTERS AND OPERATIONS RESEARCH IN THE MINERAL INDUSTRY. 2015.

［4］ Andrea B，Barry K，Orlando R. Using the bienstock-zuckerberg algorithm to solve underground production scheduling models ［C］∥37th APCOM. Fairbanks：Society for Mining, Metallurgy and Exploration，2015：1034~1039.

［5］ Hugues O，et al. Towards the application of augmented reality in the mining sector：open-pit mines ［J］. International Journal of Applied Information Systems，2012，4（6）：27~32.

［6］ 张延凯，李克庆，胡乃联，等. 露天矿境界优化 LG 算法初始有向图生成研究 ［J］. 煤炭学报，2015，40（S2）：71~77.

冶金工业出版社部分图书推荐

书　名	作　者	定价(元)
中国冶金百科全书·采矿卷	本书编委会　编	180.00
中国冶金百科全书·选矿卷	编委会　编	140.00
现代金属矿床开采科学技术	古德生　等著	260.00
采矿工程师手册（上、下册）	于润沧　主编	395.00
金属及矿产品深加工	戴永年　等著	118.00
选矿试验研究与产业化	朱俊士　等编	138.00
金属矿山采空区灾害防治技术	宋卫东　等著	45.00
金属露天矿开采方案多要素生态化优化	顾晓薇　等著	98.00
地质学（第5版）（国规教材）	徐九华　主编	48.00
采矿学（第3版）（本科教材）	顾晓薇　主编	75.00
金属矿床地下开采（第3版）（本科教材）	任凤玉　主编	58.00
应用岩石力学（本科教材）	朱万成　主编	58.00
爆破理论与技术基础（本科教材）	璩世杰　编	45.00
采矿系统工程（本科教材）	顾清华　主编	29.00
矿山岩石力学（第2版）（本科教材）	李俊平　主编	58.00
采矿工程概论（本科教材）	黄志安　等编	39.00
矿产资源综合利用（高校教材）	张　佶　主编	30.00
智能矿山概论（本科教材）	李国清　主编	29.00
现代充填理论与技术（第2版）（本科教材）	蔡嗣经　编著	28.00
现代岩土测试技术（本科教材）	王春来　主编	35.00
选矿厂设计（高校教材）	周晓四　主编	39.00
矿山企业管理（第2版）（高职高专教材）	陈国山　等编	39.00
露天矿开采技术（第2版）（职教国规教材）	夏建波　主编	35.00
井巷设计与施工（第2版）（职教国规教材）	李长权　主编	35.00
工程爆破（第3版）（职教国规教材）	翁春林　主编	35.00
金属矿床地下开采（高职高专教材）	李建波　主编	42.00